高职高专计算机“十二五”规划教材

网络基础与局域网组建

戴微微　冷德伟　杨　铭　主　编
潘　谈　伍转华
孙炳欣　闫　淼　副主编
周环宇　张鸿翔　刘思宇　参　编

中国铁道出版社
CHINA RAILWAY PUBLISHING HOUSE

内容简介

全书共分6个模块，分别为认识计算机网络、制定网络规划方案、组建局域网、组建无线局域网、局域网接入Internet和局域网管理与维护。

本书适用于高职高专计算机网络技术专业及计算机相关专业计算机网络基础课程的教学，亦可作为计算机网络工程及相关技术人员培训和自修的参考书。

图书在版编目（CIP）数据

网络基础与局域网组建/戴微微，冷德伟，杨铭主编. — 北京：中国铁道出版社 2014 2(2017.12重印)
高职高专计算机"十二五"规划教材
ISBN 978-7-113-17912-0

Ⅰ.①网… Ⅱ.①戴… ②冷… ③杨… Ⅲ.①计算机网络—高等职业教育—教材 ②局域网—高等职业教育—教材
Ⅳ.①TP393

中国版本图书馆CIP数据核字（2013）第321010号

书　　名：网络基础与局域网组建
作　　者：戴微微　冷德伟　杨　铭　主编

策　　划：潘星泉　　　　读者热线：010-63550836
责任编辑：潘星泉　王　惠
封面设计：付　巍
封面制作：白　雪
责任校对：汤淑梅
责任印制：李　佳

出版发行：中国铁道出版社（100054，北京市西城区右安门西街8号）
网　　址：http:// www.tdpress.com/51eds/
印　　刷：三河市宏盛印务有限公司
版　　次：2014年2月第1版　　2017年12月第3次印刷
开　　本：787 mm×1 092 mm　1/16　印张：10.5　字数：250千
印　　数：4 001～6 000册
书　　号：ISBN 978-7-113-17912-0
定　　价：26.00元

前　言

随着我国信息化的发展，计算机网络扮演了越来越重要的角色，它已渗透到人们工作、学习和生活的各个方面，并且对人们的生活和工作产生了越来越深刻的影响。因此，“计算机网络”已不再只是计算机专业的一门重要课程，而且是许多工科类、管理类的非计算机专业的一门重要课程。

本书以一个小型企业办公网络组建为思路，较全面地介绍与网络组建相关的知识和网络组建、配置方法。本书重点介绍实用技术，不讲过多理论，注重实际能力的培养。编者结合多年的计算机网络教学和网络组建与管理经验，充分考虑网络初学者的实际需求，采用通俗易懂、图文并茂、循序渐进的讲述方法，系统地介绍了网络组建的相关知识与技能。编者还充分考虑了高职学生的学习特点，注重局域网技术在实践应用环节的教学训练。围绕局域网环境，以网络规划方案制定、局域网组建与维护为主线，以基本的实践应用为导引，对网络基础知识、局域网组建、无线网络组建、Internet 接入、网络管理与维护等内容进行了全面讲解。读者根据本书各个模块介绍的内容和思路，不仅可以学到全面的网络组建方法，还可学到良好、严谨的网络组建习惯，使得本来显得复杂无比的网络组建工程变得条理清晰、有章可循、有据可依，同时可为日后的网络管理与维护打下基础。

本书不仅适合作为高职高专计算机网络技术专业及计算机相关专业计算机网络基础课程的教材，还可作为计算机网络工程技术人员培训和自修的参考书，同时对于广大的自学爱好者来说，本书也是一本通俗易懂的计算机网络自学参考书。

本书由戴微微、冷德伟、杨铭任主编，并负责统稿；潘谈、伍转华、孙炳欣、闫淼任副主编，周环宇、张鸿翔、刘思宇参编。各模块编写分工为：模块 1 由戴微微和冷德伟编写，模块 2 由戴微微和周环宇编写，模块 3 由潘谈和孙炳欣编写，模块 4 由戴微微和张鸿翔编写，模块 5 由闫淼和刘思宇编写，模块 6 由杨铭和戴微微编写。

由于网络和计算机技术的发展日新月异，新产品、新技术、新知识不断涌现，加之编者水平有限，书中不妥之处在所难免，恳请读者批评指正。

编　者

2013 年 11 月

目 录

模块 1 认识计算机网络

模块 2 制定网络规划方案

模块 3 组建局域网

模块4　组建无线局域网

模块5　局域网接入Internet

模块6　局域网管理与维护

模块 1　认识计算机网络

第 1 章　计算机网络概述

【教学要求】

掌握：计算机网络的定义和功能。

理解：计算机网络的逻辑组成、计算机网络的软硬件系统、计算机网络的分类。

了解：计算机网络和 Internet 的产生和发展。

21 世纪是知识经济时代，几乎所有的经济活动都依赖于信息的交换。同样，信息对日常生活、社会活动的影响也在日益加剧。信息的载体是计算机，信息的传播主要是利用计算机网络，所以计算机网络技术迅速成为当今世界最激动人心的新技术之一。

1.1　计算机网络的产生和发展

1.1.1　计算机网络的产生

计算机技术与通信技术的结合是计算机网络的基础。

计算机网络从 20 世纪 60 年代产生至今已取得了突飞猛进的发展，从最初的单主机与数个终端之间的通信到现在全球上千万台计算机的互连；从开始只有每秒几百比特的数据传输速率到今天已达到每秒吉比特的数据传输速率；从一些简单的数据传输到今天丰富、复杂的应用，这些变化已经对现代人类的生产、经济、生活等方面产生了巨大的影响。特别是过去的 20 年里，因特网（Internet）的发展使得计算机网络已成为人类社会的一个基本组成部分。今天因特网已成为连接全世界几十亿人的通信系统，它连接了大多数国家的各级政府机关、工商企业、各类学校和几乎所有的科学研究机构及军事机构，它使得处在世界各地的人们可通过网络获取所需的各种信息资源和信息服务。

1.1.2　计算机网络的发展

1．早期计算机网络

1951 年，美国麻省理工学院为美国空军设计 SAGE 半自动化地面防空系统。在这个系统中，所有 17 防区的计算机终端都通过通信线路与指挥中心相连，指挥中心装有两台由 IBM 公司生产的 AN/FSQ−7 计算机。在 SAGE 系统中，指挥中心的两台计算机具有信息收集、处理和发送能力，其余终端都没有信息处理能力。对于 SAGE 系统的设计师而言，所谓“计算机网络”实际上只是主机与显示终端的远程通信而已。这个系统最终于 1963 年建成，它开创了计算机技术与通信技术相结合的先河，是计算机网络发展史上第一个里程碑。同期较有影响的还有美国通用电气公司的信息服务系统（GE Information Service），它是当时世界上最大的商用数据处理网络，其覆盖的范围从美国本地延伸至欧洲、大洋洲和日本。这个系统于 1968 年建成投入运行，拥有 16 个中央集线器，整个网络配置为分层星状结构，终端设备分别连接到分布于世界上 23 个地点的 75 个远程集线器上。

这个时代的计算机网络称为单计算机系统，功能仅限于远程终端与中心主机的通信。在这种结构中，本地的低速终端可以直接与主机相连，远程的低速终端通过低速线路连接到高速多重线路控制器（Multiple Line Controller），由高速多重线路控制器通过高速线路与远端的主计算机相连。有人将这种最简单的通信网称为第一代计算机网络。

2．分组交换技术

20 世纪 60 年代，美苏冷战期间，美国国防部领导的远景研究规划局 ARPA 提出要研制一种崭新的网络对付来自前苏联的核攻击威胁。当时，传统的电路交换电信网络虽然已经四通八达，但战争期间，一旦正在通信的电路中有一个交换机或链路被毁，则整个通信电路就要中断，如要立即改用其他迂回电路，还必须重新拨号建立连接，这将要延误一些时间。这个新型网络必须满足一些基本要求：

（1）不是为了打电话，而是用于计算机之间的数据传送。

（2）能连接不同类型的计算机。

（3）所有的网络结点都同等重要，这就大大提高了网络的生存性。

（4）计算机在通信时，必须有迂回路由。当链路或结点被破坏时，迂回路由能使正在进行的通信自动找到合适的路由。

（5）网络结构要尽可能简单，但要非常可靠地传送数据。

根据这些要求，一批专家设计出了使用分组交换技术的新型计算机网络。而且，用电路交换来传送计算机数据，其线路的传输速率往往很低。因为计算机数据是突发式地出现在传输线路上的，例如，当用户阅读终端屏幕上的信息或用键盘输入和编辑一份文件时，或计算机正在进行处理而结果尚未返回时，宝贵的通信线路资源就被浪费了。

分组交换是采用存储转发技术，把欲发送的报文分成一个个“分组”，在网络中传送。分组的首部是重要的控制信息，因此分组交换的特征是基于标记的。分组交换网由若干结点交换机和连接这些交换机的链路组成。从概念上讲，一个结点交换机就是一个小型的计算机，但主机是为用户进行信息处理的，结点交换机是进行分组交换的。每个结点交换机都有两组端口，一组与计算机相连，链路的速率较低；一组与高速链路和网络中的其他结点交换机相连。注意，既然结点交换机是计算机，那输入和输出端口之间是没有直接连线的，它的处理过程是：将收到的分组先放入缓存，其中暂存的是短分组，而不是整个长报文，短分组暂存在交换机的存储器（即内存）中而不是磁盘中，这就保证了较高的交换速率；再查找转发表，找出到某个目的地址应从哪个端口转发，然后由交换机构将该分组传递给适当的端口转发出去。各结点交换机之间也要经常交换路由信息，这是为了进行路由选择，当某段链路的通信量太大或中断时，结点交换机中运行的路由选择协议能自动找到其他路径来转发分组。采用存储转发技术使通信线路资源利用率提高。当分组在某链路时，其他段的通信链路并不被通信的双方所占用；即使是分组所在的链路，只有当分组在此链路上传送时才被占用，在各分组传送之间的空闲时间，该链路仍可为其他主机发送分组。可见采用存储转发技术的分组交换的实质是采用在数据通信的过程中动态分配传输带宽的策略。

3．因特网时代

Internet 的基础结构大体经历了 3 个阶段的演进，这 3 个阶段在时间上有部分重叠。

第一阶段：从单个网络 ARPAnet 向互联网发展。1969 年，美国国防部创建了第一个分组交换网 ARPAnet，它只是一个单个的分组交换网，所有想连接在 ARPAnet 上的主机都直接与就近的结点交换机相连，它规模增长很快。到 20 世纪 70 年代中期，人们认识到仅使用一个单独的网络无法满足所有的通信需要。于是 ARPA 开始研究很多网络互连技术，这就促使互联网的出现。1983 年 TCP/IP 成为 ARPAnet 的标准协议。同年，ARPAnet 分解成两个网络，一个是进行试验研究用的科研网 ARPAnet，另一个是军用的计算机网络 MILnet。1990 年，ARPAnet 因试验任务完成正式宣布关闭。

第二阶段：建立三级结构的因特网。1985 年起，美国国家科学基金会（NSF）就认识到计算机网络对科学研究的重要性。1986 年，NSF 围绕 6 个大型计算机中心建设计算机网络 NSFnet，它是一个三级网络，分为主干网、地区网、校园网。它代替 ARPAnet 成为 Internet 的主要部分。1991 年，NSF 和美国政府认识到因特网不会限于大学和研究机构，于是支持地方网络接入。许多公司的纷纷加入，使网络的信息量急剧增加，美国政府就决定将因特网的主干网转交给私人公司经营，并开始对接入因特网的单位收费。

第三阶段：多级结构因特网的形成。从 1993 年开始，美国政府资助的 NSFnet 逐渐被若干商用的因特网主干网替代，这种主干网也叫因特网辅助提供者（ISP）。考虑到因特网商业化后可能出现很多的 ISP，为了使不同 ISP 经营的网络能够互通，在 1994 创建了 4 个网络接入点（NAP）分别由 4 个电信公司经营。至 21 世纪初，美国的 NAP 达到了十几个。NAP 是最高级的接入点，它主要是向不同的 ISP 提供交换设备，使它们能够相互通信。因特网已经很难对其网络结构给出很精细的描述，但大致可分为 5 个接入级：NAP，由多个公司经营的国家主干网，地区 ISP，本地 ISP，校园网、企业或家庭 PC 上网用户。

1.2　计算机网络的定义与功能

1.2.1　计算机网络的定义

在计算机网络发展过程的不同阶段，人们对计算机网络给出了不同的定义。不同的定义反映出当时网络技术发展的水平，以及人们对网络的认识程度。本书是基于发展成熟的网络特点，侧重于网络使用的目的来定义计算机网络。

所谓计算机网络，就是利用通信设备和线路将地理位置不同、功能独立的多个计算机系统互连起来，借助功能完善的网络软件，包括网络通信协议、信息交换方式和网络操作系统（NOS）等，实现网络资源共享和信息传递的系统。

在这个定义中，包含了 4 个方面的含义：

（1）“功能独立”是指每个计算机都有自主权，不依赖于其他计算机也能独立工作。计算机网络包括两台以上的地理位置不同且“功能独立”的计算机。

（2）“互连”是指使用传输介质进行计算机连接。网络中各结点之间的连接需要一条通道，即由传输介质实现物理互连。这条物理通道可以是双绞线、同轴电缆或光纤等有线传输介质，也可以是微波、红外线等无线传输介质。

（3）网络中各结点之间互相通信或交换信息，需要有某些约定和规则，这些约定和规则的集合就是协议，其功能是实现各结点的逻辑互联。

（4）计算机网络以实现数据通信和网络资源共享为目的。要实现这一目的，网络中必须配备功能完善的网络软件。

1.2.2 计算机网络的功能

随着计算机网络的不断发展，计算机网络的功能不断地得到扩展。归纳起来，当前计算机网络功能主要有以下几个方面：

1. 资源共享

计算机的资源共享包括：硬件资源共享、软件资源共享、数据与信息资源共享。

（1）硬件资源共享。可以在全网范围内提供对处理资源、存储资源、输入/输出资源等昂贵设备的共享，使用户节省投资，也便于集中管理和均衡分担负荷。

（2）软件资源共享。允许互联网上的用户远程访问各类大型数据库，可以得到网络文件传送服务、远程进程管理服务和远程文件访问服务，从而避免软件研制上的重复劳动以及数据资源的重复存储，也便于集中管理。

2. 数据通信

数据通信即用户间信息交换。计算机网络为分布在各地的用户提供了强有力的通信手段。用户可以通过计算机网络传送电子邮件、发布新闻消息和进行电子商务活动。

3. 协同工作

协同工作是指连网的计算机之间或用户之间为完成某一任务而协调一致地工作。

当网络中的计算机系统负载较重时，可以将某些任务通过网络传输给其他主机系统进行处理，以便均衡负荷，减轻设备的负担，提高设备的利用效率。对于综合性的大型计算问题，可以采用分布式处理算法，将任务分散到网络中不同的计算机上进行计算；可以将计算机结果、数据库备份在网络上的不同地点，或让各地的计算机资源协同工作，以进行重大科研项目的联合开发和研究。

1.3 计算机网络的组成

从计算机网络的逻辑结构角度看，计算机网络由资源子网和通信子网组成。但从计算机网络系统的角度看，计算机网络由硬件系统和软件系统组成。

1.3.1 计算机网络的逻辑组成

计算机网络首先是一个通信网络，各计算机之间通过通信媒体、通信设备进行数字通信，在此基础上各计算机可以通过网络软件共享其他计算机上的硬件资源、软件资源和数据资源。从计算机网络各组成部件的功能来看，各部件主要完成两种功能，即网络通信和资源共享。把计算机网络中实现网络通信功能的设备及其软件的集合称为通信子网，而把网络中实现资源共享功能的设备及其软件的集合称为资源子网。计算机网络的逻辑组成如图 1-1 所示。

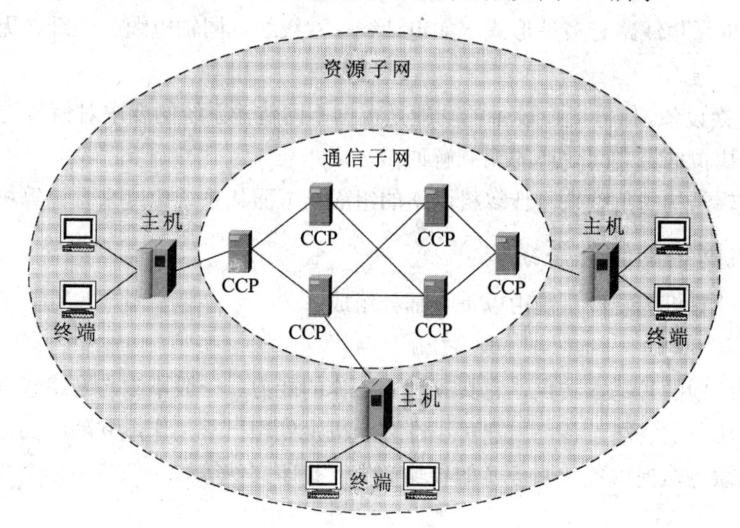

图 1-1　计算机网络的逻辑组成

1．资源子网

资源子网由拥有资源的主计算机、请求资源的用户终端、终端控制器、连网的外设、各种软件资源及信息资源组成。资源子网负责全网的数据处理业务，并向网络用户提供各种网络资源与网络服务。连接到网络中的计算机、文件服务器以及软件构成了网络资源子网。

（1）主计算机。主计算机系统简称为主机（host），它可以是大型机、中型机、小型机或微型机。主机是资源子网的主要组成单元，它通过高速通信线路与通信子网的通信控制处理器连接。普通用户终端通过主机入网，主机要为本地用户访问网络其他主机设备与资源提供服务，同时要为网络中远程用户共享本地资源提供服务。

（2）终端。终端（terminal）是用户访问网络的界面。终端一般是指没有存储与处理信息能力的简单输入、输出设备，也可以是带有微处理器的智能终端。智能终端除具有输入、输出信息的功能外，还具有存储与处理信息的能力。各类终端既可以通过主机连入网中，也可以通过终端控制器、报文分组组装/拆卸装置或通信控制处理器连入网中。

（3）连网外设。联网外设主要是指网络中的一些共享设备，如大型硬盘机、高速打印机、大型绘图仪。

2．通信子网

通信子网由网络通信控制处理器、通信线路与其他通信设备组成。通信子网提供网络通信功能，完成全网主机之间的数据传输、交换、控制等通信任务。负责全网的数据传输、转发及通信处理等工作。

（1）通信控制处理器。通信控制处理器在网络拓扑结构中被称为网络结点。它是一种在数据通信系统中专门负责网络中数据通信、传输和控制的专门计算机或具有同等功能的计算机部件。它一般由配置了通信控制功能的软件和硬件的小型机、微型机承担。它一方面作为与资源子网的主机、终端的连接接口，将主机和终端连入网内；另一方面作为通信子网的分组存储转发点，完成分组的接收、校验、存储、转发等功能，实现将源主机报文准确发送到目的主机的作用。

（2）通信线路。通信线路为通信控制处理器之间、通信控制处理器与主机之间的通信介质。计算机网络采用的通信线路有多种形式，如电话线、双绞线、同轴电缆、光纤、无线通信信道、微波与卫星通信信道。

（3）信号变换设备。信号变换设备的功能是根据不同传输系统的要求对信号进行变换。例如，实现数字信号与模拟信号之间变换的调制解调器。

以上是从逻辑结构的角度来看计算机网络的组成，下面从系统角度来看计算机网络的组成。

1.3.2 计算机网络的硬件系统

一般来说，计算机的硬件系统由以下 4 部分组成：

1. 客户机

客户机是网络中的最基本结点，它具有独立工作的能力，一般不参与网络管理。客户机是用户向服务器申请服务的终端设备，用户可以在客户机上处理日常工作，并随时向服务器索取各种信息及数据，请服务器提供各种服务（如传输文件、打印文件等）。

2. 服务器

服务器是提供资源的机器，允许网络中的其他计算机使用它的资源。服务器相对客户机而言，其功能强大，拥有强大的处理能力，以及各种存储设备。服务器是网络资源管理和共享的核心。网络服务器的性能对整个网络的资源共享有着决定性的影响。

3. 网络连接设备

网络中使用的连接设备有网络适配器（网卡）、中继器、集线器、交换机、路由器、网桥、网关等。网络适配器也称接口卡或网卡，它是服务器、客户机接入网络的唯一接口；中继器用于对传递的信号进行放大；集线器是多口中继器，是共享式设备；交换机各端口能独立进行数据传输，拓展了网络带宽；网桥用于连接多个网络，可以根据物理地址过滤通信量；路由器用于连接两个或多个不同的网络，隔离广播报文。

4. 传输介质

传输介质是网络中信息传输媒体，是网络通信的物质基础。传输介质性能特点对数据传输速率、通信距离、可连接的结点数量和数据传输的可靠性等均有很大影响，必须根据不同的通信信道要求，合理地选择传输介质。常用的传输介质包括双绞线、同轴电缆、光纤、红外线、微波等。

1.3.3 计算机网络的软件系统

计算机网络的软件系统由以下 3 部分组成：

1. 网络操作系统

网络操作系统（Network Operation System，NOS）是为计算机网络配置的操作系统，它是网络软件系统的基础，与网络硬件结构相联系。网络操作系统除了具有常规操作系统所具有的功能外，还具有网络通信管理功能、资源管理功能和网络服务功能等。网络操作系统是建立在单机系统上的，管理网络资源并实现资源共享。目前流行的网络操作系统有 UNIX、Linux、Windows Server 2003/2008 等。

2．网络通信协议

网络通信协议是一系列规则和约定。遵守网络通信协议的网络设备能够相互通信，如 TCP/IP 是 Internet 的标准协议。

3．网络管理和应用软件

任何一个网络中都需要多种网络管理和网络应用软件。网络管理软件用于监控和管理网络工作情况；网络应用软件为用户提供丰富简便的应用服务。

1.4　计算机网络的分类

在网络应用范围越来越广泛的今天，各种各样的网络越来越多。对计算机网络，采用不同的分类方式会得到不同的分类结果。

按照计算机网络的地理覆盖范围，可分为局域网、城域网和广域网。按照网络的拓扑结构，可分为总线型、星状、环状和网状等。按照网络管理方式，可分为对等网络、服务器网络。分类标准还有很多，在此只介绍一些常见的分类方案。

1.4.1　按网络覆盖范围分类

计算机网络按其覆盖的地理范围可分为如下 3 类：

1．局域网（Local Area Network，LAN）

局域网地理覆盖范围在 1 km 以内，属于一个部门、一个单位或一个组织。例如，一个企业、一所学校、一幢大楼、一间实验室等。这种网络往往不对外提供公共服务，管理方便，安全保密性好。局域网组建方便，投资少，使用灵活，是发展最快、应用最普遍的计算机网络。与广域网相比，局域网传输速率快，通常在 100 Mbit/s 以上；误码率低，通常在 10^{-11}～10^{-8}之间。

2．城域网（Metropolitan Area Network，MAN）

城域网介于局域网与广域网之间，地理覆盖范围从几十千米到上百千米，覆盖一座城市或一个地区。在计算机网络的体系结构和国际标准中，专门有针对城域网的内容，基于分类需要提出。但城域网没有自己突出的特点。后面介绍计算机网络时，将只讨论局域网和广域网，不再讨论城域网。

3．广域网（Wide Area Network，WAN）

广域网地理覆盖范围在几十千米到几万千米，小到一个城市、一个地区，大到一个国家、几个国家、全世界。因特网就是典型的广域网，提供大范围的公共服务。与局域网相比，广域网投资大，安全保密性能差，传输速率慢，通常为 64 kbit/s、2 Mbit/s、10 Mbit/s，误码率较高，通常为 10^{-7}～10^{-6}。

局域网、城域网和广域网的比较如表 1-1 所示。

表 1-1　计算机网络类型比较

网络分类	缩　写	分布距离	覆盖范围	传输速度
局域网	LAN	10 m 100 m 1 km	房间 建筑物 校园	4 Mbit/s～2 Gbit/s
城域网	MAN	10 km	城市	50 kbit/s～100 Mbit/s
广域网	WAN	100 km	国家	56 kbit/s～155 Mbit/s

1.4.2 按网络拓扑结构分类

拓扑结构是借用数学上的一个词汇，从英文 Topology 音译而来，是一种研究与大小、形状无关的点、面、线特点的方法。计算机科学家通过拓扑的方法，抛开网络中的具体设备（如具体的客户机、服务器等）而将其抽象其“点”，把网络中的电缆等传输介质抽象为“线”，这就形成了由点和线组成的几何图形。这种采用拓扑学方法抽象出来的网络结构称为网络拓扑结构。网络拓扑结构分为物理拓扑结构和逻辑拓扑结构两类。

（1）网络的物理拓扑结构指的是计算机、电缆、集线器、交换机、路由器以及其他网络设备的物理布局。

（2）网络逻辑拓扑结构指的是信号在网络中的实际通路。除非特别指明，一般情况下，网络的拓扑结构是指物理拓扑结构。

网络的拓扑结构主要有：总线型结构、环状结构、星状结构、网状结构，还用一些是由基本拓扑结构混合而成的。

1. 总线型结构

总线型拓扑结构如图 1-2 所示。

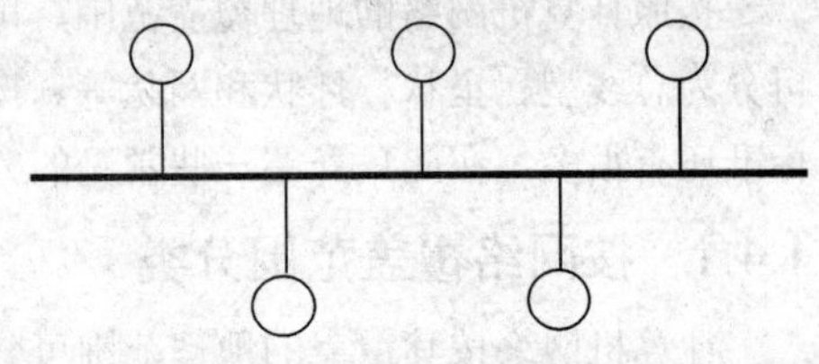

图 1-2 总线型拓扑结构

由图 1-2 可以看出，该结构采用一条公共总线作为传输介质，每台计算机通过相应的硬件接口入网，信号沿总线进行广播式传送。最流行的以太网采用的就是总线型结构，以同轴电缆作为传输介质。

总线型网络是一种典型的共享传输介质的网络。总线型局域网结构从信源发送的信息会传送到介质长度所及之处，并被其他所有站点看到。如果有两个以上的结点同时发送数据，就会造成冲突。

总线型拓扑结构的主要优点如下：

（1）布线容易。无论是连接几个建筑物或是楼内布线，都容易施工安装。

（2）增删容易。如果需要向总线增加或撤下一个网络站点，只需增加或拔掉一个硬件接口即可实现。需要增加长度时，可通过中继器加上一个段来延伸距离。

（3）节约线缆。只需要一根公共总线，两端的终结器就安装在两端的计算机接口上，线缆的使用量最省。

（4）可靠性高。由于总线采用无源介质，结构简单，十分可靠。

总线型拓扑结构的主要缺点如下：

（1）任何两个站点之间传送数据都要经过总线，总线成为整个网络的瓶颈，当计算机站点多时，容易产生信息堵塞，传输不畅。

（2）计算机接入总线的接口硬件发生故障，例如，拔掉粗缆上的收发器或细缆上的 T 形接头，会造成整个网络瘫痪。

（3）当网络发生故障时，故障诊断困难，故障隔离更困难。

总之，总线结构投资省，安装布线容易，可靠性较高，是最常见的网络拓扑结构。

2. 环状结构

环状拓扑结构是一个封闭的环，如图 1-3 所示。

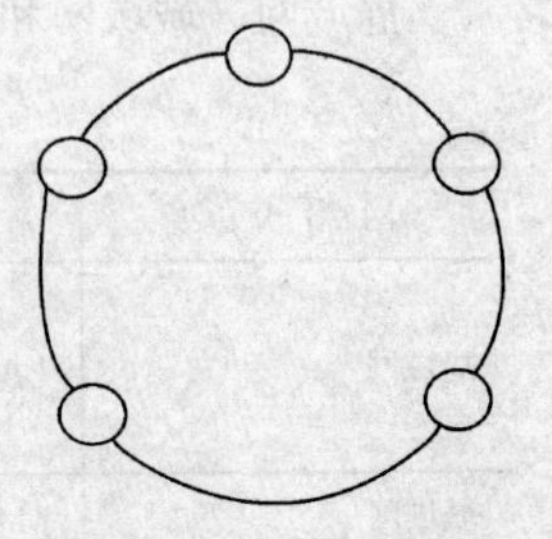

图 1-3 环状拓扑结构

连入环状网络的计算机也由一个硬件接口入网，这些接口首尾相连形成一条链路，信息传送也是广播式的，沿着一个方向（如逆时针方向）单向逐点传送。

环状拓扑结构的主要优点如下：

（1）适用于光纤连接。环状网络是点到点连接，且沿一个方向单向传输，非常适合光纤作为传输介质。著名的 FDDI 网就采用双环拓扑结构。

（2）传输距离远。环网采用令牌协议，网上信息碰撞（堵塞）少，即使不用光纤，传输距离也比其他拓扑结构远，适于作为主干网。

（3）故障诊断比较容易定位。

（4）初始安装容易，线缆用量少。环状网络实际也是一根总线，只是首尾封闭，对于一般建筑群，排列不会在一条直线上，两者传输距离差别不大。

环状拓扑结构的主要缺点如下：

（1）可靠性差。除 FDDI 外，一般环网都是单环，网络上任何一台计算机的入网接口发生故障都会致使全网瘫痪。FDDI 采用双环后，遇到故障有重构功能，虽然提高了可靠性，但付出的代价却很大。

（2）网络的管理比较复杂，投资费用较高。

（3）重新配置困难。当环网需要调整结构时，如增、删、改某个站点，一般需要将全网停下来进行重新配置，可扩充性、灵活性差，造成维护困难。

3. 星状结构

星状拓扑结构如图 1-4 所示。

由图 1-4 可以看出，星状网络由一个中央结点和周围的从结点组成。中央结点可与从结点直接通信，而从结点之间必须经过中央结点转接才能通信。

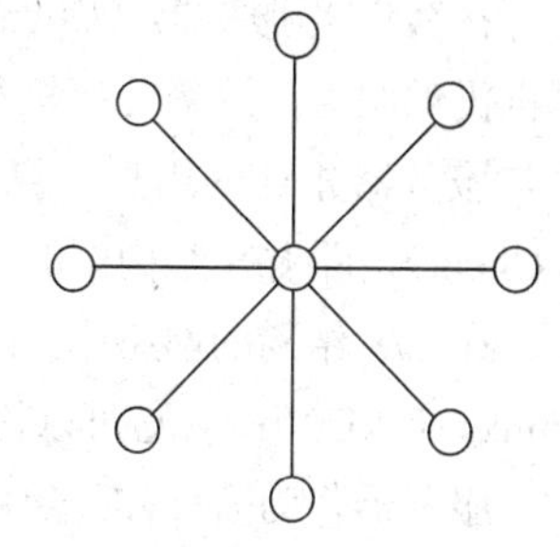

图 1-4　星状拓扑结构

中央结点有两类：一类是一台功能很强的计算机，它既是一台具有信息处理能力的独立计算机，又是信息转接中心，早期的计算机网络多采用这种类型；另一类中央结点并不是一台计算机，而是一台网络转接或交换设备，如交换机（Switch）或集线器（Hub），近期的星状网络拓扑结构都是采用这种类型，由一台计算机作为中央结点已经很少采用了。一个比较大的网络往往采用几个星状网络来组合。

星状拓扑结构的主要优点如下：

（1）可靠性高。对于整个网络来说，每台计算机及其接口的故障不会影响其他计算机，不会影响网络，不易造成全网的瘫痪。

（2）故障检测和隔离容易，网络容易管理和维护。

（3）可扩充性好，配置灵活。增、删、改一个站点容易实现，其他结点不受影响。

（4）传输速率高。每个结点独占一条传输线路，消除了数据传送堵塞现象。而总线型、环状网络的数据传送瓶颈都是线路。

星状拓扑结构的主要缺点如下：

（1）线缆使用量大。

（2）布线、安装工作量大。线缆管道粗细不匀，大厦楼内布线管道设计、施工比较困难。

（3）网络可靠性依赖于中央结点，若交换机或集线器设备选择不当，一旦出现故障就会造成全网瘫痪。通常交换机、集线器这类设备结构很简单，不会出现故障。

4．网状结构

网状拓扑结构如图 1-5 所示。

网状拓扑又称无规则型。在网状拓扑结构中结点之间的连接是任意的，没有规律。目前实际存在与使用的广域网结构，基本上都是采用网状拓扑结构。

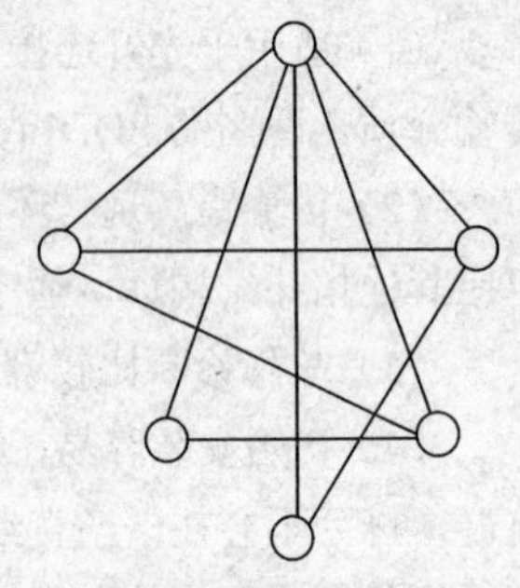

图 1-5　网状拓扑结构

网状型拓扑的主要优点是：

（1）结点间路径多，可减少碰撞和阻塞。

（2）系统可靠性高，局部的故障不会影响整个网络的正常工作。

（3）网络扩充和主机入网比较灵活、简单。

网状型拓扑的主要缺点是：结构复杂，费用高，不易管理和维护。

实际的网络拓扑结构，可能是总线型、环状、星状；也可能是这 3 种结构的组合，如总线型加星状、环状加总线型、环状加星状等。

1.4.3　按网络管理方式分类

1．客户机/服务器网络

在客户机/服务器（Client/Server，C/S）结构中，有一台或多台高性能的计算机专门为其他计算机提供服务，这类计算机称为服务器（Server），即 C/S 结构中的 S，表示提供服务一方；而其他与服务器相连的用户计算机通过向服务器发出请求获得相关的服务，这类计算机称为客户机（Client），即 C/S 结构中的 C，表示提供请求一方，如图 1-6 所示。

在 C/S 结构的网络中，至少应有一台服务器安装网络操作系统（如 Windows Server 2003/2008、Linux、UNIX 等），它可以扮演多种角色，如文件服务器、应用服务器等。

服务器作为特殊的计算机，除了向其他计算机提供文件共享、打印共享等服务之外，还有账号管理、安全管理等功能，它能为不同账号赋予不同的权限。它与其他非服务器计算机之间的关系是不对等的，即存在着制约与被制约的关系。

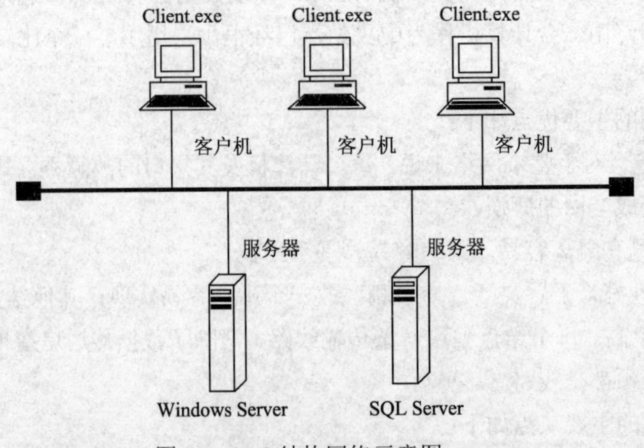

图 1-6　C/S 结构网络示意图

C/S 结构是最常用、最重要的一种网络类型。其网络性能在很大程度上取决于服务器的性能和客户机的数量。随着 Internet 技术的发展与应用，出现了一种改进的 C/S 结构，即浏览器/服务器（Browser/Server，B/S）结构。

2．对等网络

对等网（Peer to Peer）是最简单的网络，是局域网中最基本的一种网络。如图 1-7 所示。和 C/S 结构的网络不同，对等网络结构中的计算机在功能上是平等的，没有客户机和服务器之分，每台计算机既可以提供服务，又可以索取服务。网络中不需要专门的服务器，接入网络的每一台计算机既可以使用其他计算机上的资源，也可以为其他计算机提供共享资源。网络中所有设备可以直接访问数据、软件和其他资源。

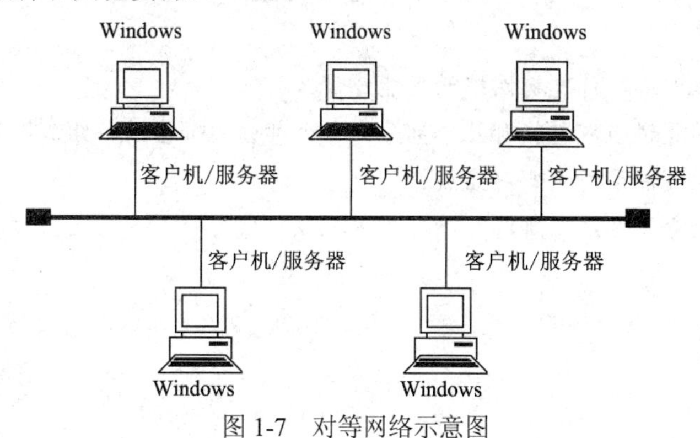

图 1-7　对等网络示意图

对等网络可以使用目前所有流行的计算机操作系统，如 Windows、Linux 等。

对等网络组建简单，不需要专门的服务器，各用户分散管理自己机器的资源，因而网络维护容易；但较难实现数据的集中管理与监控，整个系统的安全性较差。因此，对等网络主要用于一些较简单的连网应用。

表 1-2 列出了对等网络和 C/S 结构网络的比较。

表 1-2　对等网络和 C/S 结构网络的比较

比 较 项 目	对 等 网 络	C/S 结构网络
规模	10 台以下计算机	10 台以上计算机
成本	服务器与客户机是一体的	要有专用服务器
管理	各自管理，资源分散	集中管理
安全	集中控制困难，安全性差	可集中控制（账号、权限），安全性好

1.4.4　按传输介质分类

根据网络所使用的传输介质的不同，计算机网络可以分为有线网和无线网。

1．有线网

有线网是指采用双绞线、同轴电缆及光纤作为传输介质的计算机网络。

2．无线网

无线网是指使用空间电磁波作为传输介质的计算机网络，它可以传送无线电波和卫星信号。无线网包括无线电话网、无网电视网、卫星通信网。

本 章 小 结

所谓计算机网络，就是利用通信设备和线路将地理位置不同、功能独立的多个计算机系统互连起来，借助功能完善的网络软件，包括网络通信协议、信息交换方式和网络操作系统（NOS）等，实现网络资源共享和信息传递的系统。

练 习 题

1. 什么是计算机网络？计算机网络的功能是什么？
2. 计算机网络的逻辑组成包括哪几个部分？各个部分由哪些设备组成？
3. 计算机网络软硬件系统由哪些组成？
4. 计算机网络的分类方法有哪些？

第 2 章　计算机网络体系结构

【教学要求】

掌握：网络体系结构概念、网络协议概念、开放系统互连（OSI）模型的概念。

理解：OSI 参考模型各层的功能、TCP/IP 体系结构。

了解：OSI 参考模型与 TCP/IP 参考模型的比较。

计算机网络作为一个新兴的行业，其实践离不开理论的支持。而且在这个迅速发展的网络时代，网络设备生产商、集成商如雨后春笋般冒出，提出这样那样的解决方案，常使用户无所适从。为了便于读者对网络有一个科学的认识，这一章将介绍一些基本理论，有助于读者对一些新产品的认识及一些设备工作原理的理解。

2.1　网络体系结构及协议的概念

2.1.1　网络体系结构

计算机网络系统是一个十分复杂的系统。将一个复杂系统分解为若干容易处理的子系统，然后“分而治之”，这种结构化设计方法是工程设计中常见的手段。分层就是系统分解的最好方法之一。层次结构的好处在于使每一层实现一种相对独立的功能。分层结构还有利于交流、理解和标准化。

所谓网络的体系结构（Architecture）就是计算机网络各层次及其协议的集合。层次结构一般是垂直分层模型，如图 2-1 所示。

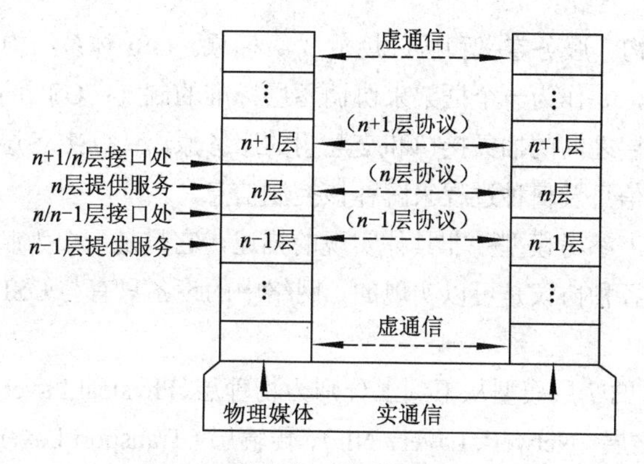

图 2-1　计算机网络的层次模型

分层结构的优点如下：

1．独立性强

分层结构中各相邻层之间要有一个接口（Interface），它定义了较低层次向较高层提供的原始操作和服务。相邻层可以通过它们之间的接口交换信息，高层并不需要知道低层是如何实现的，仅需要知道该层通过层间的接口所提供的服务，这样使得两层之间保持了功能的独立性。

2．适应性

当任何一层发生变化时，只要层间接口不发生变化，那么这种变化就不会影响到其他任何一层，这表明可以对层内进行修改。

3．易于实现和维护

分层之后使得实现和调试大的、复杂的系统相对变得简单和容易。

2.1.2 网络协议

通过通信信道和设备互连起来的多个不同地理位置的计算机系统，要协同工作实现信息交换和资源共享，它们之间必须具有共同的语言。交流什么、怎样交流及何时交流，都必须遵循某种互相都能接受的规则。

为进行计算机网络中的数据交换而建立的规则、标准或约定的集合，即网络协议。协议总是指某一层协议，准确地说，它是为对同等实体之间的通信制定的有关通信规则约定的集合。

网络协议的 3 个要素如下：

（1）语义（Semantics）：涉及用于协调与差错处理的控制信息。

（2）语法（Syntax）：涉及数据及控制信息的格式、编码及信号电平等。

（3）定时（Timing）：涉及速度匹配和排序等。

2.2 开放系统互连参考模型

2.2.1 OSI 参考模型

开放系统互连（Open System Interconnection，OSI）参考模型是由国际标准化组织（ISO）制定的标准化开放式计算机网络层次结构模型。“开放”这个词表示能使任何两个遵守参考模型和有关标准的系统进行互连。

OSI 包括了体系结构、服务定义和协议规范 3 级抽象。OSI 体系结构定义了一个 7 层模型，用于进行进程间的通信，并作为一个框架来协调各层标准的制定；OSI 的服务定义描述了各层所提供的服务，以及层与层之间的抽象接口和交互用的服务原语；OSI 各层的协议规范，精确地定义了应当发送何种控制信息及何种过程来解释该控制信息。

需要强调的是，OSI 参考模型并非具体实现的描述，它只是一个为制定标准而提供的概念性框架。在 OSI 中，只有各种协议是可以实现的，网络中的设备只有与 OSI 和有关协议一致时才能互连。

如图 2-2 所示，OSI 的 7 层模型从下到上分别为物理层（Physical Layer，PH）、数据链路层（Data Link Layer，DLL）、网络层（Network Layer，NL）、传输层（Transport Layer，TL）、会话层（Session Layer，SL）、表示层（Presentation Layer，PL）和应用层（Application Layer，AL）。

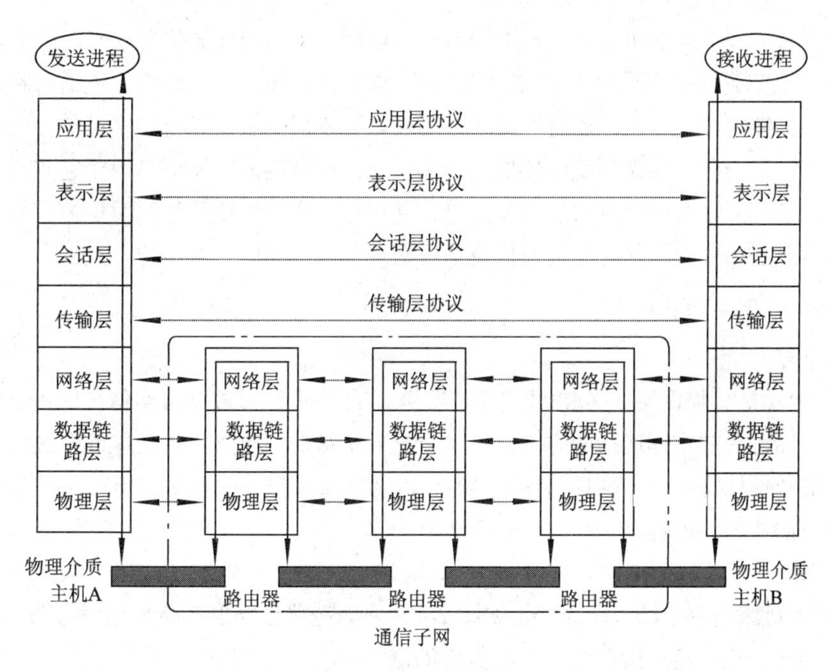

图 2-2　OSI 参考模型

从图 2-2 中可见，整个开放系统环境由作为信源和信宿的端开放系统及若干中继开放系统通过物理媒体连接构成。这里的端开放系统和中继开放系统，都是国际标准 OSI 7498 中使用的术语。通俗地说，它们相当于资源子网中的主机和通信子网中的结点机（IMP）。只有主机才可能需要包含所有七层的功能，而在通信子网中，IMP 一般只需要最低三层甚至只要最低两层的功能就可以了。

层次结构模型中数据的实际传送过程如图 2-3 所示。图中发送进程发送给接收进程的数据，实际上是经过发送方各层从上到下传递到物理媒体；通过物理媒体传输到接收方后，再经过从下到上各层的传递，最后到达接收进程。

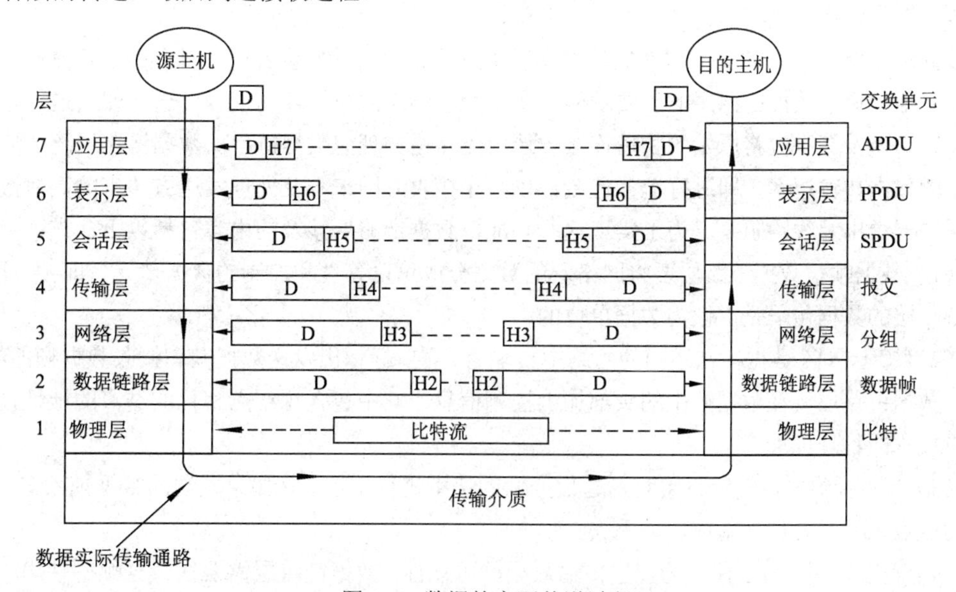

图 2-3　数据的实际传递过程

在发送方从上到下逐层传递的过程中，每层都要加上适当的控制信息，即图中 H7、H6、…、H1，统称为报头。到底层成为由“0”或“1”组成数据比特流，然后转换为电信号在物理媒体上传输至接收方。接收方在向上传递时过程正好相反，要逐层剥去发送方相应层加上的控制信息。

因接收方的某一层不会收到底下各层的控制信息，而高层的控制信息对于它来说又只是透明的数据，所以它只阅读和去除本层的控制信息，并进行相应的协议操作。发送方和接收方的对等实体看到的信息是相同的，就好像这些信息通过虚通信直接发给对方一样。

2.2.2 OSI 各层功能简介

1. 物理层

（1）主要功能。物理层是 OSI 参考模型的第一层，在数据链路层实体之间提供激活、维持和释放用于传输比特的物理连接的方法，这些方法有机械的、电气的、功能的和过程特性。其作用是使原始的数据比特流能在物理媒体上传输。具体涉及接插件的规格，“0”、“1”信号的电平表示、收发双方的协调等内容。

（2）相关术语如下：

① 链路。链路是两个结点间连线，如图 2-4 所示。链路分物理链路和逻辑链路。物理链路指实际的通信连线。逻辑链路指在逻辑上起作用的链路。

② 通路。通路指从发出信息的结点（信源）到接收信息的结点（信宿）的一串结点和链路。它是一系列穿越通信网络而建立的结点和结点的链路，如图 2-5 所示。

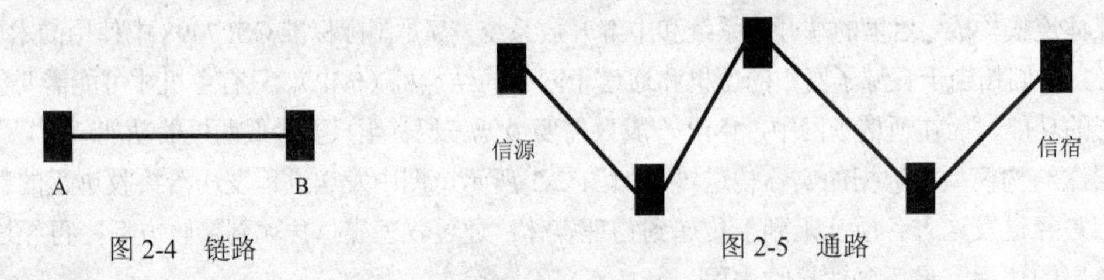

图 2-4　链路　　　　图 2-5　通路

2. 数据链路层

数据链路层是 OSI 的第二层，把从物理层传来的原始数据打包成帧（Frame），负责帧在结点间无差错地传递。数据链路层的主要功能是实现相邻结点间数据帧的正确传送，即通过检验、确认、反馈、重发等手段将原始的物理连接改造为无差错的理想数据链路。数据链路层还要协调收发双方的数据传输速率，即进行流量控制，以防止接收方因来不及处理发送方传来的高速数据而导致缓冲器溢出及线路阻塞。为了实现这些功能，数据链路层涉及的内容包括以下几点：

（1）数据帧。数据链路层要将网络层的数据分成可以管理和控制的数据单元，即帧。因此，数据链路层的数据传输是以帧为数据单位的。

（2）物理寻址。数据帧在不同的网络中传输时，需要标识出发送数据帧和接收数据帧的结点。因此，数据链路层要在数据帧中的头部加上控制信息，其中包含源结点和目的结点的地址，这个地址也被称为物理地址。

（3）流量控制。数据链路层对发送数据帧的速率进行了控制，如果发送的数据帧太多，就会使目的结点来不及处理而造成数据丢失。

（4）差错控制。为了保证物理层传输数据的可靠性，数据链路层需要在数据帧中使用一些控制方法，检测出错或重复的数据帧，并对错误的帧进行纠错或重发。数据帧中的尾部控制信息就是用来进行差错控制的。

（5）接入控制。当两个或者更多的结点共享通信链路时，由数据链路层确定在某一时间内该由哪一个结点发送数据。

3．网络层

网络层是 OSI 的第三层，其主要任务是选择合适的路径和转发数据包，使发送端的数据能够正确无误地按地址寻找到接收端的路径，并将数据包交给接收端。它不同于数据链路层，数据链路层解决的是两台相邻设备之间的通信。但是，在实际应用中，两台设备可能相隔很远，它们之间的通路可能要包含很多段链路，而链路层的协议不能解决由多条链路组成的通路的数据传输问题。这些问题由网络层解决。网络层涉及的内容包括以下几点：

（1）逻辑寻址。数据链路层的物理地址只是解决了在同一个网络内部的寻址问题，如果一个数据包从一个网络跨越到另外一个网络时，就需要使用网络层的逻辑地址。当传输层传递给网络层一个数据包时，网络层就在这个数据包的头部加入控制信息，其中包含源结点和目的结点的逻辑地址。

（2）路由功能。在网络层中，如何将数据包从源结点传送到目的结点，选择一条合适的传输路径是至关重要的，尤其是从源结点到目的结点的通路存在多条路径时，就存在选择最佳路由的问题。路由选择是根据一定的原则和算法在传输通路中选出一条通向目的结点的最佳路由。

（3）流量控制。数据链路层涉及流量控制，网络层同样也存在流量控制问题。只不过数据链路层中的流量控制是在两个相邻结点之间进行的，而网络层中的流量控制是在完成数据包从源结点到目的结点过程中进行的。

4．传输层

传输层是一个端—端，也即主机—主机的层次。传输层提供的端到端的透明数据传输服务，使高层用户不必关心通信子网的存在，由此用统一的传输原语书写的高层软件便可运行于任何通信子网上。传输层还要处理端到端的差错控制和流量控制问题。

数据链路层是解决结点与结点之间的通信问题，两者是相邻的，即它们总是有一条物理通道将两者连接在一起的。

在传输层，连接两台计算机的不是一条信道而是一个通信子网，在这个子网中，有很多通道相互连接，情况比链路复杂多了，这一区别对传输层协议产生了重要影响。

首先，链路层中的结点不需要明确地指出数据传送的目的地，因为在线路的另一端唯一地连接另一个结点。在传输层中，源端必须明确给出目的端地址，否则数据在子网中将不知发往何处。

链路层要建立连接很简单，其目的结点总是处于等待状态。传输层则不然，两端之间要建立连接必须经过建立、传送和释放 3 个过程才能实现。

5．会话层

会话层是进程—进程的层次，其主要功能是组织和同步不同的主机上各种进程间的通信（也称为对话）。会话层负责在两个会话层实体之间进行对话连接的建立和拆除。在半双工情况下，会话层提供一种数据权标来控制某一方何时有权发送数据。会话层还提供在数据流中插入同步点的机制，使得数据传输因网络故障而中断后，可以不必从头开始而仅重传最近一个同步点以后的数据。

6. 表示层

表示层为上层用户提供共同的数据或信息的语法表示变换。为了让采用不同编码方法的计算机在通信中能相互理解数据的内容，可以采用抽象的标准方法来定义数据结构，并采用标准的编码表示形式。表示层管理这些抽象的数据结构，并将计算机内部的表示形式转换成网络通信中采用的标准表示形式。数据压缩和加密也是表示层可提供的表示变换功能。

7. 应用层

应用层是 OSI 参考模型的最高层。不同的应用层为特定类型的网络应用提供访问 OSI 环境的手段。网络环境下不同主机间的文件传送访问和管理（FTAM）、传送标准电子邮件的文件处理系统（MHS）、使不同类型的终端和主机通过网络交互访问的虚拟终端（VT）协议等都属于应用层的范畴。

2.3 TCP/IP 体系结构

传统的开放式系统互连参考模型，是一种通信协议的 7 层抽象的参考模型，其中每一层执行某一特定任务。该模型的目的是使各种硬件在相同的层次上相互通信。TCP/IP 并不完全符合 OSI 的 7 层参考模型。TCP/IP 简捷、高效，因此市场上的大多数产品都遵循 TCP/IP，这也使 TCP/IP 成为事实上的国际标准，也有人称它为工业标准。

Internet 网络体系结构是以 TCP/IP 为核心的。基于 TCP/IP 的参考模型与 OSI 参考模型相比，结构更简单。

2.3.1 TCP/IP 参考模型及各层功能简介

TCP/IP 也分为不同的层次，每一层负责不同的通信功能。它采用 4 层结构，每一层都通过它的下一层所提供的网络来完成自己的需求。这 4 层分别为：

1. 网络接口层

这是 TCP/IP 参考模型的底层，负责对数据进行格式化，以便在传输媒体上传输，并根据硬件的物理地址为数据寻址，以便送往相应的子网络。它还为物理网络上传送的数据进行错误检查。

2. 网际互联层

网际互联层负责进行跨硬件的逻辑寻址，以便在不同物理结构的子网络上传递数据。它能进行路由选择，以便减少互连网络上的信息量，并支持跨网络的数据传递。“互联网”一词是指将 LAN 互连成较大的网络，如大型公司或 Internet 中的网络。它还能将物理地址（用于网络访问层上）与逻辑地址关联起来。

3. 传输层

传输层负责为互连网络提供流控制、错误检查和数据确认等服务。它还可以作为网络应用的接口。

4. 应用层

应用层提供用于网络故障诊断、文件传输、远程控制和 Internet 活动的各种应用程序。它还支持应用程序编程接口（API），以便为特定操作环境编写访问网络的程序。

图 2-6 表明 TCP/IP 与 OSI 参考模型之间的清晰对应关系，它覆盖了 OSI 参考模型的所有层

次，其中应用层包含了 OSI 参考模型所有高层协议。

OSI RM

应用层
表示层
会话层
传输层
网络层
数据链路层
物理层

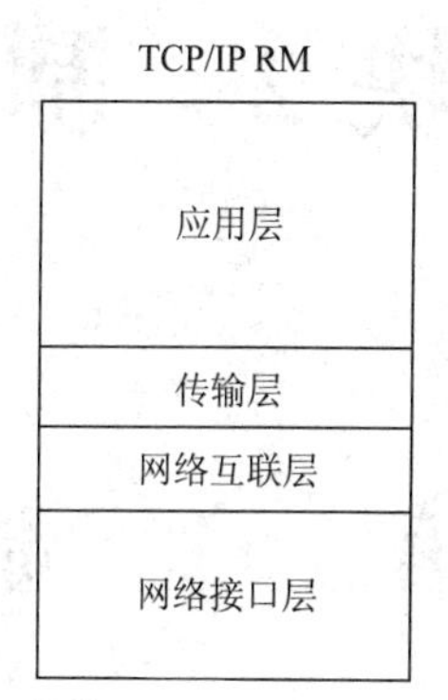

图 2-6　OSI 与 TCP/IP 比较

2.3.2　TCP/IP 协议簇

TCP/IP 实际指一个协议簇，如图 2-7 所示。TCP 和 IP 是其中最核心的两个协议，通常合称为 TCP/IP。TCP/IP 是目前应用最广泛的协议，它最初由美国国防部高级研究计划局提出。该协议提供了独立于厂商硬件数据传输格式及规则。由于其独特的硬件独立性，所以迅速被众多系统使用，如 UNIX、Windows 都支持 TCP/IP。

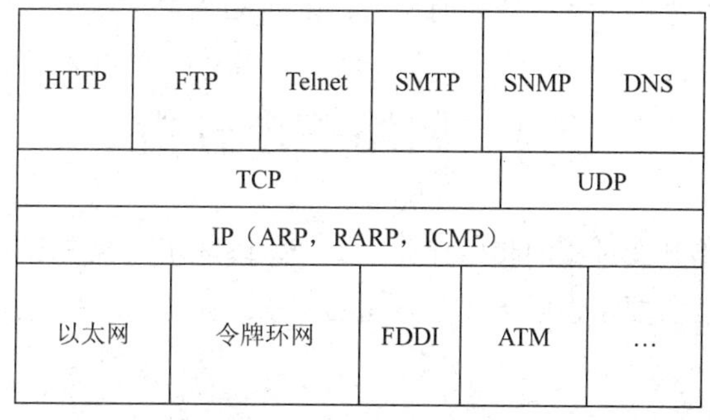

图 2-7　TCP/IP 协议簇

本 章 小 结

计算机网络的体系结构采用分层结构，定义和描述了一组用于计算机及其通信设施之间互连的标准和规范。开放系统互连参考模型（OSI）是国际标准化组织公布的一个作为国际标准的网络体系结构。而 TCP/IP 是在发展过程中出现的一个广泛用于 Internet 的完整标准网络连接协议。

练　习　题

1. 什么是网络体系结构？
2. 什么是网络协议？网络协议的三要素是什么？
3. OSI 参考模型分为哪几层？各层的功能是什么？
4. TCP/IP 参考模型分为哪几层？各层功能是什么？每层又包含什么协议？

模块 2　制定网络规划方案

第 3 章　制定网络规划方案

【教学要求】

掌握：网络设备的工作过程及使用、IP 地址的组成及分类、子网划分方法。

理解：网络需求分析、网络规划的主要步骤。

了解：网络设备选型原则、网络规划的原则、IP 规划原则。

3.1　网络需求分析

网络需求分析是网络开发过程的起始部分，这一阶段应明确客户所需要的网络服务和网络性能。在需求分析过程中，需要考虑以下几个方面的需求：业务需求、用户需求、应用需求。

3.1.1　业务需求

在整个网络开发过程中，应尽量保证设计的网络参数能够满足用户业务的需求。网络系统是为一个集体提供服务的，在这个集体中，存在着职能的分工，也存在着不同的业务需求。一般来说，用户只对自己分管的业务需求很清楚，对于其他用户的需求只有侧面的了解。因此对于集体内的不同用户，都需要收集特定的业务信息。业务需求分析包括以下内容：

1．确定组织机构

业务需求收集的第一步是获取组织机构图，通过组织机构图了解集体中的岗位设置以及岗位职责。

2．确定关键时间点

对于大型项目，必须制订严格的项目实施计划，确定各阶段关键的时间点，这些时间点也是重要的里程碑。在计划制订后，要形成项目建设日程表，以后还要进一步细化。

3．确定网络投资规模

对于整个网络的设计和实施，费用是一个主要考虑的因素，投资规模将直接影响到网络工程的设计思路、采用的技术路线以及设备的购置和服务水平。在进行投资预算时，应根据工程建设内容进行核算，将一次性投资和周期性投资都纳入考虑范围。计算系统成本时，有关网络设计、工程实施和系统维护的每项成本都应该纳入考虑范围。

4. 预测增长率

网络设计者在进行网络规划与设计时，一定不要仅考虑当前的网络规模和应用需求，还要有超前意识，使得新组建或改造的网络能满足企业未来相当一段时期（通常是 3～5 年）增长率。当然这里所考虑的不需要像当前现实应用那样具体，而可以仅考虑影响网络整体性能的一些重要方面，如网络用户数、网络服务器性能、核心和骨干层交换机、各种数据库系统的系统应用、安全需求和数据备份、容错系统等。在选择网络技术和设备时，要充分考虑使用当前最新的网络技术和产品。在网络负载承受能力方面，要使各关键网络设备，如服务器、交换机及路由器等都至少能满足未来 3～5 年的增长需求。

5. 确定网络的可靠性和可用性

一般来说，不同的行业拥有不同的可用性、可靠性要求，网络设计人员在进行需求分析的过程中，应首先获取行业的网络可靠性和可用性标准，并根据标准与用户进行交流，确定特殊的要求。

6. 确定网络的安全性

正确的网络安全性设计思路是调查用户的信息分布，对信息进行分类，根据分类信息的涉密性质、敏感程度、传输与存储方式、访问控制要求等进行安全设计，确保网络性能与安全保密之间取得平衡。

3.1.2　用户需求

1. 收集用户需求

为了设计出符合用户需求的网络，收集用户需求的过程应从当前的网络用户开始，必须找出用户需求的重要服务或功能。这些服务可能需要网络完成，也可能只需要本地计算机完成。

2. 收集需求的机制

收集用户需求的机制主要包括与用户群的交流、用户服务和需求归档 3 个方面。

（1）与用户群交流。与用户群交流是指与特定的个人和群体进行交流。在交流之前，需要先确定这个组织的关键人员和关键群体，再实施交流。在整个设计和实施阶段，应始终保持与关键人员之间的交流，以确保网络工程建设不偏离用户需求。

（2）用户服务。除了信息化程度很高的用户群体外，大多数用户都不可能用计算机的行业术语来配合设计人员的用户需求收集。设计人员不仅要将问题转化成为普通的业务语言，还应从用户反馈的业务语言中提炼出技术内容，这需要设计人员有大量的工程经验和需求调查经验。

（3）需求归档机制。与其他所有技术性工作一样，必须将网络分析和设计的过程记录下来。需求分析文档便于保存和交流，也有利于以后说明需求和网络性能的对应关系。所有的访谈、调查问卷等最好能由用户代表进行签字确认，同时应根据这些原始资料整理出规范的需求文档。

3.1.3　应用需求

组建网络时首先要弄清楚用户组建网络的用途是什么，他们属于哪一种类型的用户。不同类型的业务应用，对网络性能的要求也有差别。弄清楚用户建网目标后，按照用户投入资金和对应用的要求，就能确定初步方案了。在概要设计阶段，一定要记录以下几方面的设计数据：

（1）网络的地理分布。网络中心机房位置、用户数量、用户间最大距离、用户分组情况，以及有无布线障碍和其他特殊要求等。

（2）用户设备类型。终端和个人计算机数量、服务器档次、网络设备型号数量等。

（3）通信类型和通信量的估算。通信类型主要有数据传输、视频信号传输和语音通信。

应按照实际使用要求估算出数据流量大小，这一般可以从其他同类网络的通信量经验值中类比得出。

（4）网络容量和网络性能。网络容量是指在任何时间间隔内网络能承担的通信量。网络性能可用网络响应时间或者端对端的时延来衡量。当网络通信量接近其最大容量时，响应时间将变长，性能将下降，故在网络容量设计时要留有充分余地。

3.2 网络规划设计

在用户应用需求分析和可行性论证的基础上，为组建网络制定规划是确定网络体系结构和总体建设方案的必要工作过程。一项网络工程能否既经济实用，又兼顾长远发展，网络规划环节是至关重要的一步。

3.2.1 网络规划基本原则

一般来说，在工程设计前对主要设计原则进行选择和平衡，并排在其他设计方案中的最高优先级，对网络工程的设计和规划具有指导意义。网络建设原则要体现对用户网络技术和服务上的全面支持。这些原则应该以用户为中心，包括下面几方面：

1. 可靠性原则

具有容错功能，管理、维护方便。对网络的设计、选型、安装和调试等各个环节进行统一的规划和分析，确保系统运行可靠，需要从设备本身和网络拓扑两方面考虑。

2. 可扩展性原则

为了充分利用用户的已有投资以及满足用户不断增长的业务需求，网络和布线系统必须具有灵活的结构，并留有合理的扩充余地，既能满足用户数量的扩展，又能满足因技术发展需要而实现低成本的扩展和升级的需求。需要从设备性能、可升级的能力和 IP 地址、路由协议规划等方面考虑。

3. 可运营性原则

仅仅提供 IP 级别的连通是远远不够的，网络还应能够提供丰富的业务、足够健壮的安全级别、对关键业务的 QoS 保证。搭建网络的目的是真正能够给用户带来效益。

4. 可管理原则

提供灵活的网络管理平台，利用一个平台实现对系统中各种类型的设备进行统一管理；提供网管对设备进行拓扑管理、配置备份、软件升级、实时监控网络中的流量及异常情况。

3.2.2 网络规划的主要步骤

实施网络工程的首要工作就是要进行规划，深入细致的规划是成功构建网络的一半。缺乏规划的网络必然是失败的网络，其稳定性、扩展性、安全性、可管理性没有保证。通过科学合理的规划能够用最低的成本建立最佳的网络，达到最高的性能，提供最优的服务。网络规划应对业务需求、网络规模、网络结构、管理需要、增长预测、安全要求、网络互连等指标给出尽可能明确的定量或定性分析和估计。

1．需求分析

需求分析是从软件工程和管理信息系统引入的概念，是任何一个工程实施的第一个环节，也是关系到一个网络工程成功与否的最重要砝码。如果网络工程应用需求分析做得透彻，网络工程方案的设计就会赢得用户青睐。同时网络系统体系结构架构得好，网络工程实施及网络应用实施相对就容易得多。反之，如果网络工程设计方没有对用户方的需求进行充分的调研，不能与用户方达成共识，那么随意需求就会贯穿整个工程项目的始终，破坏工程项目的计划和预算。

从事信息技术行业的技术人员都清楚，网络产品与技术发展非常快，通常是同一档次网络产品的功能和性能在提升的同时，产品的价格却在下调。这也就是网络工程设计方和用户方在论证工程方案时，一再强调的工程性价比。

需求分析阶段主要完成用户网络系统调查，了解用户建设网络的需求，或用户对原有网络升级改造的要求。需求分析包括以下 6 方面：

（1）用户建网的目的和基本目标：了解用户需要通过组建网络解决什么样的问题，用户希望网络提供哪些应用和服务。

（2）网络的物理布局：充分考虑用户的位置、距离、环境，并到现场进行实地查看。

（3）用户的设备要求和现有的设备类型：了解用户数目、现有物理设备情况以及还需配置设备的类型、数量等。

（4）通信类型和通信负载：根据数据、语音、视频及多媒体信号的流量等因素对通信负载进行估算。

（5）网络安全程度：了解网络在安全性方面的要求有多高，以便根据需要选用不同类型的防火墙，以及采取必要的安全措施。

（6）网络总体设计：网络总体设计是网络设计的主要内容，关系到网络建设质量的关键，包括局域网技术选型、网络拓扑结构设计、地址规划、广域网接入设计、网络可靠性与容错设计、网络安全设计和网络管理设计等。

2．综合布线系统

综合布线系统是网络工程的基础工程，它是一种模块化的、灵活性极高的建筑物内或建筑群之间的信息传输通道。综合布线符合楼宇管理自动化、办公自动化、通信自动化和计算机网络化等多种需要，能支持文本、语音、图形、图像、安全监控、传感等各种数据的传输，支持光纤、双绞线、同轴电缆等各种传输介质，支持多用户多类型产品的应用，支持高速网络的应用。

3．设备选型

在完成需求分析、网络设计与规划之后，就可以结合网络的设计功能要求选择合适的传输介质、集线器、路由器、服务器、网卡、配套设备等各种硬件设备。硬件设备选型应遵从以下原则：必须综合考虑网络的先进合理性、扩展性和可管理性等要素；设备要既具有先进性，又具有可扩展性和技术成熟性。

因此，对所选设备既要看其可扩充性和内核技术的成熟性，还要具备较高的性能价格比。同时，在设计方案中应对设备产品的主要技术性能指标做详细的分析解释。

4．系统软件及应用系统

目前国内流行的网络操作系统有 Windows Server 2003/2008、Linux（Red Hat、Ubuntu）、UNIX

等，它们的应用层次各有不同。UNIX 主要应用于高端服务器环境，其安全性能级别高于其他操作系统。UNIX 通常被用在系统集成的后台，用于管理数据服务。系统集成前台或者一般的局域网环境可采用 Linux 和 Windows Server 2003/2008 等网络操作系统。选用哪种操作系统，还要根据用户的应用环境来确定。另外，还要根据网络操作系统及相关应用环境来选择数据库系统等系统软件。

一般网络系统的基本应用包括数据共享、门户网站、电子邮件和办公自动化系统等。不同性质的用户需求也不尽相同，如校园网的网络教学系统和数字化图书馆系统、企业的电子商务系统、政府的电子政务系统等。目前的应用系统都是基于服务器的，有 C/S（客户机/服务器）和 B/S（浏览器/服务器）两种模式。

5. 投资预算

网络投资预算包括硬件设备、软件购置、网络工程材料、网络工程施工、安装调试、人员培训、网络运行维护等所需的费用。需要仔细分析预算成本，考虑如何满足应用需求，又要把成本降到最低。

6. 工程实施步骤

根据用户的网络应用需求和用户投资情况，分期分批制定网络基础设施建设和应用系统开发的工作安排。

7. 培训方案

计算机网络是高新技术，建设单位不一定有足够的技术人员。为了让用户能够管理好、使用好计算机网络系统，在设计方案时，必须列出详细的网络管理与维护人员的技术培训计划。

8. 测试与验收

网络系统的测试与验收是保证工程质量的关键步骤。测试与验收包括开工前的检查、施工过程中的测试与验收以及竣工测试与验收 3 个阶段。通过各个阶段的测试与验收，可以及时发现工程中存在的问题，并由施工方立即纠正。测试与验收一般由用户方、设计方、施工方和第三方人员组织。

3.3 网络设备选型

网络设备选型是网络规划方案的一个重要组成部分，涉及组网、用网相关的设备，如路由器、交换机、服务器等。网络设备直接关系到网络性能。选择网络设备时需要我们认识网络设备，了解基其技术与作用。在组建网络过程中，如何按照用户需求和技术要求正确选择网络设备至关重要。

3.3.1 服务器选型

1. 什么是服务器

服务器在英文中被称作“Server”。从广义上讲，服务器是指网络中能对其他机器提供某些服务的计算机系统（如果一个 PC 对外提供 FTP 服务，也可以叫服务器）。

从狭义上讲，服务器是专指某些高性能计算机，能通过网络对外提供服务。服务器相对于普通 PC，稳定性、安全性、性能等方面都要求更高，因此在 CPU、芯片组、内存、磁盘系统、网络等硬件和普通 PC 有所不同。

服务器作为网络的节点，存储、处理网络上 80%的数据、信息，因此也被称为网络的灵魂。做一个形象的比喻：服务器就像是邮局的交换机，而微型计算机、笔记本、PDA、手机等固定或移动的网络终端，就如散落在家庭、各种办公场所、公共场所等处的电话机。人们与外界的电话交流、沟通，必须经过交换机，才能到达目标电话；同样，网络终端设备如家庭、企业中的微型计算机上网，获取资讯，与外界沟通、娱乐等，也必须经过服务器，因此也可以说是服务器在“组织”和“领导”这些设备。

服务器是网络上一种为客户端计算机提供各种服务的高性能的计算机，它在网络操作系统的控制下，将与其相连的硬盘、磁带、打印机、Modem 及各种专用通信设备提供给网络上的客户站点共享，也能为网络用户提供集中计算、信息发布及数据管理等服务。它的高性能主要体现在高速度的运算能力、长时间的可靠运行、强大的外部数据吞吐能力等方面。

2. 服务器与普通计算机的区别

服务器的构成与普通计算机基本相似，有处理器、硬盘、内存、系统总线等，它们是针对具体的网络应用特别制定的，因而服务器与微型计算机在处理能力、稳定性、可靠性、安全性、可扩展性、可管理性等方面存在很大差异。尤其是随着信息技术的进步，网络的作用越来越明显，对信息系统的数据处理能力、安全性等的要求也越来越高。如果在进行电子商务的过程中被黑客窃取密码，损失关键商业数据，如果在自动取款机上不能正常存取，应该考虑这些设备系统的幕后指挥者——服务器，而不是埋怨工作人员的素质和其他客观条件的限制。

3. 服务器选型的基本原则

服务器的设计和选择主要是根据服务主体、服务内容、服务范围、服务需求等要素来确定，在一般性需求中，服务器主要通过以下原则来选择。

（1）稳定可靠性原则。服务器用来承担企业应用中的关键任务，需要长时间无故障地稳定运行。在某些需要不间断服务的领域，如银行、医疗、电信等领域，需要服务器一天 24 小时不间断运行，一旦出现服务器宕机，后果是非常严重的。这些关键领域的服务器从开始运行到报废可能只开一次机，这就要求服务器具备极高的稳定性。

（2）实用性原则。对于用户来说，最重要的是从当前实际情况以及将来的扩展出发，有针对性地选择满足当前的应用需要并适当超前，投入又能不太高的解决方案。服务器的配置关系到数据的稳定和系统的安全，其实用性是决定配置的关键因素。单台服务器的实用性通常需要考虑到关键部件的冗余，采用多网卡、ECC 内存、磁盘 RAID、冗余电源、冗余风扇等配置将能够大大提升服务器的实用性能。除了关键部件的冗余外，如果想全面提升系统的支撑能力，还可以考虑是否采用双机热备或集群模式，服务响应是否及时等因素。

（3）扩展性原则。服务器成本高，并且承担企业关键任务，一旦更新换代，需要投入很大的资金和维护成本，所以相对来说服务器更新换代比较慢。企业信息化的要求也不是一成不变，所以服务器要留有一定的扩展空间，以利于随着服务范围的扩大而随时进行系统升级。在实践中，不少用户在组建网络时，由于受资金和长远规划的制约，系统配置不得当，在运行一段时间后，系统的承载能力和扩展空间就达到了极限，这种情况极易造成投资浪费或者运行效率降低。系统可扩展性主要包括处理器扩展、存储设备扩展以及外部设备的扩展、应用软件的升级等内容。

（4）易于操作原则。服务器的可操作性和易于管理性直接影响到服务器的正常使用和维护，以及管理成本。操作简便的基础主要包括电源、硬盘、内存、处理器等主要部件是否便于拆卸、保养和升级，是否具有远程管理和监控功能，是否拥有人性化、可视化的管理界面，是否具有良好的安全保护措施等。在电源、硬盘、内存、处理器发生故障时，系统要发出必要的隐患提示信号，操作人员能够通过管理系统及时监控到隐患信息，并远程对服务器故障进行修复。

4．服务器分类

服务器分类的标准有很多，例如按照应用级别来分类，可以分为工作组级、部门级和企业级服务器；按照处理器个数来分可以分为单路、双路和多路服务器；按照处理器架构来分可以分为x86服务器、IA-64服务器和RISC构架服务器；按照服务器的结构来分可以分为塔式服务器、机架式服务器和刀片服务器。最常见也最直观的分类方式就是按照服务器的结构来进行分类，下面就来介绍这3种结构的服务器。

（1）塔式服务器。塔式服务器是目前应用最为广泛、最为常见的一种服务器。塔式服务器从外观上看上去就像一台体积比较大的PC，机箱做工一般比较扎实，非常沉重。

塔式服务器由于机箱很大，可以提供良好的散热性能和扩展性能，并且配置可以很高，可以配置多路处理器、多根内存和多块硬盘，当然也可以配置多个冗余电源和散热风扇。如IBM x3800服务器可以支持4路至强处理器，提供了16个内存插槽，内存最大可以支持64 GB，并且可以安装12个可热插拔的硬盘。

塔式服务器由于具备良好的扩展能力，配置上可以根据用户需求进行升级，所以可以满足企业大多数应用的需求，所以塔式服务器是一种通用的服务器，可以集多种应用于一身，非常适合服务器采购数量要求不高的用户。塔式服务器在设计成本上要低于机架式和刀片服务器，所以价格通常也较低，目前主流应用的工作组级服务器一般采用塔式结构，当然部门级和企业级服务器也会采用这一结构。

塔式服务器虽然具备良好的扩展能力，但是即使扩展能力再强，一台服务器的扩展升级也会有限度，而且塔式服务器需要占用很大的空间，不利于服务器的托管，所以在需要服务器密集型部署、实现多机协作的领域，塔式服务器并不占优势。

（2）机架式服务器。机架式服务器顾名思义就是“可以安装在机架上的服务器”。机架式服务器相对塔式服务器大大节省了空间占用，节省了机房的托管费用，并且随着技术的不断发展，机架式服务器有着不逊色于塔式服务器的性能。机架式服务器是一种平衡了性能和空间占用的解决方案。

机架式服务器可以统一安装在按照国际标准设计的机柜中，机柜的宽度为19英寸，机柜的高度以U为单位，1U是一个基本高度单元，为1.75英寸，机柜的高度有多种规格，如10U、24U、42U等，机柜的深度没有特别要求。通过机柜安装服务器可以使管理、布线更为方便整洁，也可以方便和其他网络设备的连接。

机架式服务器也是按照机柜的规格进行设计，高度也是以U为单位。比较常见的机架服务器有1U、2U、4U、5U等规格。通过机柜进行安装可以有效节省空间，但是机架式服务器由于机身受到限制，在扩展能力和散热能力上不如塔式服务器，这就需要对机架式服务器的系统结构专门进行设计，如主板、接口、散热系统等，这样就使机架式服务器的设计成本提高，所以价格一般也要高于塔式服务器。由于机箱空间有限，机架式服务器也能像塔式服务器那样配置非常均衡，可以集多种应用于一身，所以机架式服务器比较适用于一些针对性比较强的应用，如需要密集型部署的服务运营商、群集计算等。

（3）刀片式服务器。刀片式服务器是一种比机架式服务器更加紧凑整合的服务器结构。它是专门为特殊行业和高密度计算环境所设计的。刀片式服务器在外形上比机架式服务器更小，只有机架式服务器的 1/3～1/2，这样就可以使服务器密度更加集中，节省了更大的空间。

每个刀片就是一台独立的服务器，具有独立的 CPU、内存、I/O 总线，通过外置磁盘可以独立安装操作系统，可以提供不同的网络服务，相互之间并不影响。刀片式服务器也可以像机架服务器那样，安装到刀片式服务器机柜中，形成一个刀片式服务器系统，可以实现更为密集的计算部署。

多个刀片式服务器可以通过刀片架进行连接，通过系统软件，可以组成一个服务器集群，可以提供高速的网络服务，实现资源共享，为特定的用户群服务。如果需要升级，可以在集群中插入新的刀片，刀片可以进行热插拔，升级非常方便。每个刀片式服务器不需要单独的电源等部件，可以共享服务器资源，这样可以有效降低功耗，并节省成本。刀片式服务器不需要对每个服务器单独进行布线，可以通过机柜统一进行布线和集中管理，这样为连接管理提供了非常大的方便，可以有效节省企业总体拥有成本。

虽然刀片式服务器在空间节省、集群计算、扩展升级、集中管理、总体成本方面相对于另外两种结构的服务器具有很大优势，但是刀片式服务器至今还没有形成一个统一的标准，刀片式服务器的几大巨头如 IBM、HP、Sun 各自有不同的标准，之间互不兼容，刀片标准之争目前仍在继续，这导致刀片式服务器的用户选择空间很狭窄，制约了刀片式服务器的发展。

塔式服务器、机架式服务器和刀片式服务器分别具有不同的特色：塔式服务器应用广泛，性价比优良，但是占用较大空间，不利于密集型部署，机架式服务器平衡了性能和空间占用，但是扩展性能一般，在应用方面不能做到面面俱到，适合特定领域的应用；刀片式服务器大大节省空间，升级灵活，便于集中管理，为企业降低总体成本，但是标准不统一，制约了用户的选择空间。建议企业在采购时根据实际情况，综合考虑，以获得最适合企业信息化建设的解决方案。

3.3.2 交换机选型

随着计算机及局域网应用的不断深入，各企业、各单位同外界信息媒体之间的相互交换和共享需求日益增加。为了提高工作效率，实现资源共享，降低运作及管理成本，各企事业单位都要建立企业内部局域网。交换机、路由器是局域网组建不可缺少的网络设备，是搭建局域网的重要基础。

1. 交换机概述

交换（Switching）是按照通信两端传输信息的需要，用人工或设备自动完成的方法，把要传输的信息送到符合要求的相应路由上的技术的统称。交换机根据工作位置的不同，可以分为广域网交换机和局域网交换机。

交换机（Switch）工作在 OSI 的第二层，即数据链路层，能识别 MAC 地址。交换机根据收到数据帧中的源 MAC 地址建立该地址同交换机端口的映射，并将其写入 MAC 地址表中。交换机将数据帧中的目的 MAC 地址同已建立的 MAC 地址表进行比较，以决定由哪个端口进行转发。如数据帧中的目的 MAC 地址不在 MAC 地址表中，则向所有端口转发。这一过程称为泛洪（flood）。

交换机是一个灵活的网络设备，一般用于构造星状网络拓扑结构，如图 3-1 所示。

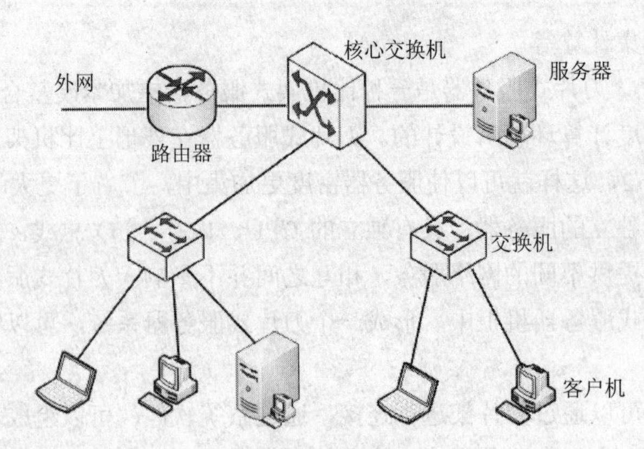

图 3-1　交换机的使用

2．交换机的工作原理

交换机拥有一条很高带宽的背部总线和内部交换矩阵。交换机的所有端口都挂接在这条背部总线上，控制电路收到数据包以后，处理端口会查找内存中的地址对照表，以确定目的 MAC（网卡的硬件地址）的 NIC（网卡）挂接在哪个端口上，通过内部交换矩阵迅速将数据包传送到目的端口。目的 MAC 若不存在，则广播到所有端口，接收端口回应后，交换机会“学习”新的 MAC 地址，并把它添加到内部 MAC 地址表中。使用交换机也可以把网络“分段”，通过对照 IP 地址表，交换机只允许必要的网络流量通过交换机。通过交换机的过滤和转发，可以有效减少冲突域，但它不能划分网络层广播，即广播域。交换机在同一时刻可进行多个端口对之间的数据传输。每一端口都可视为独立的物理网段（注：非 IP 网段），连接在其上的网络设备独自享有全部带宽，无须同其他设备竞争使用。当节点 A 向节点 D 发送数据时，节点 B 可同时向节点 C 发送数据，而且这两个传输都享有网络的全部带宽，都有着自己的虚拟连接。假如这里使用的是 10 Mbit/s 的以太网交换机，那么该交换机的总流通量就等于 2×10 Mbit/s=20 Mbit/s，而使用 10 Mbit/s 的共享式 Hub 时，一个 Hub 的总流通量也不会超出 10 Mbit/s。

总之，交换机是一种基于 MAC 地址识别，能完成封装转发数据帧功能的网络设备。交换机可以“学习”MAC 地址，并将其存放在内部地址表中，通过在数据帧的始发者和目标接收者之间建立临时的交换路径，使数据帧直接由源地址到达目的地址。

3．交换机数据包交换方式

交换机数据包交换方式主要有直通式、存储转发方式、碎片隔离 3 种技术。

（1）直通式。直通方式的以太网交换机可以理解为在各端口间是纵横交叉的线路矩阵电话交换机。它在输入端口检测到一个数据包时，检查该包的包头，获取包的目的地址，启动内部的动态查找表转换成相应的输出端口，在输入与输出交叉处接通，把数据包直通到相应的端口，实现交换功能。由于不需要存储，延迟非常小，交换非常快，这是它的优点。它的缺点是，因为数据包内容并没有被以太网交换机保存下来，所以无法检查所传送的数据包是否有误，不能提供错误检测能力。由于没有缓存，不能将具有不同速率的输入/输出端口直接接通，而且容易丢包。

（2）存储转发。存储转发方式是计算机网络领域应用最为广泛的方式。它把输入端口的数据包先存储起来，然后进行 CRC（循环冗余码校验）检查，在对错误包进行处理后才取出数据包的目的地址，通过查找表转换成输出端口送出包。正因如此，存储转发方式在数据处理时延时大，这是它的不足，但是它可以对进入交换机的数据包进行错误检测，有效地改善网络性能。尤其重要的是它可以支持不同速度的端口间的转换，保持高速端口与低速端口间的协同工作。

（3）片隔离。这是介于上述两者之间的一种解决方案。它检查数据包的长度是否够 64 字节，如果小于 64 字节，说明是假包，则丢弃该包；如果大于 64 字节，则发送该包。这种方式也不提供数据校验。它的数据处理速度比存储转发方式快，但比直通式慢。

4．交换机的分类

从广义上来看，网络交换机分为两种：广域网交换机和局域网交换机。广域网交换机主要应用于电信领域，提供通信用的基础平台。而局域网交换机则应用于局域网络，用于连接终端设备，如 PC 及网络打印机等。

从传输介质和传输速度上可分为以太网交换机、快速以太网交换机、千兆以太网交换机、FDDI 交换机、ATM 交换机和令牌环交换机等。

从规模应用上又可分为企业级交换机、部门级交换机和工作组交换机等。各厂商划分的尺度并不是完全一致的，一般来讲，企业级交换机都是机架式，部门级交换机可以是机架式（插槽数较少），也可以是固定配置式，而工作组级交换机为固定配置式（功能较为简单）。另一方面，从应用的规模来看，作为骨干交换机时，支持 300 个信息点以上大型企业应用的交换机为企业级交换机，支持 300 个信息点以下 100 个信息点以上中型企业的交换机为部门级交换机，而支持 100 个信息点以内的交换机为工作组级交换机。本文所介绍的交换机指的是局域网交换机。

5．交换机选型的基本原则

（1）适用性与先进性相结合的原则。不同品牌的交换机产品价格差异较大，功能也不一样，因此选择时不能只看品牌或追求高价，也不能只看价钱低的，应该根据应用的实际情况，选择性价比高，既能满足目前需要，又能适应未来几年网络发展的交换机。

（2）选择市场主流产品的原则。选择交换机时，应选择在国内市场上有相当份额，具有高性能、高可靠性、高安全性、高可扩展性、高可维护性的产品，如中兴、3Com、华为的产品市场份额较大。

（3）安全可靠的原则。交换机的安全性决定了网络系统的安全性，选择交换机时这一点是非常重要的。交换机的安全主要表现在 VLAN 的划分、交换机的过滤技术。

（4）产品与服务相结合的原则。选择交换机时，既要看产品的品牌，又要看生产厂商和销售商品是否有强大的技术支持、良好的售后服务，否则买回的交换机出现故障时，既没有技术支持又没有产品服务，使企业蒙受损失。

3.3.3　路由器选型

随着各企事业单位网络规模的不断扩大，很多单位不止有一个局域网，多个局域网之间的通信就成为当前急需解决的问题。局域网互连是指使用路由器把两个或多个局域网互连起来，实现各局域网之间的信息交换。

1．路由器概述

路由器是一个工作在 OSI 参考参模型的第三层即网络层的设备，它的主要作用是为收到的报文寻找正确的路径，并把它们转发出去。换言之，路由器就是从一个网络向另一个网络传递数据包，对不同网络或网段之间的数据信息进行“翻译”，以使它们能够相互“读”懂对方的数据，从而构成一个更大的网络。

图 3-2 描述了可以使用路由器连接两个不同的局域网以及局域网通过路由器接入广域网。

路由器（router）是连接因特网中各局域网、广域网的设备，它会根据信道的情况自动选择和设定路由，以最佳路径，按前后顺序发送信号的设备。路由器是互联网的枢纽、“交通警察”。路由器通过路由决定数据的转发。转发策略称为路由选择（routing），这也是路由器名称的由来，它相当于现实生活中的邮局，用户将信件交给本地邮局，本地邮局会将这个信件通过各种运输工具送到目的邮局。最后由目的邮局送交给收信人。路由选择如图 3-3 所示。路由器根据数据包中网络层协议头转发数据包。它只负责决定将数据包转发到哪一台主机或路由器，以使它到达目的地。

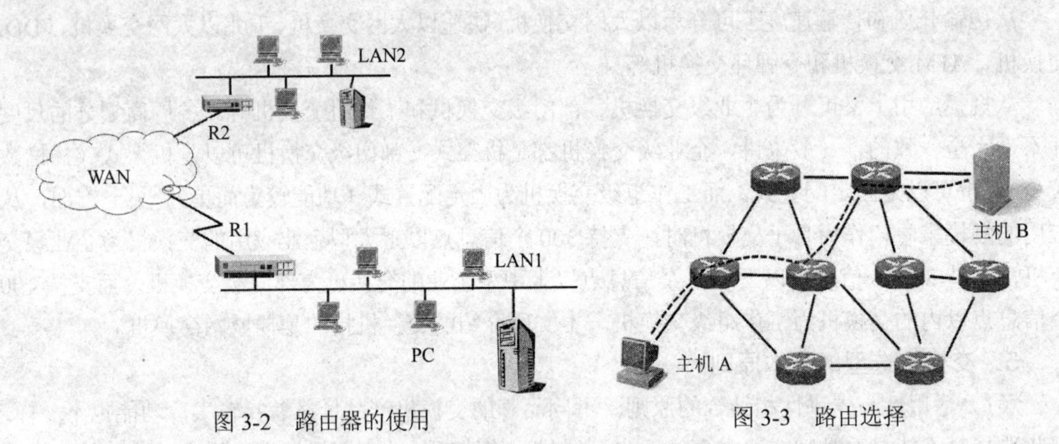

图 3-2　路由器的使用　　　图 3-3　路由选择

典型的路由选择方式有两种：静态路由选择和动态路由选择。静态路由选择要求网络管理员人工输入路由信息。由于静态路由不能对网络的改变及时做出反映，一般用于网络规模不大、拓扑结构固定的网络中。动态路由选择根据用路由选择协议获得的路由信息动态地建立路由表。动态路由选择适合网络规模大、网络拓扑复杂的网络。

2. 路由器功能

路由器的基本功能是把数据（IP 报文）传送到正确的网络，具体地说包括以下几方面：

（1）IP 数据报的转发，包括数据报的寻径和传送。

（2）子网隔离，抑制广播风暴。

（3）维护路由表，并与其他路由器交换路由信息，这是 IP 报文转发的基础。

（4）实现对 IP 数据报的过滤和记账。

3. 路由器工作过程

（1）工作站 A 将工作站 B 的地址 12.0.0.5 连同数据信息以数据包的形式发送给路由器 1。

（2）路由器 1 收到工作站 A 的数据包后，先从报头中取出地址 12.0.0.5，并根据路径表计算出发往工作站 B 的最佳路径：R1→R2→R5→B；并将数据包发往路由器 2。

（3）路由器 2 重复路由器 1 的工作，并将数据包转发给路由器 5。

（4）路由器 5 同样取出目的地址，发现 12.0.0.5 就在该路由器所连接的网段上，于是将该数据包直接交给工作站 B。

（5）工作站 B 收到工作站 A 的数据包，一次通信过程宣告结束。

4．路由器选型的基本原则

（1）实用性原则。采用成熟的、经实践证明其实用性的技术。这能满足现行业务的管理，又能适应 3～5 年的业务发展的要求。

（2）可靠性原则。在选择路由器时，最需要注意的就是设备的可靠性。在核心路由器技术规范中，核心路由器的可靠性应达到以下要求：

① 系统应达到或超过 99.999%的可用性。

② 无故障连续工作时间：MTBF＞10 万小时。

③ 故障恢复时间：系统故障恢复时间＜30 ms。

④ 系统应具有自动保护切换功能。主备用切换时间应小于 50 ms。

⑤ SDH 和 ATM 接口应具有自动保护切换功能，切换时间应小于 50 ms。

⑥ 主处理器、主存储器、交换矩阵、电源、总线控制器和管理接口等系列主要部件应具有的热备份冗余。

⑦ 线卡要求 *m*+*n* 备份并提供远端测试诊断功能。

⑧ 电源故障能保持连接的效性。

⑨ 系统必须不存在单故障点。

（3）标准性和开放性原则。网络系统的设计符合国际标准和工业标准，采用开放式系统体系结构。

（4）先进性原则。所使用的设备应支持 VLAN 划分技术、HSRP（热备份路由协议）技术、OSPF 等协议，保证网络的传输性能和路由快速收敛性，抑制局域网内广播风暴，减少数据传输延时。

（5）安全性原则。系统具有多层次的安全保护措施，可以满足用户身份鉴别、访问控制、数据完整性、可审核性和保密性传输等要求。

（6）扩展性原则。在业务不断发展的情况下，路由系统可以不断升级和扩充，并保证系统的稳定运行。

（7）性价比。不盲目追求高性能产品，要购买适合自身需求的产品。

3.4 IP 规划设计

3.4.1 IP 地址概述

1．IP 地址概念

为了使连入 TCP/IP 网络中的众多计算机在通信时能够相互识别，TCP/IP 网络中的每一台主机都分配了唯一的 32 位二进制地址，该地址称为 IP（Internet Protocol）地址，也叫做网际地址。它是通过 IP 来实现的。它规定了每台机器都必须有 IP 地址，IP 地址是唯一及通用的地址格式。

2．IP 地址结构

IP 地址与街道地址一样，用于确保将信息传送到正确的目的地。邮递员使用街道名和地址号码来确定邮件投递到的地方。IP 地址也分成两部分，即网络 ID 和主机 ID。网络 ID 相当于街道名。街道上的每户人家都使用相同的街道名。同样，网络上的每台计算机也使用相同的网络 ID。

按照同样的情况，街道上的每户人家都有一个不同的门牌号码。同样，网络上的每台计算机也有一个不同的主机 ID。

网络 ID 又称为网络地址、网络号，用于在 TCP/IP 网络中标识某个网段。该网络中的所有设备的 IP 地址具有相同的网络 ID。

主机 ID 又称为主机地址、主机号，用于标识网络的一个 TCP/IP 节点，如服务器、工作站等。

3. IP 地址的表示方法

在计算机内部，IP 地址是用二进制表示的，共 32 位二进制数。例如 10000000.00001010.00000010.00011110。使用 32 位二进制数表示不方便用户记忆，通常把 32 位的 IP 地址分成 4 段，每 8 位二进制数为一段，每段二进制数分别转换为人们习惯的十进制数，并且用圆点隔开，这就是 IP 地址的点分十进制表示方法。上例用二进制表达的 IP 地址可以用点分十进制 128.10.20.30 表示。

4. IP 地址的分类

为了充分利用 IP 地址空间，InterNIC（Internet 网络信息信心）将 IP 地址资源划分为 5 类（A 类、B 类、C 类、D 类、E 类），其中最常用的是 A～C 类。每类地址中定义了它们的网络 ID 和主机 ID 各占用 32 位地址中的多少位，就是说每一类中，规定了可以容纳的最大网络数及主机数。

（1）A 类地址。A 类 IP 地址的最高位为“0”。接下来的 7 位（第 2～8 位）表示网络 ID，剩下的 24 位表示主机 ID，如表 3-1 所示。A 类地址的范围为 00000001～011111110，如果用点分十进制表示，就是 A 类地址的网络地址在为 1～126 之间（0 和 127 留作它用）。例如 10.1.1.1、126.1.1.1 就是 A 类地址。如果第一个地址大于 126，就不属于 A 类地址，如 192.1.1.1。A 类地址的网络共有 126 个，每个网络号可以有 16 777 214 台主机。

表 3-1　A 类地址结构

	主 机 地 址			
32 位地址	0×××××××	××××××××	××××××××	××××××××

（2）B 类地址。B 类地址前两位设为“10”，接下来的 14 位（第 3～16 位）表示网络 ID，剩下的 16 位（后两个 8 位）表示主机 ID，如表 3-2 所示。如果用点分十进制表示，B 类地址的第一个字节在 128～191 之间，例如 172.168.1.1 就是 B 类地址。B 类地址允许 16 384 个网络，每个网络拥有 65 534 个主机。

表 3-2　B 类地址结构

	主 机 地 址			
32 位地址	10××××××	××××××××	××××××××	××××××××

（3）C 类地址。C 类地址前 3 位设为“110”，接下来的 21 位（第 4～24 位）表示网络 ID，剩下的 8 位表示主机 ID，如表 3-3 所示。如果用点分十进制表示，就是 C 类地址的第一个字节在 192～223 之间，例如 202.18.16.11 就是 C 类地址。C 类地址允许 2 097 152 个网络，每个网络拥有 254 台主机。

表 3-3　C 类地址结构

	主机地址			
32 位地址	110×××××	××××××××	××××××××	××××××××

（4）D 类地址。D 类地址用全部的 8 位组表示主机部分（如表 3-4 所示），前 4 位设为“1110”，如果用点分十进制表示，D 类地址的第一个字节在 224～239 之间。D 类地址是多点广播地址，主要留给因特网体系结构委员会（Internet Architecture Board，IAB）使用。

表 3-4　D 类地址结构

	主机地址			
32 位地址	1110××××	××××××××	××××××××	××××××××

（5）E 类地址。E 类地址的前 4 位设为“1111”，E 类地址的第一个字节在 240～255 之间。E 类地址保留在今后使用。目前大量使用的 IP 地址仅 A～C 类 3 种。

当某单位向国际因特网信息中心（InterNIC）申请 IP 地址时，实际上便获得了一个网络号，具体的各个主机号则按网络规模大小进行再分配，只要保证在单位管辖的范围内无重复主机号即可。如向 InterNIC 组织申请一个 IP 地址为 219.217.78.×，通常用 219.217.78.0 表示这个 C 类的网络号，则本地主机的 IP 地址为 219.217.78.1～219.217.78.254。

5．特殊 IP 地址和私有 IP 地址

TCP/IP 规定了以下几条：

（1）广播地址。TCP/IP 规定，主机号各位全为 1 的 IP 地址用于广播，称为广播地址。所谓广播，指同时向网上所有的主机发送报文。即当 IP 地址中的主机 ID 的所有位都设置为“1”时，则表示面向某个网络中的所有节点的广播地址。例如，168.123.255.255 就是 B 类地址中的一个广播地址。如发送消息给 255.255.255.255，表示将信息广播到网络上的每台主机；发送消息给 168.192.255.255 表示将信息广播在 168.192 网络上的每台主机。

（2）有限广播地址。TCP/IP 规定，32 位全为 1（产生的地址为 255.255.255.255）时，用于向本地网络中的所有主机发送广播消息。因此，该地址称为有限广播地址。

（3）“0”地址。TCP/IP 规定，32 位全为 0 时（产生的地址为 0.0.0.0），代表所有主机，即解释为本网络。若主机想在本网内通信，但又不知道本网络的网络号，那么可以利用“0”地址。

（4）回送地址。A 类网络地址的第一段十进制数值为 127，它是一个保留地址（例如 127.1.1.1），用于网络软件测试以及本地机进程间通信的地址叫做回送地址。如发送信息到 127.0.0.1（或网络 127 上的任何地址）是将此信息回传给自己。

（5）私有 IP 地址。根据用途和安全级别不同，IP 地址分为公网 IP 和私有 IP 地址。公网 IP 是在 Internet 中使用的 IP 地址，而私有 IP 地址是在局域网中使用的 IP 地址。

由于目前使用的 IPv4 协议的限制，IP 地址的数量是有限的。这样，就不能为网络中的每一台计算机分配一个公网 IP。所以在局域网中的每台计算机就只能使用私有 IP 地址。私有 IP 地址的范围有：

① 10.0.0.0～10.255.255.255；

② 172.16.0.0～172.31.255.255；

③ 192.168.0.0～192.168.255.255。

3.4.2 子网划分

1. 子网掩码

子网掩码的格式同 IP 地址一样，是一个 32 位的二进制数，它由左边一连串的“1”和右边一连串的“0”组成。为了便于理解，也采用点分十进制表示。“1”按位对应 IP 地址中的网络号和子网号字段，而“0”按位对应于 IP 地址中的主机字段。

利用子网掩码，可以区分 IP 地址中的网络号和主机号，以说明该 IP 地址属于哪个网络，其主机号是多少。

不是所有的网络都需要子网，因此在没有子网的情况下使用的均是默认子网掩码。A 类 IP 地址的默认子网掩码为 255.0.0.0，B 类的为 255.255.0.0，C 类的为 255.255.255.0。

Internet 服务提供商（ISP）常用 219.217.78.1/24 给客户分配地址，/24 表示子网掩码中有 24 位为 1。

如何用子网掩码判断网络 ID 呢？具体做法是将 IP 地址与子网掩码进行“与”（AND）运算所得的结果即为网络 ID。即

网络 ID=IP 地址 AND 子网掩码

例如，网络中的主机 A 的 IP 地址为 225.36.25.183，子网掩码为 255.255.255.240，网络 A 的网络 ID 是 225.36.25.176。运算过程如图 3-4 所示。

	网络 ID			主机 ID
225.36.25.183 AND 255.255.255.240	11100001	00100100	00011001	10110111
	11111111	11111111	11111111	11110000
	11100001	00100100	00011001	10110000

225	36	25	176

图 3-4　子网掩码

2. 子网划分

1）子网划分的意义

子网是指把一个有类（A、B、C 类）的网络地址，再划分成若干小的网段，这些网段称为子网。划分子网是解决 IP 地址空间不足的一个有效措施。

对于子网划分，可以在表示主机地址的二进制数中划分出一定的位数用于本网的各个子网，剩余的部分作为相应子网的主机地址。划分多少位给子网，取决于具体的需要。在划分子网以后，IP 地址实际上就由 3 部分组成——网络地址、子网地址和主机地址，如图 3-5 所示。

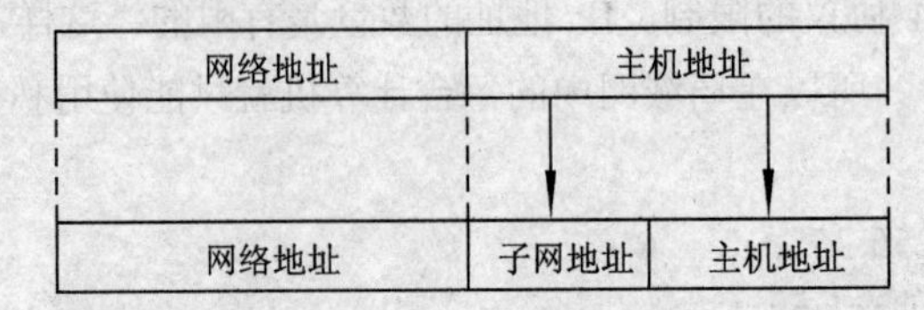

图 3-5　IP 地址表示方式

划分子网有以下好处：

（1）节约了大量的 IP 地址。

（2）减少了网络拥塞：将大量用户放在同一个网络中很容易造成过度拥挤。一个 10Base-T 网络上如有 254 个用户，通常会出现许多冲突，网络运行的性能较差。但是，如果一个 10Base-T 网络上只有 30 个用户，那么网络的运行就相当好。子网划分使得能够建立为较少计算机提供服务的网段。

（3）支持不同的网络技术：假设网络中一部分是令牌环网，一部分是以太网，一部的是 AppleTalk。如何分配网络 ID 来满足这些不同网络技术的需要呢？运用子网划分技术，就可以使用一个网络 ID，将许多节点连接到不同的网络。

（4）克服网络技术的局限性：网络技术给每个网段允许连接的最大设备数目规定了一个限度。例如以太网规定每个网段只能连接 1024 台设备。如果拥有一个配备 65 534 个 IP 地址的 B 类网络，那么，连接 1024 台设备的规定是无法接受的限制。

（5）安全性：从本质上讲，路由器是将一个网段与另一个网段相互隔开。这种隔离提供了一个基本的安全水平。

（6）减少广播影响：广播将数据包送往连网的每个节点。广播会影响连网计算机的正常工作，因为它会导致每台计算机停止当前正在做的工作，并用几毫秒时间来确定它是否需要对广播做出应答。运用子网，可在一个网段上放置较少的计算机，从而减少了受广播影响的计算机数目。

（7）支持广域网：如前所述，地理位置分散的公司或机构可以跨越多个 LAN 来使用单个网络 ID。

如图 3-6 所示，在一个网络内划分了 3 个子网。

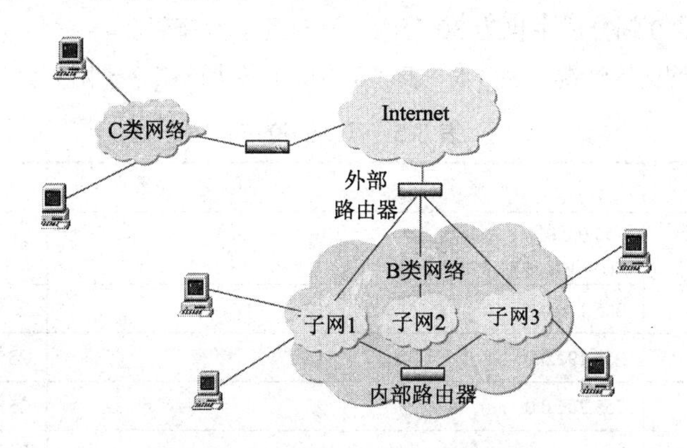

图 3-6　子网划分示意图

2）子网划分的方法

规划 IP 地址时，先将申请到的 IP 地址按照网络拓扑结构进行分配，接着配置子网。通常应按工作场所或部门个数划分不同的子网，也可按每个工作场所或部门最大的主机数划分子网。在实际中更多的是将这两者综合起来考虑。子网具体划分方法如下：

（1）利用子网数来计算：

在求子网掩码之前必须先搞清楚要划分的子网数目，以及每个子网内的所需主机数目。

① 将子网数目转化为二进制来表示。

② 取得该二进制的位数，记为 N。

③ 取得该 IP 地址的类子网掩码，将其主机地址部分的前 N 位置 1，即得出该 IP 地址划分子网的子网掩码。

如欲将 B 类 IP 地址 167.128.0.0 划分成 27 个子网：

① $27=(11011)_2$。

② 该二进制为五位数，$N = 5$。

③ 将 B 类地址的子网掩码 255.255.0.0 的主机地址前 5 位置 1（B 类地址的主机位包括后两个字节，所以这里要把第三个字节的前 5 位置 1），得到 255.255.248.0 即为划分成 27 个子网的 B 类 IP 地址 167.128.0.0 的子网掩码（实际上是划分成了 32-2=30 个子网）。

（2）利用主机数来计算：

① 将主机数目转化为二进制来表示。

② 如果主机数小于或等于 254（注意去掉保留的两个 IP 地址），则取得该主机的二进制位数，为 N，这里肯定 $N<8$。如果大于 254，则 $N>8$，这就是说主机地址将占据不止 8 位。

③ 使用 255.255.255.255 来将该类 IP 地址的主机地址位数全部置 1，然后从后向前将 N 位全部置为 0，即为子网掩码值。

如欲将 C 类 IP 地址 192.168.0.0 划分成若干子网，每个子网内有主机 30 台：

① $30=(11110)_2$。

② 该二进制为十位数，$N = 5$。

③ 将该 C 类地址的子网掩码 255.255.255.0 的主机地址全部置 1，得到 255.255.255.255，然后从后向前将后 5 位置 0，即 11111111.11111111.11111111.11100000，即 255.255.255.224。这就是 C 类 IP 地址 192.168.0.0 划分成主机为 30 台的子网时的子网掩码。

为了便于查阅子网配置情况，表 3-5～表 3-8 给出了各类网络中子网划分与子网掩码的对应表。

表 3-5 子 网 掩 码

网络号的位数	子 网 掩 码	网络号的位数	子 网 掩 码
8	255.0.0.0 （A 类地址默认掩码）	11	255.224.0.0
9	255.128.0.0	12	255.240.0.0
10	255.192.0.0	13	255.248.0.0
14	255.252.0.0	23	255.255.254.0
15	255.254.0.0	24	255.255.255.0 （C 类地址默认掩码）
16	255.255.0.0 （B 类地址默认掩码）	25	255.255.255.128
17	255.255.128.0	26	255.255.255.192
18	255.255.192.0	27	255.255.255.224
19	255.255.224.0	28	255.255.255.240
20	255.255.240.0	29	255.255.255.248
21	255.255.248.0	30	255.255.255.252
22	255.255.252.0		

表 3-6 A 类网络划分：子网数与对应的子网掩码

子 网 位 数	主 机 位 数	子 网 掩 码	最大子网数	最大主机数
2	22	255.192.0.0	2	4 194 302
3	21	255.224.0.0	6	2 097 150
4	20	255.240.0.0	14	1 048 574
5	19	255.248.0.0	30	524 286
6	18	255.252.0.0	62	262 142
7	17	255.254.0.0	126	131 070
8	16	255.255.0.0	254	65 536
9	15	255.255128.0	510	32 766
10	14	255.255.192.0	1 022	16 382
11	13	255.255.224.0	2 044	8 190
12	12	255.255.240.0	4 094	4 094
13	11	255.255.248.0	8 019	2 046
14	10	255.255.252.0	16 382	1 022
15	9	255.255.254.0	32 766	510
16	8	255.255.255.0	65 536	254
17	7	255.255.255.128	131 070	126
18	6	255.255.255.192	262 140	62
19	5	255.255.255.224	524 284	30
20	4	255.255.255.240	1 048 572	14
21	3	255.255.255.248	2 097 148	6
22	2	255.255.255.252	4 194 300	2

表 3-7 B 类网络划分：子网数与对应的子网掩码

子网位数	主机位数	子网掩码	最大子网数	最大主机数
2	14	255.255.192.0	2	16 382
3	13	255.255.224.0	6	8 190
4	12	255.255.240.0	14	4 094
5	11	255.255.248.0	30	2 046
6	10	255.255.252.0	62	1 022
7	9	255.255.254.0	126	510
8	8	255.255.255.0	254	254
9	7	255.255.255.128	510	126
10	6	255.255.255.192	1 022	62
11	5	255.255.255.224	2 044	30

续表

子网位数	主机位数	子网掩码	最大子网数	最大主机数
12	4	255.255.255.240	4 094	14
13	3	255.255.255.248	8 190	6
14	2	255.255.255.252	16 382	2

表 3-8　C 类网络划分：子网数与对应的子网掩码

子 网 位 数	主 机 位 数	子 网 掩 码	最大子网数	最大主机数
2	6	255.255.255.192	2	62
3	5	255.255.255.224	6	30
4	4	255.255.255.240	14	14
5	3	255.255.255.248	30	6
6	2	255.255.255.252	62	2

3. IP 地址规划原则

（1）结构化编址。结构化其实就是体系化、组织化，根据企业的具体需求和组织结构对整个网络地址进行有条理的规划。一般这个规划的过程是由大局、整体着眼，然后逐级细化进行划分的。这跟实际机构划分一致，例如大学中先划分学院、系部，然后划分专业，再划分班级，最后划分学号。采用结构化编址的网络，由于相邻或者具有相同服务性质的主机或办公群落在 IP 地址上也是连续的，便于在各区块的边界路由设备上进行有效的路由汇总，使整个网络的结构清晰，路由信息明确，也能减小路由器中的路由表。而每个区域地址与其他区域地址相对独立。

（2）何选择地址分配方式。IP 地址分配有动态分配和静态分配两种方式，下面比较这两种方式的优缺点。

① 动态分配 IP 地址，由于地址是由 DHCP 服务器分配的，便于集中统一管理，并且每一个新接入的主机通过非常简单的操作就可以正确获得 IP 地址、子网掩码、默认网关、DNS 等参数，管理工作量要比静态地址小很多，而且越大的网络越明显。而静态分配正好相反，需要先指定哪些主机要用到哪些 IP 地址，不能重复，然后去客户主机上逐个设置必要的网络参数。这需要一张详细记录 IP 地址资源使用情况的表格，并且要根据变动实时更新，否则很容易出现 IP 地址冲突等问题，这对于一个大规模的网络来说工作量很大。但是在一些特定的区域，如服务器群区域，要求每一台服务器都有一个固定的 IP 地址，这种情况下使用静态分配较好。当然，也可以使用 DHCP 的地址绑定功能或者动态域名系统来实现类似的效果。

② 采用动态分配 IP 地址可以做到按需分配地址，当一个 IP 地址不被主机使用时，能被释放出来供新接入主机使用，这样可以在一定程度上高效利用 IP 资源。DHCP 的地址池只要能满足同时使用的 IP 峰值即可。而如果采用静态分配，必须考虑更大的使用余量，很多临时不接入网络的主机并不会释放 IP，而通过手动释放和添加 IP 地址等参数又十分烦琐，所以这时必须考虑使用更大 IP 地址段，确保有足够的 IP 地址资源。

③ 动态分配要求网络中必须有一台或几台稳定且高效的 DHCP 服务器，因为在 IP 地址管理和分配集中的同时，故障点也相应集中起来，只要网络中的 DHCP 服务器出现故障，整个网络都有可能瘫痪，所以在很多网络中配置多台 DHCP 服务器在平时还可以分担地址分配的工作量。另外，客户机在与 DHCP 服务器通信时，要进行地址申请、续约和释放等，这都会产生网络流量，虽然不大，但是必须考虑到。而静态分配就没有这些缺点。静态地址还有一个很大的优点，就是比动态分配更容易定位故障点。在大多数情况下，企业网络管理在使用静态地址分配时，都会有一张 IP 地址资源使用表，所有的主机和特定 IP 地址都会一一对应起来，出现故障或者要对某些主机进行控制管理时都比动态地址分配要简单得多。

（3）按需分配公网 IP 地址。公网 IP 地址是由 ISP 等机构统一分配和使用的。公网 IP 地址十分稀缺，所以对公网 IP 地址必须按实际需求来分配。例如，对外提供服务的服务器群组区域，不仅要够用，还得预留出余量；而内部网络仅需要浏览 Internet 等基本需求的区域，可以通过 NAT（网络地址转换）来共享一个或几个公网 IP 地址；那些只对内部提供服务或只限于内部通信的主机自然不用分配公网 IP 地址。公网 IP 地址的具体分配，必须根据实际的需求进行合理的规划。

（4）IP 地址规划的可持续扩展性。为了适应将来部门的发展、网络规模的扩展，规划 IP 地址时要留有余地。在建网初期，或许未合理考虑余量的 IP 地址规划，这很可能导致必须重新部署局部甚至整体 IP 地址，这在一个中、大型网络中就绝不是一项轻松的工作了。

（5）IP 地址规划的层次性。IP 地址的规划应尽可能和网络层次相对应，应该自顶向下进行规划。数据网络的规划通常是首先把整个网络划分为几个大区域，方法是根据地域或者设备分布来划分，先估算出每个区域的用户数量，对这几个大区域的地址资源进行地址划分（可考虑预留部分地址）；类似地，每个大区域可以分为几个小的区域，每个区域从它的上一级区域里获取 IP 地址段（子网段）。这种方式充分考虑了网络层次和路由协议的规划，通过聚合网络减少网络中路由的数目和地址维护的数量，某个局部发生变动也不会影响到上层和全局，充分体现了分层管理的思想。

本 章 小 结

网络需求分析是网络开发过程的起始部分，需要考虑以下几个方面的需求：业务需求、用户需求、应用需求。

网络设备选型是网络规划方案的一个重要组成部分，涉及组网用网相关的设备，如路由器、交换机、服务器等。

IP 地址是一组 32 位的二进制数。IP 地址可分为 A、B、C、D、E 共 5 类，可分配使用的是前 3 类地址。

子网掩码就是把一个大网分割成较小的网络。子网掩码也是一组 32 位的二进制数，形式上与 IP 地址一样。同一个子网中的子网掩码相同。

练　习　题

1. 服务器分为哪几类？

3. 交换机与路由器有什么区别？

2. IP 地址分为哪几类？它们各自适用于什么情况？

3. 以下 IP 地址中哪几个是合法的 IP 地址？并确认合法 IP 地址属于哪一类，它们的网络地址及主机地址是什么？

A. 202.864.46.133　　B. 123.232.87.0　　C. 175.146.87.175

D. 202.96.0.97　　E. 204.258.0.96

4. 请为某学院计算机系规划 IP 地址。该系有 8 个局域网，每个局域网最多有 200 台主机。

模块 3　组建局域网

第 4 章　认识局域网

【教学要求】

掌握：局域网的参考模型与标准 IEEE 802。

理解：局域网介质访问控制方法。

了解：局域网的特点与分类。

局域网是在小型计算机和个人计算机的普及与推广之后发展起来的，是目前应用最广泛的一种网络。由于局域网具有组网灵活、成本低、应用广泛、使用方便、技术简单等特点，已经成为当前计算机网络技术领域中最活跃的一个分支。

4.1　局域网概述

4.1.1　局域网概念

局域网（Local Area Network，LAN）是一种小范围内（一般为几千米），以实现资源共享、数据传递和彼此通信为基本目的，由计算机、网络连接设备和通信线路，按照某种网络结构连接而成的，配有相应软件的计算机网络。局域网涉及许多重要概念和关键技术，例如决定局域网性能的主要因素、局域网的性能特点、局域网的基本类型、局域网参考模型和协议标准，以及局域网介质访问控制方法等。

4.1.2　局域网的特点

局域网是应用最广泛的一类网络，它既具有一般计算机网络的特点，也具有自己的特征。

局域网的主要特点有以下几方面：

（1）地域范围小：局域网用于办公室、机关、工厂、学校等内部连网，其范围没有严格的定义，但一般认为距离为 0.1～25 km。由于局域网一般为一个单位所建，在单位或部门内部控制管理和使用，服务于本单位的用户，不受公用网络的约束，因而其网络易于建立、维护和扩展。

（2）误码率低：局域网具有较高的数据传输速率，目前局域网传输速率一般为 10～100 Mbit/s，最高可以达到 1 000 Mbit/s，其误码率一般在 10^{-8}～10^{-11} 之间。

（3）传输延时小：局域网中的传输延时很小，一般在几毫秒到几十毫秒之间。

（4）传输速率高：局域网通信传输速率从 5 Mbit/s、10 Mbit/s 到 100 Mbit/s。随着局域网技术的不断进步，目前正朝着更高的速度发展，如 155 Mbit/s、655 Mbit/s、1 Gbit/s、10 Gbit/s 等。

（5）支持多种传输介质：局域网可以根据不同的性能需要选用价格低廉的双绞线、同轴电缆或价格较贵的光纤，以及无线传输介质。在局域网中，通常将多个计算机和网络设备连接到一条共享的传输介质上，因此，其传输信道由连入的多个计算机结点和网络设备共享。

4.2　局域网分类

局域网有多种类型，其分类方式也有多种，如果按照网络转接方式不同，可分为共享式局域网（Shared LAN）和交换式局域网（Switched LAN）两种，如图 4-1 所示。

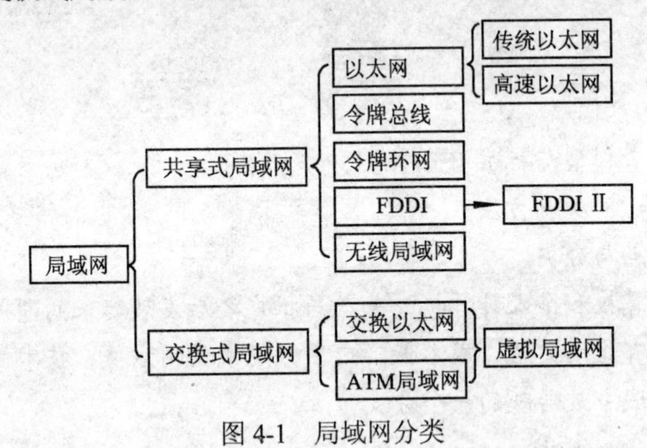

图 4-1　局域网分类

1．共享式局域网

共享式局域网是指所有结点共享一条公共通信传输介质的局域网技术。共享介质局域网可分为以太网、令牌总线、令牌环、FDDI，以及在此基础上发展起来的高速以太网和 FDDI Ⅱ等。无线局域网是计算机网络与无线通信技术相结合的产物，同有线局域网一样，可采用共享方式。

2. 交换式局域网

交换式局域网是指以数据链路层的帧或更小的数据单元（信元）为数据交换单位，以以太网交换机（Ethernet Switch）为核心的交换式局域网技术。交换式局域网可分为交换以太网、ATM 网，以及在此基础上发展起来的虚拟局域网，但近年来已很少用 ATM 技术组建局域网。

4.3　局域网的参考模型与 IEEE 802 标准

1．局域网参考模型

前面章节介绍了计算机网络的体系结构和国际标准化组织（ISO）提出的开放系统互连参考模型（OSI/RM）。由于该模型已得到广泛认同，并提供了一个便于理解、易于开发和加强标准化的计算机体系结构，因此局域网参考模型也参照了 OSI 参考模型。由于局域网是通信子网，只涉及有关的通信功能，所以局域网体系结构仅包含 OSI 参考模型中的最低两层，即物理层和数据链路层。

在局域网中，为了实现多个设备共享单一信道资源，数据链路层首先需要解决多个用户争用信道的问题。也就是在某一时刻控制信道应该由谁占用，哪一个结点可以使用信道进行通信，称其为介质访问控制。由于不同的局域网技术、不同的传输介质和不同的网络拓扑结构，其介质访问控制方法不尽相同，所以在数据链路层不可能定义一种与介质无关的、统一的介质访问方法。为了简化协议设计的复杂性，局域网参考模型将数据链路层分为两个功能子层，即逻辑链路控制（Logical Link Control，LLC）子层和介质访问控制（Media Access Control，MAC）子层。LLC 子层完成与介质无关的功能，而 MAC 子层完成依赖于介质的数据链路层功能，这两个子层共同完成类似 OSI 数据链路层的全部功能。局域网参考模型与 ISO/OSI 参考模型的对应关系如图 4-2 所示。

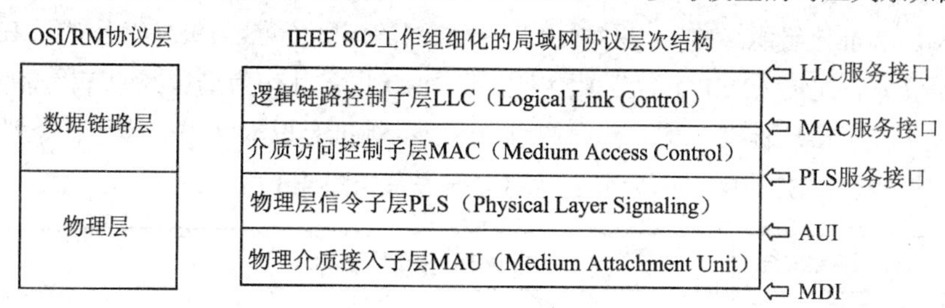

图 4-2　OSI 与局域网参考模型的对应关系

（1）物理层：其功能与 OSI 参考模型中物理层的功能相同，即实现比特流的传送、接收以及数据的同步控制，确保二进制位信号的正确传输，包括比特流的正确传送与正确接收。

物理层制定的标准规范的主要内容如下：

① 拓扑结构有总线型、星状、树状和环状。

② 局域网所支持的传输介质与传输距离。传输介质可以是双绞线、同轴电缆、光纤等。

③ 错误校验码及同步信号的产生与删除。

④ 传输速率有 10 Mbit/s、16 Mbit/s、100 Mbit/s、1 000 Mbit/s。

⑤ 物理接口的机械特性、电气特性、性能特性和规程特性。

⑥ 编码方案有曼彻斯特、差分曼彻斯特等。

⑦ 物理层向介质访问控制子层提供的服务原语，包括请求、证实、指示原语。

（2）介质访问控制子层：集中了与传输介质有关的部分。它的主要功能是：负责在发送方把 LLC 数据帧组装成 MAC 数据帧。MAC 数据帧随介质访问控制方法不同而稍有差异，但都包含源 MAC 地址、目的 MAC 地址以及差错校验字段。负责在接收方对 MAC 数据帧进行拆卸、地址识别和差错校验。实现物理层的数据编码和比特流传输。

在计算机网络通信中，所有的计算机必须使用各自的物理地址。在 MAC 子层形成的地址被称为物理地址。MAC 地址被固化在网卡中，所有生产网卡的计算机网络厂商都会根据某种规则使网卡中的 MAC 地址各不相同。

（3）逻辑链路控制子层：集中了与传输无关的部分。它的主要功能是：负责向高层提供一个或多个进程的逻辑接口，具有发送和接收数据帧的功能。对数据帧进行顺序控制、差错控制和流量控制，使不可靠的物理链路变为可靠的链路。对于面向连接的服务，负责建立、维持和释放数据链路层的逻辑连接，提供流量控制。由局域网参考模型可知，数据链路层的功能是由 MAC 和 LLC 共同完成的。IEEE 802 模型中之所以将数据链路层分解为两个子层，主要目的是使数据链路层的功能与硬件有关的部分和与硬件无关的部分分开。通过分层使得 IEEE 802 标准具有很好的可扩充性，有利于将来使用新的介质访问控制方法。MAC 数据帧是由 LLC 数据帧作为数据字段，加上相关的控制信息（如目的地址、源地址、控制信息、帧校验系列 FCS）而构成的。而 LLC 数据帧则又是由 LLC 子层把高层数据加上 LLC 控制信息封装而成的。MAC 数据帧继续向下传送给物理层，即进行位流传输。

2. IEEE 802 标准

1980 年 2 月，电气电子工程师学会（Institute of Electrical and Electronics Engineers，IEEE）成立了局域网标准委员会（简称 IEEE 802 委员会），专门从事局域网标准化工作，并制定了 IEEE 802 标准，并被国际标准化组织（ISO）采纳，作为局域网的国际标准。1985 年公布了 IEEE 802 标准的 5 项标准文本，同年 ANSI 作为美国国家标准，ISO 也将其作为局域网的国际标准即 ISO 802 标准。后来又扩充了多项标准文本，其中使用最广泛的标准是以太网、令牌环、令牌总线、无线局域网、虚拟网等。IEEE 802 系列标准之间的内部关系如图 4-3 所示。

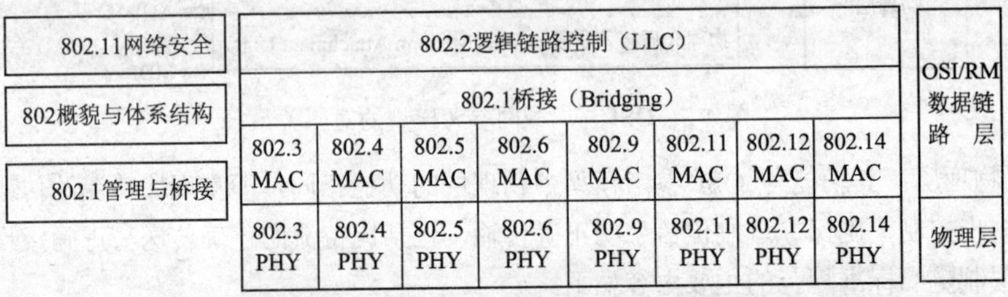

<table>
<tr><td>802.11网络安全</td><td colspan="8">802.2逻辑链路控制（LLC）</td><td rowspan="3">OSI/RM数据链路层</td></tr>
<tr><td>802概貌与体系结构</td><td colspan="8">802.1桥接（Bridging）</td></tr>
<tr><td rowspan="2">802.1管理与桥接</td><td>802.3 MAC</td><td>802.4 MAC</td><td>802.5 MAC</td><td>802.6 MAC</td><td>802.9 MAC</td><td>802.11 MAC</td><td>802.12 MAC</td><td>802.14 MAC</td></tr>
<tr><td>802.3 PHY</td><td>802.4 PHY</td><td>802.5 PHY</td><td>802.6 PHY</td><td>802.9 PHY</td><td>802.11 PHY</td><td>802.12 PHY</td><td>802.14 PHY</td><td>物理层</td></tr>
</table>

图 4-3　IEEE 802 标准系列的内部关系

IEEE 802 为局域网制定了一系列标准，目前常用的有以下 11 种标准：

（1）IEEE 802.1：A 定义了局域网体系结构；B 定义了网络互连、网络管理与性能测试等。

（2）IEEE 802.2：定义了局域网逻辑链路控制（LLC）子层的功能与服务。

（3）IEEE 802.3：定义了局域网 CSMA/CD 总线介质访问控制子层及物理层规范。

（4）IEEE 802.4：定义了局域网令牌总线（Token Bus）介质访问控制子层及物理层规范。

（5）IEEE 802.5：定义了局域网令牌环（Token Ring）介质访问控制子层及物理层规范。

（6）IEEE 802.6：定义了城域网（MAN）介质访问控制子层及物理层规范。

（7）IEEE 802.7：定义了局域网宽带技术（咨询和物理层课题与建议实施）。

（8）IEEE 802.8：定义了局域网光纤传输技术（咨询和物理层课题）。

（9）IEEE 802.9：定义了局域网综合语音/数据服务的访问方法和物理规范。

（10）IEEE 802.10：定义了局域网安全与加密访问方法和物理层规范。

（11）IEEE 802.11：定义了无线局域网访问方法和物理层规范。

4.4　局域网中的介质访问方法

将传输介质的频带有效地分配给网络上各结点的方法称为介质访问控制方法。介质访问控制方法是分配介质使用权限的机理、策略和算法，也是一项关键技术，它对局域网的体系结构、工作过程和网络性能产生决定性的影响。例如，对于总线型网络，连接在总线上的各结点彼此之间如何共享总线介质、通路如何分配、各结点之间如何传递信息（如 A 结点与 C 结点通信时，B 结点能否与 C 结点通信）等，都必须制定一个控制策略，以决定在某一段时间内允许哪个结点占用总线发送信息，确保各结点之间能正常发送和接收信息，这就是介质访问控制方法要解决的问题，它主要有以下两个方面：

一是要确定网络上每一个结点能够将信息发送到介质上的特定时刻；二是要解决如何对共享介质进行访问和控制。IEEE 802.11 考虑了两种介质访问控制方式，即集中式控制和分布式控制。其中：集中式控制是指网络中有一个单独的集中控制器或有一个具有控制整个网络能力的结点，由它控制各点的通信；分布式控制是指网络中既没有专门的集中控制器，也没有控制整个网络能力的结点，网络中所有结点都处于均等地位，结点之间的通信是由各结点自身控制的。在这两种控制方式中，后者应用更为广泛。目前，总线型和环状局域网大都采用分布式控制方法。基于分布式的介质访问控制方法有：

（1）适合总线结构的带冲突检测的载波监听多路访问（CSMA/CD）控制。

（2）适合环状结构的令牌环（Token Ring）访问控制。

（3）评价一个介质访问控制方法的好坏有 3 个基本要素：协议是否简单；信道利用率（Utilization）是否高效；对网络上各结点是否公平（Fairness）。

4.4.1　CSMA/CD 访问控制

目前，应用最为广泛的一类局域网是基带总线型局域网（Ethernet，以太网）。在以太网中，如果一个结点要发送数据，它将以“广播”方式把数据送到总线上去，连在总线上的所有结点都能“收听”到数据信息。由于网络上的所有结点都可以向总线发送数据信息，而网络中没有控制中心，必然会发生冲突。因此，局域网的核心技术就是随机争用的介质访问控制机制。带冲突检测的载波监听多路访问（Carrier Sense Multiple Access/Collision Detect，CSMA/CD）就是一种随机争用的介质访问控制方法，它的控制过程包括 4 个步骤：

（1）载波侦听：在通信系统中，为了便于音频信号的发送、监测和接收，用较高频率的信号携带音频信号在线路上传输，称该高频信号为“载波”。载波侦听是指用电子技术检测总线上有没有其他计算机发送的数据信号，以免发生冲突。

（2）冲突检测：在每个站发送帧期间，同时具有检测冲突的能力。一旦遇到冲突，则立即停止发送，并向总线上发一串阻塞信号，通报总线上各站点已发生冲突。

（3）多路访问：当检测到冲突并在发完阻塞信号后，为了降低再次冲突的概率，需要等待一个随机时间（冲突的各站可不相等），然后再用 CSMA 的算法重新发送。

（4）争用方式：连在总线上的每个结点都能随时发送信息，但在同一时刻只允许一对结点通信，若两个或多个结点同时发送，就会导致信号相互叠加，造成数据错误，这就是线路争用带来的问题。

CSMA/CD 将总线拓扑结构各结点间的数据传送过程概括为“先听后发、边听边发、冲突停发、随机重发”，其工作流程如图 4-4 所示。

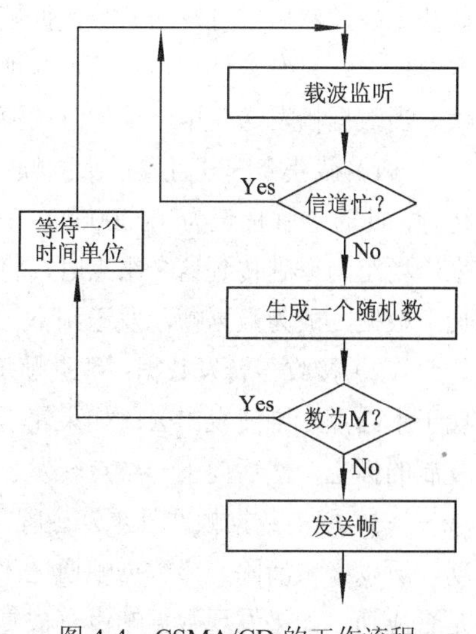

图 4-4　CSMA/CD 的工作流程

（1）先听后发。各结点在发送数据前都要先侦听线路是否空闲，若空闲则立即发送数据，否则等待，直到线路空闲时再发送。

（2）边听边发。在结点开始发送以后，仍需继续监听至少一个往返传输数据的时间，以便判断是否发生冲突。

（3）冲突停发。若发送过程中检测到冲突发生，则告知各结点立即停止发送，并且发出阻塞信号来强化冲突。

（4）随机重发。发送一串阻塞信号后，等待一段随机时间再重新尝试发送。

注意：*为了避免无限次的冲突检测，通常对各站点设置冲突检测次数，Ethernet 设备的冲突次数为 16。若达到设定次数，则被视为线路故障，结束发送。*

CSMA/CD 的主要优点是算法简单，应用广泛，提供了公平的访问机制，具有相当好的延时和吞吐能力，长帧传递和负载轻时效率较高。其主要缺点是：需要冲突检测，存在错误判断和最小帧长度限制，在重载情况下性能较差。因此，CSMA/CD 在现在的网络中并不采用，但 CSMA/CD 作为多点接入的共享介质传输解决方案，对于以太网技术是非常重要的。

4.4.2 令牌环访问控制

令牌环（Token Ring）网的拓扑结构是环状，网络中的计算机通过传输线路连成一个闭环，所有结点共享一条环路，属于共享介质的局域网。令牌环网是通过在环状网上传递令牌的方式来实现对介质访问控制的。令牌环网的工作流程如图 4-5 所示。

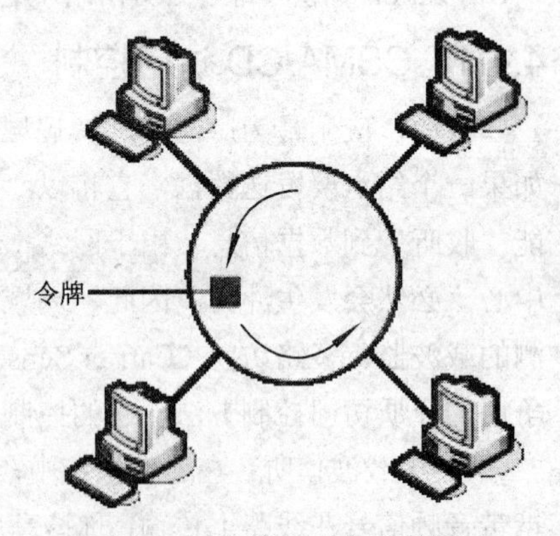

图 4-5　令牌环工作示意图

在令牌环网中，在某一时刻也只允许一个结点发送数据。为了不产生冲突，环中有一个特殊格式的帧沿固定方向不停地流动，这个帧称为令牌，是用来控制各个结点介质访问权限的控制帧。如果某个结点需要发送数据，需先截获令牌，然后方可发送一个数据帧。数据帧中含有目的地址和源地址，数据帧沿与令牌相同的方向传送，只有地址与帧中的目的地址相同的结点才接收这个数据帧，其他结点则转发这个数据帧。当数据帧发送完毕，令牌继续流动。具体工作流程可概括为以下 3 个步骤：

（1）截获令牌并且发送数据帧：网络空闲时，各结点都没有帧发送，只有一个令牌在环路上绕行，此时令牌标记为 00000000，称为空标记。如果某个结点需要发送数据，需要等待令牌的到来。当空闲令牌传到这个结点时，将空标记换为 11111111，称为忙标记，然后去掉令牌的尾部，加上数据，成为数据帧，发送到下一个结点。

（2）接收与转发数据：数据帧每经过一个结点，该结点就比较数据帧中的目的地址，如果不属于本结点，则转发出去；如果属于本结点，则复制到本结点的计算机中，同时在帧中设置已经复制的标志，然后向下一结点转发。

（3）取消数据帧并且重发令牌：由于环网在物理上是一个闭环，一个帧可能在环中不停地流动，所以必须清除。当数据帧通过闭环重新传到发送结点时，发送结点不再转发，而是检查发送是否成功。如果发现数据帧没有被复制（传输失败），则重发该数据帧；如果发现传输成功，则清除该数据帧，并且产生一个新的空闲令牌发送到环上。

由此可以看出，使用令牌环介质访问控制方法的网络需要有维护帧和令牌的功能。例如，可能会出现因帧未被正确移去而始终在环上循环传输的情况；也可能出现令牌丢失，或只允许一个令牌的网络中出现了多个令牌等异常情况。解决这类问题的常用办法是在环中设置监控器，对异常情况进行检测并消除。

使用令牌环的主要优点是：令牌环网上的各个结点可以设置成不同的优先级，允许具有较高优先权的结点申请获得下一个令牌权。当系统负载较重时，各结点可公平共享介质，效率较高。其主要缺点是：当系统负载较轻时，由于结点需等待令牌到达才能发送或接收数据，效率不高。

本 章 小 结

本章主要介绍了对局域网的初步认识，研究了局域网的特点与分类，介绍了局域网的体系结构、局域网的参考模型与标准 IEEE 802，还提出了局域网介质访问控制方法，为组建局域网做准备。

练　习　题

1. 局域网的主要特点是什么？
2. 为什么说局域网是一个通信网？
3. IEEE 802 局域网参考模型与 OSI 参考模型有何异同之处？

第5章　局域网常用传输介质

【教学要求】

掌握：局域网中常见的传输介质。

理解：局域网中常见传输介质的基本结构、特点和用途。

了解：网络传输介质的未来发展趋势。

工作站与工作站或者工作站与服务器之间进行连接要用到传输介质和连接设备，没有传输介质就没有网络。组建网络的实施阶段，首先遇到的就是传输介质的选择、性能评价等问题。本章主要介绍双绞线、同轴电缆和光纤等传输介质的相关内容。

5.1　局域网中的双绞线

双绞线是局域网布线中最常用到的一种传输介质，尤其在星状网络拓扑中，双绞线是必不可少的布线材料。

5.1.1　双绞线的组成

双绞线（Twisted-Pair Cable，TP），由不同颜色的4对8条芯线组成，每两条按一定规则缠绕在一起，成为一个芯线对。缠绕在一起每根芯线的绝缘层上分别涂有不同的颜色，以示区别。把两根具有绝缘保护层的铜导线按一定密度互相绞在一起，可降低信号干扰的程度，每一根导线在传输中辐射的电波会被另一根线上发出的电波抵消。

5.1.2　双绞线的分类

双绞线可分为屏蔽双绞线（Shielded Twisted Pair，STP）和非屏蔽双绞线（Unshielded Twisted Pair，UTP）两大类，如图5-1和图5-2所示。

图5-1　屏蔽双绞线

图5-2　非屏蔽双绞线

屏蔽双绞线的外层由铝箔包裹，以减小辐射，但并不能完全消除辐射。屏蔽双绞线价格相对较高，安装时要比非屏蔽双绞线困难。类似于同轴电缆，它必须配有支持屏蔽功能的特殊连接器和相应的安装技术。但它有较高的传输速率，100 m内可达到155 Mbit/s。

非屏蔽双绞线外面只有一层绝缘胶皮，因而重量轻、易弯曲、易安装，组网灵活，非常适用于结构化布线，所以在无特殊要求的计算机网络布线中，常使用非屏蔽双绞线。

计算机网络中常使用的是三类、五类、超五类以及六类非屏蔽双绞线。三类双绞线适用于大部分计算机局域网络，而五、六类双绞线利用增加缠绕密度、高质量绝缘橡胶材料，极大地改善了传输介质的性质。

按电气性能划分，双绞线可以分为：一类、二类、三类、四类、五类、超五类、六类、超六类、七类共 9 种双绞线类型。类型数字越大，版本越新，技术越先进，带宽也越宽，当然价格也越贵。这些不同类型的双绞线标注方法是这样规定的：标准类型则按“cat*x*”方式标注（如常用的五类线，则在线的外包皮上标注为“cat5”），注意字母通常是小写，而不是大写。而改进版，是按“*x*e”进行标注（如超 5 类线就标注为“5e”），同样字母是小写，而不是大写。

双绞线技术标准都是由美国通信工业协会（TIA）制定的，其标准是 EIA/TIA-568，具体见表 5-1。

表 5-1　双绞线的分类描述

双绞线类型	描　　述
一类（cat1）	是 ANSI/EIA/TIA-568A 标准中最原始的非屏蔽双绞铜线电缆，但它开发之初的目的不是用于计算机网络数据通信，而是用于电话语音通信
二类（cat2）	是 ANSI/EIA/TIA-568A 和 ISO 2 类/A 级标准中第一个可用于计算机网络数据传输的非屏蔽双绞线电缆，传输频率为 1 MHz，传输速率达 4 Mbit/s，主要用于旧的令牌网
三类（cat3）	是 ANSI/EIA/TIA-568A 和 ISO 3 类/B 级标准中专用于 10Base-T 以太网的非屏蔽双绞线电缆，传输频率为 16 MHz，传输速率可达 10 Mbit/s。是一种包括 4 个电线对的 UTP 形式。虽然三类比五类便宜，但为了获得更高的吞吐量，三类双绞线正逐渐从市场上消失，取而代之的是五类和超五类双绞线
四类（cat4）	是 ANSI/EIA/TIA-568A 和 ISO 4 类/C 级标准中用于令牌环网的非屏蔽双绞线电缆，传输频率为 20 MHz，传输速率达 16 Mbit/s。主要用于基于令牌的局域网和 10Base-T/100Base-T。是一种包括 4 个电线对的 UTP 形式。与三类线相比，它能提供更多的保护以防止串扰和衰减。在以太网布线中应用很少，以往多用于令牌网的布线，目前市面上基本看不到
五类（cat5）	是 ANSI/EIA/TIA-568A 和 ISO 5 类/D 级标准中用于运行 CDDI（CDDI 是基于双绞铜线的 FDDI 网络）和快速以太网的非屏蔽双绞线电缆，传输频率为 100 MHz，传输速率达 100 Mbit/s。包括 4 个电线对，增加了绕线密度，外套一种高质量的绝缘材料。主要用于 100Base-T 和 10Base-T 网络。这是最常用的以太网电缆。五类双绞线是目前网络布线的主流
超五类（cat5e）	是 ANSI/EIA/TIA-568B.1 和 ISO 5 类/D 级标准中用于运行快速以太网的非屏蔽双绞线电缆，传输频率也为 100 MHz，传输速率也可达到 100 Mbit/s。与五类线缆相比，超五类在近端串扰、串扰总和、衰减和信噪比 4 个主要指标上都有较大的改进，可满足大多数应用的需求（尤其支持千兆位以太网 1000Base-T 的布线），主要用武之地是千兆位以太网环境
六类（cat6）	是 ANSI/EIA/TIA-568B.2 和 ISO 6 类/E 级标准中规定的一种非屏蔽双绞线电缆，它主要应用于百兆位快速以太网和千兆位以太网。因为它的传输频率可达 200～250 MHz，是超五类线带宽的 2 倍，最大速率可达到 1 000 Mbit/s，满足千兆位以太网需求
超六类（cat6e）	是六类线的改进版，同样是 ANSI/EIA/TIA-568B.2 和 ISO 6 类/E 级标准中规定的一种非屏蔽双绞线电缆，主要应用于千兆网络。在传输频率方面与六类线一样，也是 200～250 MHz，最大传输速率也可达到 1 000 Mbit/s，只是在串扰、衰减和信噪比等方面有较大改善
七类（cat7）	是 ISO 7 类/F 级标准中最新的一种双绞线，主要为了适应万兆位以太网技术的应用和发展。但它不再是一种非屏蔽双绞线了，而是一种屏蔽双绞线，所以它的传输频率至少可达 500 MHz，又是六类线和超六类线的 2 倍以上，传输速率可达 10 Gbit/s

5.1.3　双绞线的制作与测试

1. 制作工具与材料

制作工具与材料有 RJ45 连接器（俗称水晶头）、RJ45 压线钳、双绞线、测线仪。

2．确定线序标准

目前，最常用的布线标准有两个，分别是T568-A和T568-B两种。在一个综合布线工程中，可采用任何一种标准，但所有的布线设备及布线施工必须采用同一标准。通常情况下，在布线工程中采用T568-B标准。

（1）T568-A标准：布线水晶头的8针与线对的分配如表5-2所示。线序从左到右依次为：1-绿白、2-绿、3-橙白、4-蓝、5-蓝白、6-橙、7-棕白、8-棕。

表5-2　T568-A标准

Pin	1	2	3	4	5	6	7	8
颜色	绿白	绿	橙白	蓝	蓝白	橙	棕白	棕

（2）T568-B标准：布线水晶头的8针与线对的分配如表5-3所示。线序从左到右依次为：1-橙白、2-橙、3-绿白、4-蓝、5-蓝白、6-绿、7-棕白、8-棕。

表5-3　T568-B标准

Pin	1	2	3	4	5	6	7	8
颜色	橙白	橙	绿白	蓝	蓝白	绿	棕白	棕

3．判断跳线线序

只有搞清楚如何确定水晶头针脚的顺序，才能正确判断跳线的线序。将水晶头有塑料弹簧片的一面朝下，有针脚的一面朝上，使有针脚的一端指向远离自己的方向，有方型孔的一端对着自己，此时，最左边的是第1脚，最右边的是第8脚，其余依次顺序排列。

4．选择跳线的类型

按照双绞线两端的线序的不同，通常划分两类：

（1）平行线（直连线/直通线）：根据T568-B标准，两端线序排列一致，一一对应，即不改变线的排列（两端都使用T568-A或T568-B线序），称为平行线或直通线。当然也可以按照T568-A标准制作平行线，此时跳线的两端的线序依次为：1-绿白、2-绿、3-橙白、4-蓝、5-蓝白、6-橙、7-棕白、8-棕，如表5-4所示。

表5-4　T568-B标准平行线线序

端1	橙白	橙	绿白	蓝	蓝白	绿	棕白	棕
端2	橙白	橙	绿白	蓝	蓝白	绿	棕白	棕

（2）交叉线：根据T568-B标准，改变线的排列顺序，采用“1-3，2-6”的交叉原则排列，称为交叉网线。即电缆一端用T568-A线序，另一端用T568-B线序，如表5-5所示。

表5-5　交叉线线序

端1	橙白	橙	绿白	蓝	蓝白	绿	棕白	棕
端2	绿白	绿	橙白	蓝	蓝白	橙	棕白	棕

在进行设备连接时，需要正确选择线缆。通常将设备的RJ45接口分为MDI和MDIX两类。

当同种类型的接口通过双绞线互连时（两个接口都是 MDI 或都是 MDIX），使用交叉线；当不同类型的接口（一个接口是 MDI，一个接口是 MDIX）通过双绞线互连时，使用平行线。通常主机和路由器的接口属于 MDI，交换机和集线器的接口属于 MDIX。例如，集线器与主机相连采用平行线，路由器和主机相连则采用交叉线。表 5-6 列出了设备间连线。表中“N/A”表示不可连接。

表 5-6　设备间连线

	主　机	路　由　器	交换机 MDIX	交换机 MDI	集　线　器
主机	交叉	交叉	平行	N/A	平行
路由器	交叉	交叉	平行	N/A	平行
交换机 MDIX	平行	平行	交叉	平行	交叉
交换机 MDI	N/A	N/A	平行	交叉	平行
集线器	平行	平行	交叉	平行	交叉

注意：随着网络技术的发展，目前一些新的网络设备，可以自动识别连接的网线类型，用户不管采用平行线或者交叉网线，均可以正确连接设备。

5. 制作过程

【任务 1】双绞线平行线的制作。

在动手制作双绞线跳线时，还应该注意以下问题：

（1）在将双绞线剪断前一定要计算好所需的长度。如果剪断的比实际长度还短，将不能再接长。

（2）每条网线的两端各需要一个水晶头。水晶头质量的优劣不仅是网线能够制作成功的关键之一，也在很大程度上影响着网络的传输速率，推荐选择 AMP 水晶头。假的水晶头的铜片容易生锈，对网络传输速率影响特别大。

具体制作过程如下：

步骤 1 准备好五类双绞线、RJ45 插头和一把专用的压线钳，如图 5-3 所示。

步骤 2 用压线钳的剥线刀口将五类双绞线的外保护套管划开（小心不要将里面的绝缘层划破），刀口距五类双绞线的端头至少 2 cm，如图 5-4 所示。

图 5-3　使用材料及工具

图 5-4　剥线

步骤 3 将划开的外保护套剥去（旋转、向外抽），如图 5-5 所示。

步骤 4 露出五类线中的 4 对双绞线，如图 5-6 所示。

图 5-5　剥去保护套

图 5-6　剥好的双绞线

步骤 5 按照 T568-B 标准（橙白、橙、绿白、蓝、蓝白、绿、棕白、棕）和导线颜色将导线按规定的顺序排好，如图 5-7 所示。

步骤 6 将 8 根导线平坦整齐地平行排列，导线间不留空隙，如图 5-8 所示。

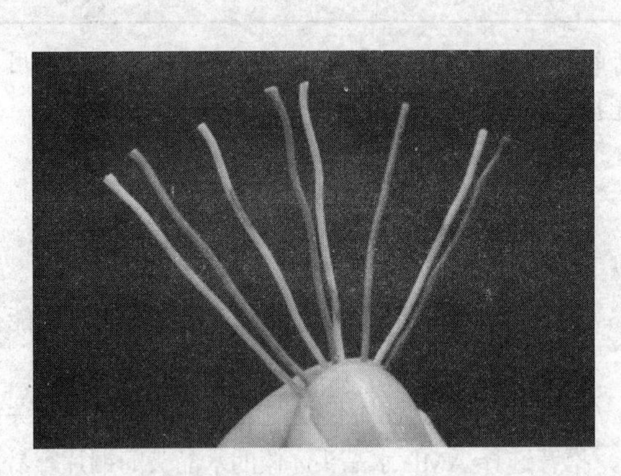

图 5-7　整理线序

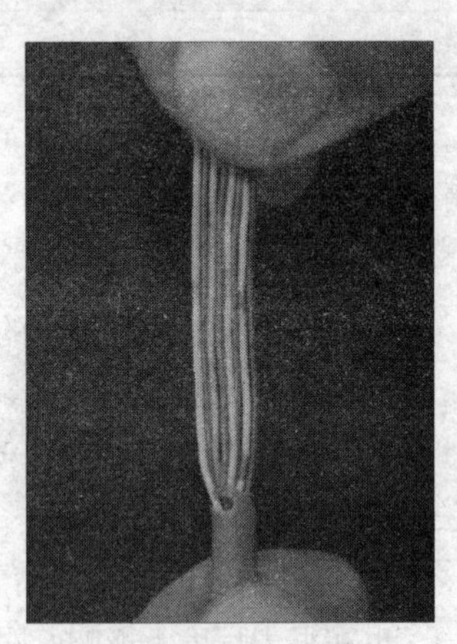

图 5-8　排列好的导线

步骤 7 用压线钳的剪线刀口将 8 根导线剪断，如图 5-9 所示。一定要剪得很整齐。剥开的导线长度不可太短，可以先留长一些，不要剥开每根导线的绝缘外层，如图 5-10 所示。

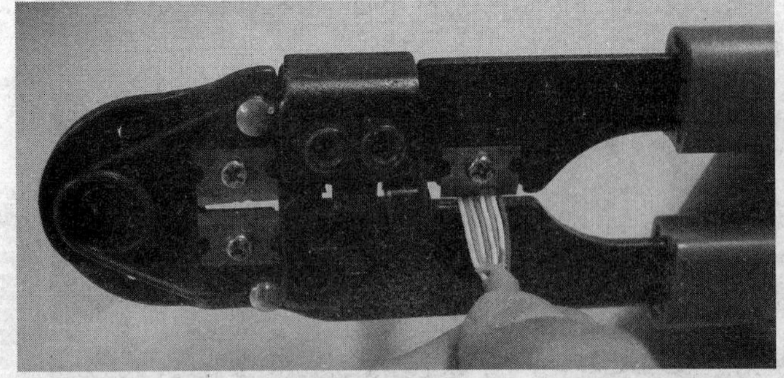

图 5-9　剪断导线

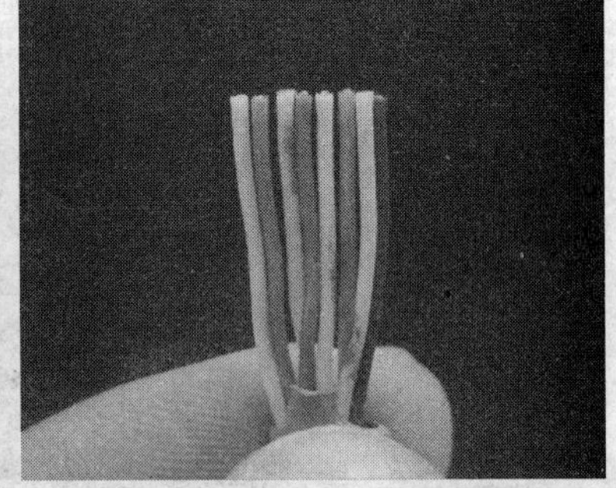

图 5-10　整齐的导线头

步骤 8　将剪断的导线放入 RJ45 插头试试长短（要插到底），电缆线的外保护层最后应能够在 RJ45 插头内的凹陷处被压实，反复进行调整，如图 5-11 所示。

步骤 9 在确认一切都正确后（要特别注意不要将导线的顺序排列反了），将 RJ45 插头放入压线钳的压头槽内，准备最后的压实，如图 5-12 所示。

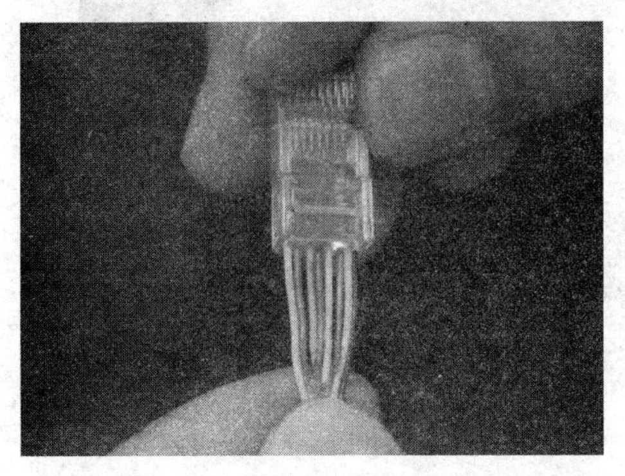

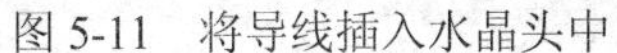

图 5-11　将导线插入水晶头中

图 5-12　将水晶头放入压线钳

步骤 10 双手紧握压线钳的手柄，用力压紧，如图 5-13 和图 5-14 所示。注意，在这一步骤完成后，插头的 8 个针脚接触点就会穿过导线的绝缘外层，分别和 8 根导线紧紧地压接在一起。

图 5-13　压紧（正面）

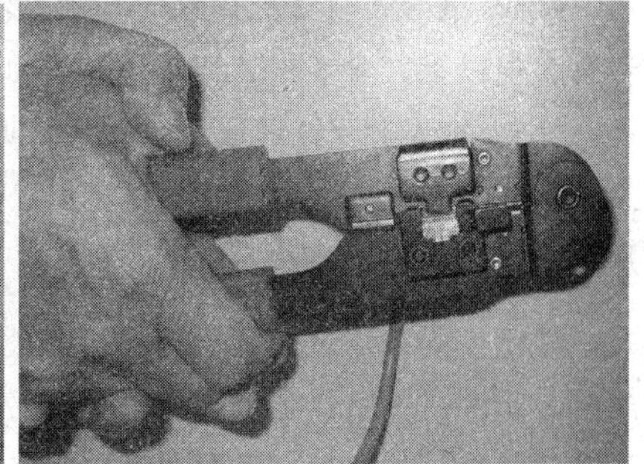

图 5-14　压紧（反面）

水晶头制作完成，如图 5-15 所示。

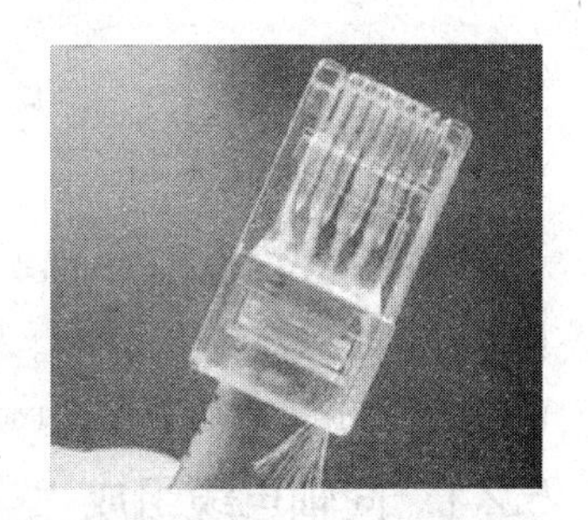

图 5-15　制作好的水晶头

现在已经完成了线缆一端的水晶头的制作，下面需要制作双绞线另一端的水晶头，按照 T568-B 和前面介绍的步骤来制作另一端的水晶头（步骤同上）。

【任务 2】双绞线交叉线的制作

制作双绞线交叉线的步骤和操作要领与制作平行线一样，只是交叉线两端一端按 T568-B 标准，另一端是 T568-A 标准（步骤略）。

6．跳线的测试

制作完成双绞线后，下一步需要检测它的连通性，以确定是否有连接故障。通常使用电缆测试仪进行检测，如图 5-16 所示。

测试时将双绞线两端的水晶头分别插入主测试仪和远程测试端的 RJ45 端口，将开关开至“ON”（S 为慢速挡），主机指示灯从 1 至 8 逐个顺序闪亮，如图 5-17 所示。

图 5-16 测试仪

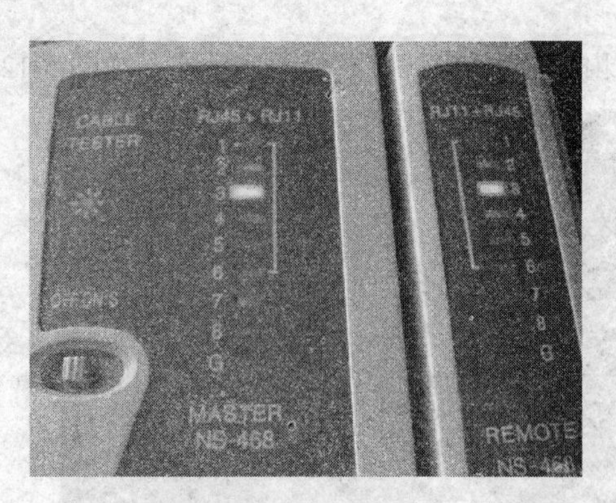

图 5-17 跳线测量

若连接不正常，会出现如下显示：

（1）当有一根导线断路，则主测试仪和远程测试端对应线号的灯都不亮。

（2）当有几条导线断路，则相对应的几条线都不亮。当导线少于 2 根线连通时，灯都不亮。

（3）当两头网线乱序，则与主测试仪端连通的远程测试端的线号亮。

（4）当导线有 2 根短路时，则主测试器显示不变，而远程测试端显示短路的两根线灯都亮。若有 3 根以上（含 3 根）线短路时，则所有短路的几条线对应的灯都不亮。

（5）如果出现红灯或黄灯，就说明存在接触不良等现象，此时最好先用压线钳压制两端水晶头一次，再测。如果故障依旧存在，就得检查一下芯线的排列顺序是否正确。如果芯线顺序错误，那么就应重新进行制作。

提示：如果测试的线缆为平行线缆，测试仪上的 8 个指示灯应该依次闪烁。如果线缆为交叉线缆，其中一侧同样是依次闪烁，而另一侧则会按 3、6、1、4、5、2、7、8 这样的顺序闪烁。如果芯线顺序一样，但测试仪仍显示红色灯或黄色灯，则表明其中肯定存在对应芯线接触不良的情况，此时就需要重做水晶头了。

5.2 局域网中的同轴电缆

同轴电缆（Coaxial cable）在 20 世纪 80 年代初的局域网中使用最为广泛，因为那时集线器的价格很高，随着以双绞线和光纤为基础的标准化布线的推广，同轴电缆已逐渐退出布线市场。不过，目前一些对数据通信速率要求不高、连接设备不多的一些家庭和小型办公室用户还在使用同轴电缆。

5.2.1 同轴电缆组成

同轴电缆因其内部包含两条相互平行的导线而得名。一般的同轴电缆共有 4 层，最内层是中心导体通常是铜质的，该铜线可以是实心的，也可以是绞合线。中心导体的外面依次为绝缘层、外部导体和保护套，如图 5-18 所示。绝缘层一般为类似塑料的白色绝缘材料，用于将中心导体和外部导体分隔开。而外部导体为铜质的精细网状物，用来将电磁干扰（EMI）屏蔽在电缆之外。

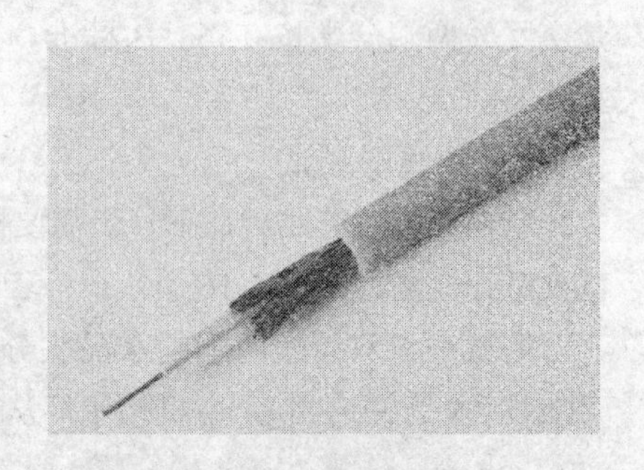

图 5-18 同轴电缆的组成

5.2.2　同轴电缆分类

按带宽和用途来划分，同轴电缆可以分为基带（Base-band）和宽带（Broad-band）两类。

基带同轴电缆是一种50 Ω电缆，用于数字传输，由于多用于基带传输，因此称为基带同轴电缆。宽带同轴电缆是一种75 Ω电缆，用于模拟传输。

粗同轴电缆与细同轴电缆是指同轴电缆的直径大还是小，如图5-19所示。粗缆适用于比较大型的局部网络，它的标准距离长、可靠性高。但粗缆网络必须安装收发器（见图5-20）和收发器电缆，安装难度大，所以总体造价高。相反，细缆安装则比较简单，造价低，但由于安装过程要切断电缆，两头须装上基本网络连接头（BNC），然后接在T型连接器两端，所以当接头多时容易产生接触不良的隐患，这是目前运行中的以太网所发生的最常见故障之一。

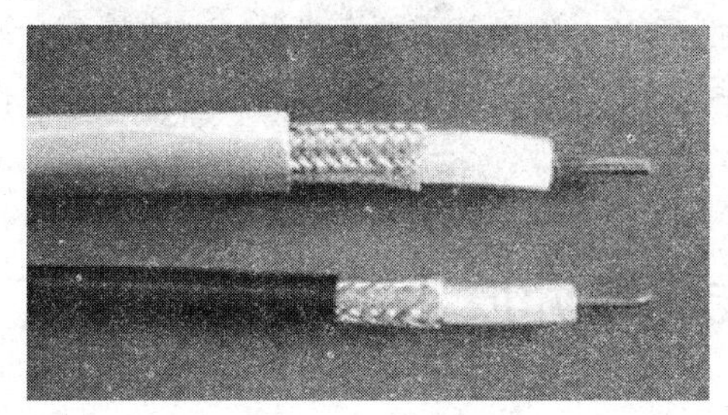

图5-19　粗缆和细缆

图5-20　粗缆收发器

5.3　局域网中的光纤

光纤是光导纤维的简写，是一种利用光在由玻璃或塑料制成的纤维中的全反射原理而达成的光传导工具。目前计算机网络中的光纤主要是采用石英玻璃制成的、横截面积较小的双层同心圆柱体。光纤和同轴电缆相似，只是没有网状屏蔽层。在日常生活中，由于光在光纤的传导损耗比电在电线传导的损耗低得多，光纤被用作长距离的信息传递。

5.3.1　光纤组成

光纤由纤心、包层和护套层组成，折射率高的中心部分叫做光纤心，折射率低的外围部分叫包层。为了保护光纤表面，防止断裂，提高抗拉强度并便于应用，一般在一束光纤的外围再附加一保护层，即涂覆层，如图5-21所示。

多数光纤在使用前必须由几层保护结构包覆，包覆后的缆线即被称为光缆，如图5-22所示。

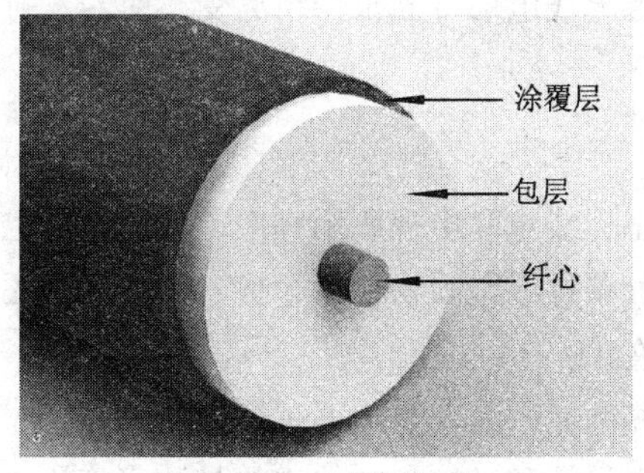

图5-21　光纤的组成

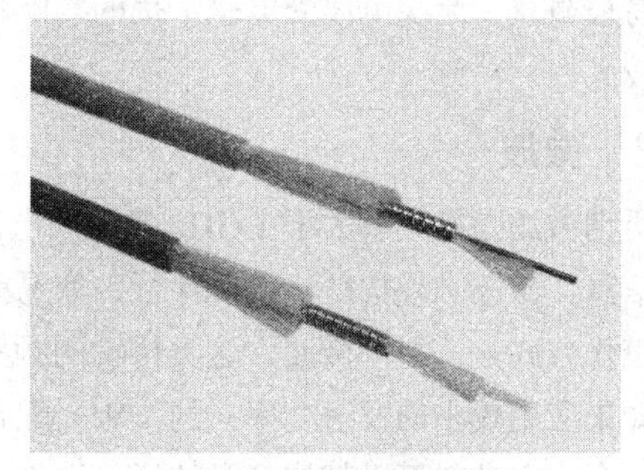

图5-22　单模铠装光缆

5.3.2 光纤分类

在对光纤进行分类时，严格来讲应该从构成光纤的材料成分、光纤的制造方法、光纤的传输点模数、光纤横截面上的折射率分布和工作波长等方面来分类。

现在计算机网络中最常采用的分类方法是根据传输点模数的不同进行分类。根据传输点模数的不同，光纤可分为单模光纤和多模光纤。所谓“模”是指以一定角速度进入光纤的一束光。单模光纤采用固体激光器做光源，多模光纤则采用发光二极管做光源。多模光纤允许多束光在光纤中同时传播，从而形成模分散。模分散技术限制了多模光纤的带宽和距离，因此，多模光纤的心线粗，传输速率低、距离短，整体的传输性能差，但其成本比较低，一般用于建筑物内或地理位置相邻的环境下。单模光纤只能允许一束光传播，所以单模光纤没有模分散特性，因而，单模光纤的纤心相对较细，传输频带宽、容量大，传输距离长，但因其需要激光源，成本较高，通常在建筑物之间或地域分散时使用。同时，单模光纤是当前计算机网络中研究和应用的重点，也是光纤通信与光波技术发展的必然趋势。

5.4 无线传输介质

可以在自由空间利用电磁波发送和接收信号进行通信就是无线传输。地球上的大气层为大部分的无线传输提供的物理通道，就是常说的无线传输介质。无线传输所使用的频段很广，人类现在已经可以利用好几个波段进行通信。紫外线和更高的波段目前还不能用于通信。无线通信可利用无线电波、微波和红外线。

5.4.1 无线电波

无线电波除了用于无线电广播和电视节目外，也可以用于传输数据信号，不过信号频率要远远高于电台发射频率，频率范围在 10 kHz 到 300 MHz 之间。

无线传输介质通过空气传输信号。空气既可以传输数字信号，又可以传输模拟信号。红外线、无线电波、微波等无线传输介质都可以通过空气传输信号。目前在局域网或广域网的组建过程中，很多有线传输介质无法铺设的场合正在越来越多地使用无线传输介质，以实现数据的传输。

无线电波传输的优点是信号的传输能够穿过墙壁和其他建筑物，因此不需要在发送端和接收端之间清除障碍。

无线电波信号的传输也存在着一些问题，例如无线电信号的传播方向是多方向的，因此信号很容易被截获。无线电波受电磁干扰的影响较大，且无线电信号的传输距离受发射器发射功率的限制较大。

5.4.2 微波

所谓微波是指频率大于 1 GHz 的无线电波。超出无线电和电视所用频率范围的微波也能用于传播信息。微波必须按严格直线穿行，容易受到大气条件或坚固物体的干扰，微波系统还采用另一种工作方式——卫星微波，这类传输的频率范围在 11～14 GHz。

如果应用较小的发射功率（约 1 W）配合定向高增益微波天线，再在每隔 16～80 km 的距离设置一个中继站就可以架构起微波通信系统。数字微波设备所接收与传送的是数字信号，数字微波采用正交调幅（QAM）或移相键送（PSK）等调幅方式，传送语音、数据或影像等数字信号。

5.4.3　红外线

红外线设备成本较低，且不需要天线。但是红外线系统的特性是传输距离小于 2 km。另外，通常要求发送器直接指向接收器，且红外线不能穿墙。

红外线传输由一对红外发送器和红外接收器组成，红外发生器和红外接收器将不相干的红外光进行调制，就可以在没有建筑物遮挡的环境中进行视距通信。红外线的传输是成直线的，所以发射器和接收器必须相互对准。

红外线传输主要有点对点和广播式两种方式。最常用的是点对点的方式，如经常使用的遥控器是使用高度聚焦的红外线光束来控制一点到另一点的传输。红外点对点传输系统需要在一条直线上传输，近距离红外线传输系统的价格相对较低。

本 章 小 结

网络传输介质是指在网络中传输信息的载体，常用的传输介质分为有线传输介质和无线传输介质两大类。

有线传输介质是指在两个通信设备之间实现的物理连接部分，它能将信号从一方传输到另一方，有线传输介质主要有双绞线、同轴电缆和光纤。双绞线和同轴电缆传输电信号，光纤传输光信号。

无线传输介质指人们周围的自由空间。人们利用无线电波在自由空间的传播可以实现多种无线通信。在自由空间传输的电磁波根据频谱可将其分为无线电波、微波、红外线、激光等，信息被加载在电磁波上进行传输。

练　习　题

1. 局域网中有哪些主要传输介质？
2. 简述双绞线的分类。
3. 制作一条双绞线需要哪些工具和材料？
4. 同轴电缆按带宽可以分为哪几类？
5. 简述光纤的结构。与其他常见传输介质相比，光纤有哪些优点？

第 6 章　组建对等网络

【教学要求】

掌握：双机、多机对等网络的组建方法以及网络资源共享的具体步骤。

理解：双绞线与各连网设备的连接方式、网络共享的目的及用途。

了解：对等网络的应用范围。

计算机网络按网络管理方式主要分为：对等模式和客户机/服务器（C/S）模式，在家庭网络中通常采用对等模式，而在企业网络中则通常采用 C/S 模式。因为对等模式注重的是网络的共享功能，而企业网络更注重的是文件资源管理和系统资源安全等方面。

组建一个小型对等局域网往往不失为一个创建快速共享式的小型办公环境的好办法。对等网除了应用方面的特点外，更重要的是它的组建方式简单，投资成本低，非常容易组建，非常适合家庭、小型企业使用。对等网是最简单的一种网络模式，它可以只需几条网线，加上几块网卡就可以。相比较而言，组建小型专用网络就需要太多的投入。

“对等网络”也称“工作组网”，因为它不像企业专业网络是通过域来控制的，在对等网中没有“域”，只有“工作组”。在对等网络中，计算机的数量通常不会超过 20 台，各台计算机有相同的功能，无主从之分，网上任意结点计算机既可以作为网络服务器，为其他计算机提供资源，也可以作为工作站，以分享其他服务器的资源。任意一台计算机均可同时兼作服务器和工作站，也可只作其中之一。同时，对等网除了共享文件之外，还可以共享打印机，对等网上的打印机可被网络上的任一结点使用，如同使用本地打印机一样方便。

对等网络的优点：

① 结点地位平等，使用容易，且每台计算机上的资源都可以直接共享。

② 安装与维护方便。对等网中的计算机通常使用相同或相似的操作系统。

③ 价格低廉、大众化。它们不需要复杂、昂贵、精密的服务器以及服务器需要的特殊管理和环境条件，每一台计算机只需由用户来维护就可以了。

④ 不需要专门的网络管理员，因此，降低了网络的成本。

⑤ 没有层次依赖，因此相对基于服务器的网络有更大的容错性。对等网络中任何计算机发生故障只会使网络连接资源的一个集变为不可用，而不会影响整个网络。

对等网络的缺点：

① 对等网络的可管理性、安全性、数据保密性差。

② 文件管理分散。由于对等网中缺少共享资源的中心存储器，增加了查找信息的负担。

③ 对等网中同步使用的计算机性能相对下降。

④ 在对等网中，用户必须保留多个口令，以便进入需要访问的计算机。

6.1　组建双机对等网

组建双机对等网络所需的设备及材料有：PC、网卡、双绞线交叉线。

双机对等网制作步骤如下：

步骤 1 制作一条双绞线交叉线（制作步骤参考 5.1.3 任务 2）。

步骤 2 分别打开两台计算机主机箱，将网卡（见图 6-1）插入主板的 PCI 插槽中（插入平稳到位）。

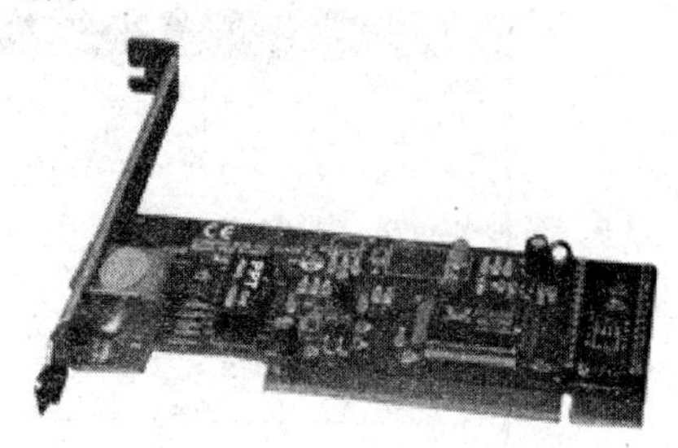

图 6-1　网卡

步骤 3 用已制作好的双绞线交叉线将两台计算机互连。将双绞线的两端分别插入两台计算机的网卡 RJ45 接口中。

步骤 4 启动这两台计算机，安装网卡驱动程序。

网卡虽然安装了，但如果不进行驱动程序的安装与系统的配置，也是不能起到网络连接的作用。不过随着微软 Windows 系统对硬件支持范围的扩大，许多网卡的驱动程序都已内置，所以通常不需要另外提供网卡的驱动程序，系统启动完后即可检测到硬件，然后安装 Windows 系统中自带的驱动程序，真正实现“即插即用”。但为了实现网卡的真正性能，如果有网卡厂家提供的驱动程序，建议还是安装厂家提供的驱动程序。如果没有，使用 Windows 系统自带的驱动程序，网卡也可正常工作。如果 Windows 系统没有提供此型号网卡的驱动程序，则一定要安装厂家的驱动程序或者选择一个兼容该型号网卡的其他型号驱动程序。使用控制面板中的“添加硬件”功能为网卡安装驱动。

步骤 5 查看两台计算机本地连接是否良好，安装协议。

各台计算机连接好后，首先要检查系统的网络组件是否已安装完全，在“本地连接属性”对话框中查看是否安装如下几项（一般这些已默认安装好）：

（1）Microsoft 网络客户端；

（2）Microsoft 网络的文件与打印机共享；

（3）Internet 协议（TCP/IP）。

查看方法：

（1）双击“网上邻居”图标，打开“网上邻居”窗口，在左侧窗格中单击“查看网络连接”链接，如图 6-2 所示。

（2）在右侧窗格中，右击“本地连接”图标，选择“属性”命令，如图 6-3 所示。

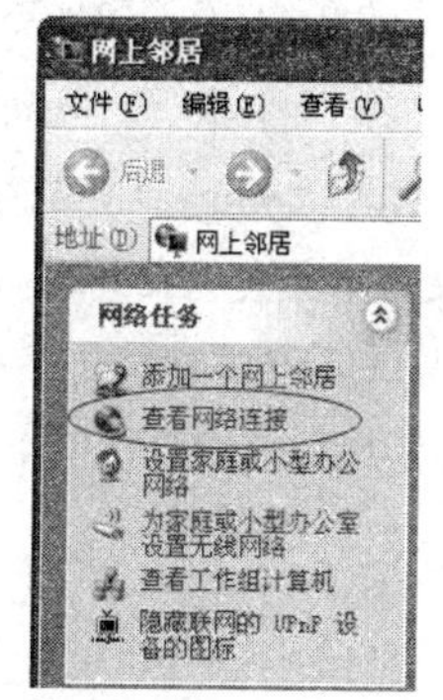

图 6-2　查看网络连接

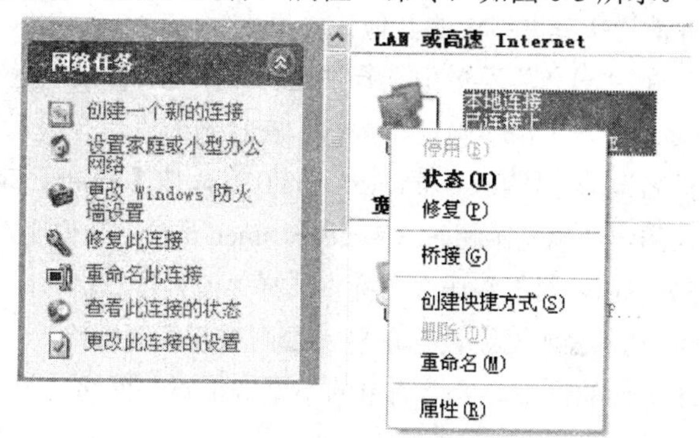

图 6-3　查看本地连接属性

（3）有如下协议才能进行通信，如图 6-4 所示。

步骤 6 设置 IP 地址信息。

在“本地连接属性”对话框中，选中“Internet 协议（TCP/IP）”复选框后，单击“属性”按钮进行设置。设置 IP 地址为 192.168.0.1，子网掩码会自动生成为 255.255.255.0，如图 6-5 所示。设置另一台计算机的 IP 地址为 192.168.0.2，子网掩码也为 255.255.255.0，其余取默认值。

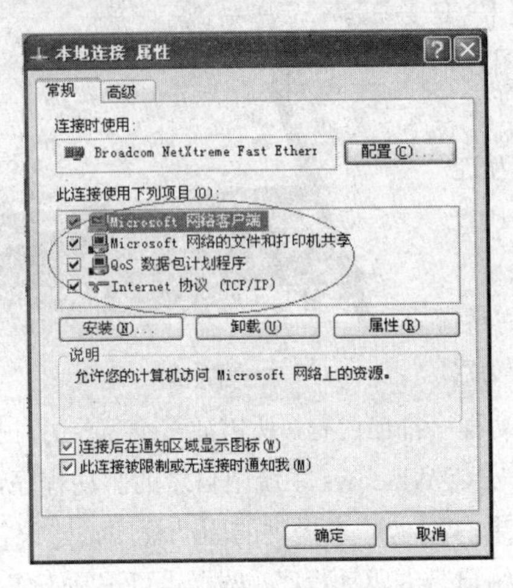

图 6-4 查看协议

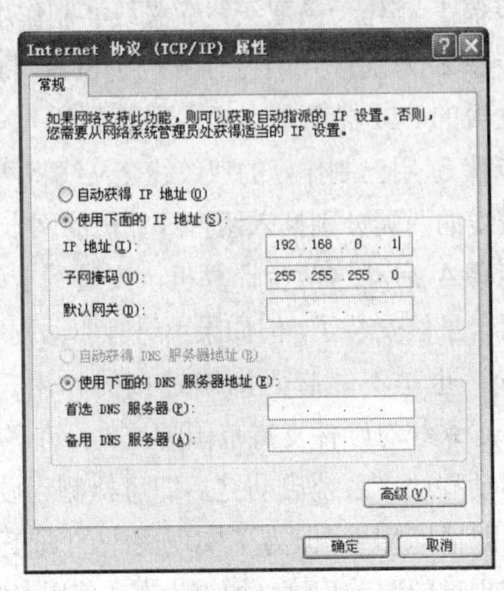

图 6-5 设置 IP 地址

步骤 7 设置网络标识。

右击“我的电脑”图标，选择“属性”命令，打开“系统属性”对话框，切换到“计算机名”选项卡，单击“更改”按钮，对计算机名称和工作组进行设置。计算机名可分别设置为 jsj1、jsj2，工作组均设置为 WORKGROUP，如图 6-6 所示。

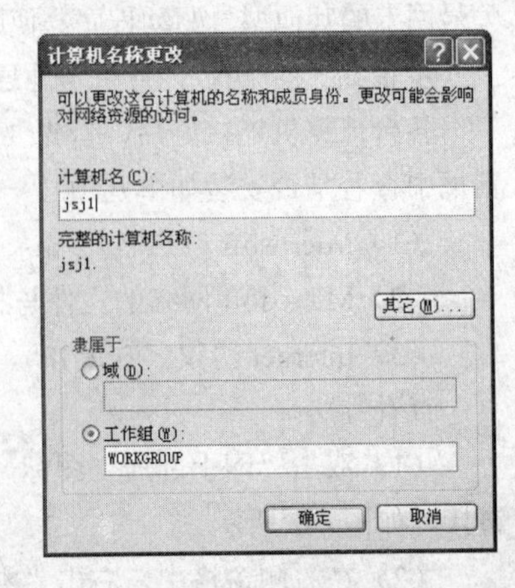

图 6-6 设置网络标识

步骤 8 检测网络。

如果网络无法连接和读取网络资源，可以从以下几方面进行检测：

（1）查看桌面上是否有“网上邻居”图标，如果“网上邻居”窗口是空白的或者图标丢失，则网络不可用。必须添加网络才能连接到网络中的其他计算机上。

（2）在“开始”菜单中选择“运行”命令，弹出“运行”对话框，在“打开”下拉列表框中输入 cmd 命令，单击“确定”按钮，在打开的“命令提示符”窗口中输入“ping 计算机 IP 地址或计算机名”，这里输入“ping192.168.0.2”，按【Enter】键即可。如果显示回复（reply），说明网络是畅通的，如果显示超时（Request timed out），则说明网络不通，需重新尝试安装。

（3）右击“网上邻居”图标，选择“搜索计算机”命令，输入网络上某台计算机的名称，如 jsj2。如找到，表明网络设置正确，否则重新配置网络。

通过上面的设置，一个简单的小型双机对等网络就组建完成了。

6.2　组建多机对等网

组建多机对等网络所需的设备及材料有：PC、网卡、双绞线平行线、集线器（或交换机）。

组建一个星状对等网，多台计算机都直接与集线器（或交换机）相连，拓扑图如图 6-7 所示。

为每台计算机插入网卡，制作多条（数量与连接计算机数相同）双绞线平行线，把网线两端的水晶头分别插入网卡和集线器的 RJ45 接口中。然后开机，安装网卡驱动程序。

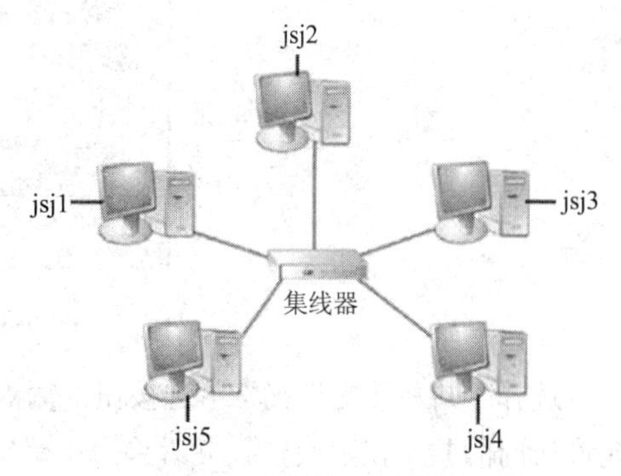

图 6-7　星状拓扑结构图

查看每台计算机是否安装好下列网络组件：

（1）客户端组件：Microsoft 网络客户端。

（2）服务组件：包括 Microsoft 网络的文件和打印机共享、QoS 数据包计划程序。

（3）协议组件：Internet 协议（TCP/IP）。

为每台计算机设置 IP 地址信息。双击 TCP/IP 协议，设置 IP 地址为 192.168.0.1，子网掩码为 255.255.255.0（其他计算机的 IP 地址依次为 192.168.0.2、192.168.0.3，以此类推；子网掩码都为 255.255.255.0）。其余取默认值。

在“系统属性”对话框中，选择“计算机名”选项卡，单击“更改”按钮，为每台计算机取不同的计算机名（可任意，如 jsj1、jsj2、jsj3 等），工作组名称相同（如 WORKGROUP）。

至此，多机对等网络组建完成，多台计算机可以通过此小型对等局域网实现互连。

6.3　文件及打印机共享

组建网络的初衷是实现资源共享和信息交换，无论过去、现在还是未来，资源共享都是网络的重要应用之一。所谓共享就是多台主机共同分享某台主机上的资源，这样能够节约成本。能够共享的网络资源包括硬件资源和软件资源两个部分。

硬件资源：包括打印机、扫描仪、磁盘驱动器等。共享硬件资源可节约购买这些设备的费用。

软件资源：包括文件、数据资料等。共享软件资源可方便地在网络中传递数据资料。

6.3.1　文件共享

在 Windows XP 操作系统中，文件是不能直接共享的，需要通过共享文件夹的形式来实现。局域网中的其他计算机可以通过“网上邻居”实现对共享资源的访问。

共享文件夹之前，需要在“本地连接”属性中，添加服务“Microsoft 网络上的文件和打印机共享”。然后为选定的文件夹设置共享属性。右击该文件夹，选择“属性”命令打开相应对话框，切换到“共享”选项卡，如图 6-8 所示。

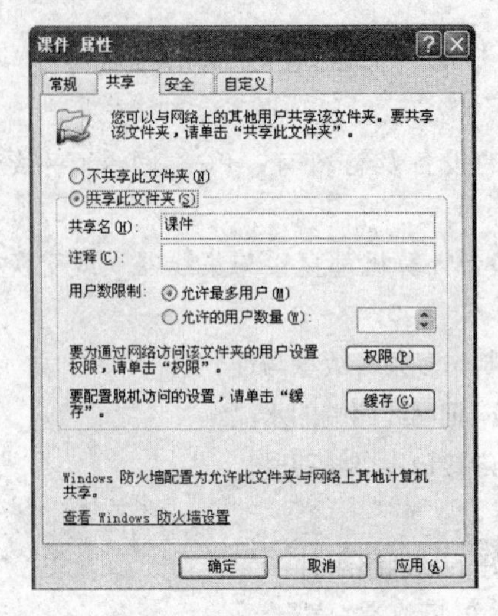

图 6-8　共享文件夹设置

选择“共享此文件夹”单选按钮，输入访问时的“共享名”，之后单击“权限”按钮，设置可允许访问的共享权限设置。最后单击“确定”按钮以完成设置。共享成功后，该文件夹的下方出现一只手托起标志。

其他连网计算机要访问该共享文件夹，可以通过两种方式实现：单击“开始”按钮，然后单击“运行”命令，输入“\\对方 IP”；或者通过桌面上的“网上邻居”访问。

6.3.2　打印机共享

共享打印机可节约购买打印机的成本。共享网络打印机有两种方法：一是将打印机安装在网络中的某台主机上，利用该主机共享该打印机，二是有些打印机支持网络共享功能，可将其直接连入网络作为网络共享打印机使用。

要将本地打印机进行共享，首先应安装本地打印机。安装本地打印机的具体操作步骤如下：

步骤 1 将打印机连接到一台连网的计算机上，打开打印机电源，通过计算机的“控制面板”进入“打印机和传真”窗口，在空白处右击，选择“添加打印机”命令，打开“添加打印机向导”对话框。选择“连接到此计算机的本地打印机”单选按钮，并选中“自动检测并安装即插即用打印机”复选框，如图 6-9 所示。

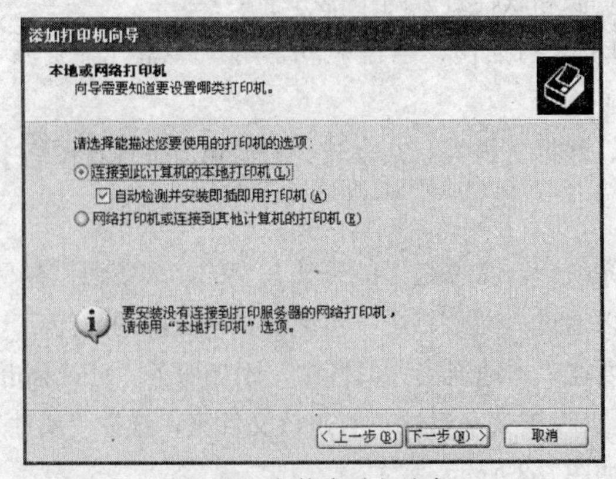

图 6-9　安装本地打印机

步骤 2 此时主机将会进行新打印机的检测，很快便会发现已经连接好的打印机，根据提示安装好打印机的驱动程序，如图 6-10 所示。安装好打印机的驱动程序以后，“打印机和传真”窗口内便会出现该打印机的图标，如图 6-11 所示。

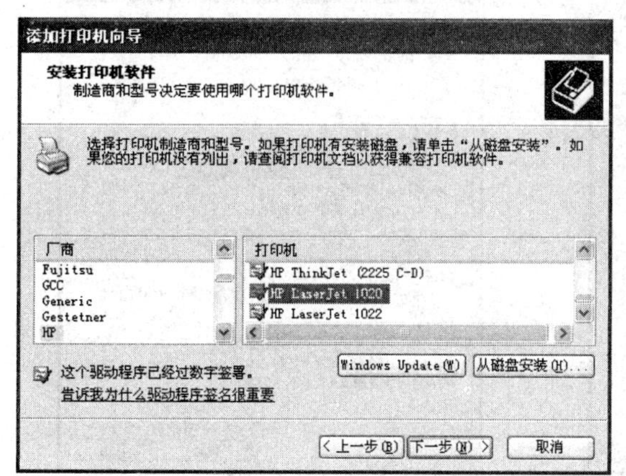

图 6-10　安装本地打印机驱动程序

图 6-11　安装好的本地打印机

下面在介绍 Windows XP 操作系统中共享本地打印机的方法。

在桌面上双击“我的电脑”图标，单击“控制面板”链接，再双击“打印机和传真”图标，右击要共享的打印机名，在弹出的快捷菜单中选择“共享”命令，选中“共享这台打印机”单选按钮，设置“共享名”后单击“确定”按钮，如图 6-12 所示。共享成功后，打印机的下方出现一只手托起标志，如图 6-13 所示。

图 6-12　设置共享属性

为了让打印机的共享能够顺畅，必须在主机和客户机上都安装“文件和打印机的共享”服务，具体操作步骤如下。

右击桌面上的“网上邻居”图标，选择“属性”命令，进入“网络连接”窗口，在“本地连接”图标上右击，选择“属性”命令，如果在“常规”选项卡的“此连接使用下列项目”列表中没有找到“Microsoft 网络的文件和打印机共享”，则需要单击“安装”按钮，在弹出的对话框中选择“服务”，然后单击“添加”按钮，在“选择网络服务”对话框中选择“文件和打印机共享”服务，最后单击“确定”按钮即可完成，如图 6-14 所示。

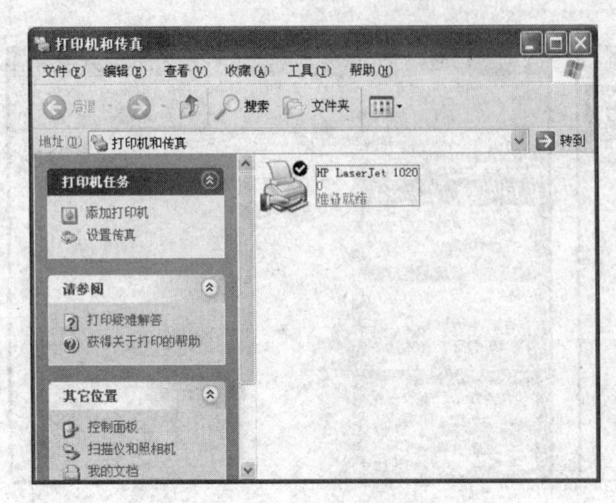

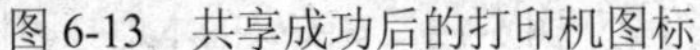

图 6-13　共享成功后的打印机图标

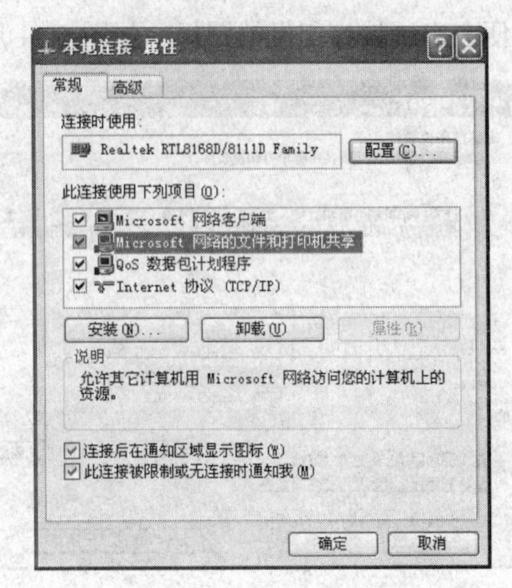

图 6-14　安装好的打印机共享协议

现在，主机上的工作已经全部完成，下面就要对需要共享打印机的客户机进行配置了。假设客户机也是 Windows XP 操作系统。在网络中每台想使用共享打印机的计算机都必须安装打印驱动程序，具体步骤如下：

步骤 1 打开“控制面板”，双击“打印机和传真”图标，在左侧窗格中单击“添加打印机向导”链接，选择“网络打印机或连接到其他计算机的打印机”选项，如图 6-15 所示。

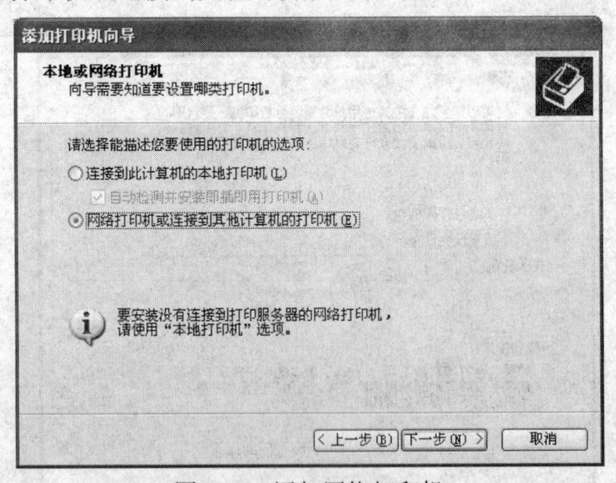

图 6-15　添加网络打印机

步骤 2 “指定打印机”页面中提供了几种添加网络打印机的方式。如果不知道网络打印机的具体路径，则可以选择“浏览打印机”单选按钮，来查找局域网同一工作组内共享的打印机。如果知道打印机的网络路径，则可以使用访问网络资源的通用命名规范（UNC）格式输入共享打印机的网络路径，如“\\jsj1\HP”（jsj1 是主机的用户名），然后单击“下一步”按钮，如图 6-16 所示。

步骤 3 按照向导完成其他步骤的设置，就此网络打印机驱动程序安装完成。可以看到客户机的“打印机和传真”窗口文件夹内已经出现了共享打印机的图标，如图 6-17 所示。

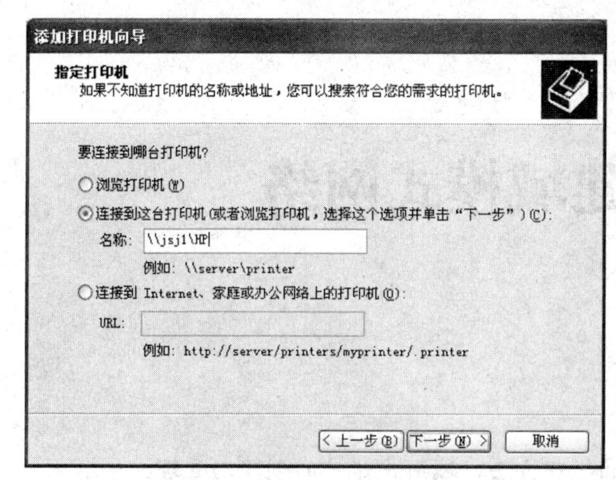

图 6-16　连接网络打印机

图 6-17　网络打印机安装完成

利用此计算机便可以实现远程打印。需要注意的是，可以在安装步骤中将网络打印机设置为默认打印机，否则打印时要在“打印”对话框中，将打印机名称设置为此网络打印机名。

本 章 小 结

在对等网上，计算机之间的地位是对等的关系，任何计算机都可以请求服务，任何一台计算机都可以提供服务。对等网主要用于小型的、对安全性要求不高的网络。例如家庭组网、大学生宿舍组网以及小型办公室组网等。

网络的产生就是为了实现资源共享和信息互通。利用对等网可以实现在小范围内的资源共享，其中包括软件及硬件的共享。可以通过以上内容的学习在身边的学习和生活环境中尝试组建小型对等网。

练　习　题

1. 什么是对等网络?
2. 简述对等网络的应用范围。
3. 组建双机对等网络时，双绞线采用平行线还是交叉线?
4. 组建多机对等网络时，使用集线器的星状网络布局，双绞线采用平行线还是交叉线?
5. 如何测试网络是否连通?
6. 如何用共享文件夹方式，实现班级通讯录的填写?

第7章 组建域模式网络

【教学要求】

掌握：活动目录的安装方法、域模式网络的组建方法、域用户账户的创建与管理。

理解：DNS域名解析过程。

了解：活动目录的功能及域的概念。

在企业网络规模大，计算机数量和用户多的情况下，以工作组的形式组织计算机，没有办法集中管理用户和计算机。下面介绍计算机的另外一种组织形式——域。将企业中的计算机和服务器以域的形式组织，实现计算机和用户的集中管理以及对用户的集中身份验证。本章将会配置Windows Server 2003作为域控制器和DNS服务器，将计算机加入域。

域是计算机和用户的逻辑组合，是一个相对独立的管理单元，每个域均有自己的安全策略和与其他域的信任关系。使用域可以方便地管理账户和资源，使客户的网络更好地反映单位的组织结构。单域是最基本的域结构，也是最容易管理的域结构。使用单域极大地简化了网络的管理。规划时，应首先考虑单域，只有在单域模式不能满足要求时，才增加其他域。站点反应网络的物理结构，而域通常反应单位的逻辑结构。逻辑结构和物理结构相互独立，就是说单域可跨越多个物理站点，单个站点也可包含多个域。单域可以使用组织单位来反映单位的部门组织结构。为组织单位指定组策略并创建所属的用户、组和计算机。

7.1 配置DNS服务器

7.1.1 域名解析DNS

1. DNS的基本概念和原理

Internet上的任何一台计算机都必须有一个IP地址。服务器的IP地址必须是固定的，而绝大多数客户机的IP地址是动态分配的。如果要访问服务器，使用服务器提供的服务，就需要知道这些服务器的IP地址，然而4位一组的IP地址却不十分友好，用户很难通过如http://219.217.78.1方式的IP地址与某个服务器及服务器提供的服务联系起来，也无法通过IP地址来记住众多的Web站点和Internet上的服务。解决方法就是将IP地址映像为“友好”的主机名，如访问新浪网站可以使用 http://www.sina.com.cn，即用一个容易记忆的域名来代替枯燥的数字所代表的网络服务器的IP地址，并且通过DNS服务器保存和管理这些映像关系。

DNS是域名系统（Domain Name System）的缩写，指在Internet中使用的分配名称和地址的机制。域名系统允许用户使用友好的名字而不是难以记忆的数字——IP地址来访问Internet上的主机。

域名解析就是将用户提出的名字变换成网络地址的方法和过程，从概念上讲，域名解析是一个自上而下的过程。

域名系统（DNS）中有下列几个基本概念：

（1）域名空间：指 Internet 上所有主机的唯一的和比较友好的主机名所组成的空间，是 DNS 命名系统在一个层次上的逻辑树结构。各机构可以用它自己的域名空间创建 Internet 上不可见的专用网络。

（2）DNS 服务器：运行 DNS 服务器程序的计算机，其上有关于 DNS 域树结构的 DNS 数据库信息。DNS 服务器也试图解答客户机的查询。在解答查询时，DNS 服务器能提供所请求的信息，提供到能帮助解析查询的另一台服务器的指针，或者回答说它没有所请求的信息或请求的信息不存在。

（3）DNS 客户端：也称为解析程序，是使用 DNS 查询从服务器查询信息的程序。解析器可以同远程 DNS 服务器通信，也可以同运行 DNS 服务器程序的本地计算机通信。解析器通常内置在实用程序中，或通过库函数访问。解析器能在任何计算机上运行，包括 DNS 服务器。

（4）资源记录：DNS 数据库中的信息集，可用于处理客户机的查询。每台 DNS 服务器都有所需的资源记录，用来回答 DNS 命名空间的查询，因为它是那部分命名空间的授权（如果一台 DNS 服务器有某部分命名空间的信息，它就是 DNS 命名空间中这一连续部分的授权）。

（5）区域：服务器是其授权的 DNS 命名空间的连续部分。一台服务器可以是一个或多个区域的授权。

2. Internet 域名空间

Internet 上的 DNS 域名系统采用树状的层次结构，如图 7-1 所示。

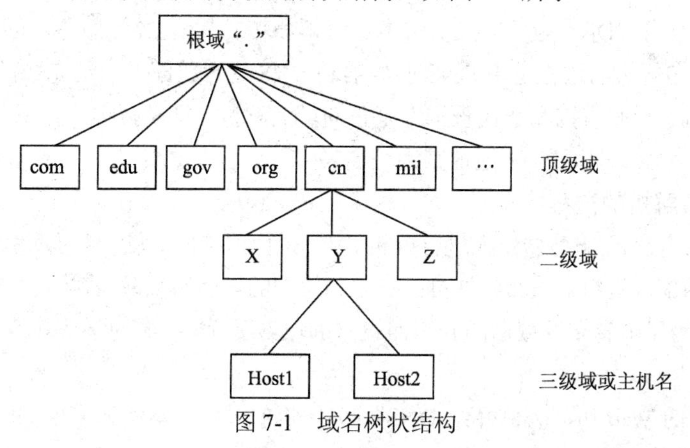

图 7-1 域名树状结构

最顶层称为根域，由 InterNIC 机构负责划分全世界的 IP 地址范围，且负责分配 Internet 上的域名结构。根域 DNS 服务器只负责处理一些顶级域名 DNS 服务器的解析请求。

第 2 层称为顶级域，由两三个字母组成的名称用于指示国家（地区）或网络所属单位的类型。常见的有 com、org、gov、net 等。

第 3 层是顶级域下面的二级域，二级域是为在 Internet 上使用而注册到个人或单位的长度可变名称。这些名称始终基于相应的顶级域，这取决于单位的类型或使用的名称所在的地理位置。如 edu.cn，表示中国的某教育机构网站。

第 4 层是三级域或主机名，三级域是单位可创建的其他名称，这些名称从已注册的二级域名中派生，也可以是主机或资源名称。

通过这样的层次式的结构划分，Internet 上的服务器含义就非常清楚了。

3. DNS 域名解析的方法

当 DNS 客户机需要查询程序中使用的名称时，它会查询 DNS 服务器来解析该名称。DNS 查询以各种不同的方式进行解析。客户机有时也可通过使用以前查询获得的缓存信息就地应答查询。DNS 服务器可使用其自身的资源记录信息缓存来应答查询。DNS 域名解析的方法主要有：递归查询法、叠代查询法和反向查询法。

（1）递归查询法。如果 DNS 服务器无法解析出 DNS 客户机所要求查询的域名所对应的 IP 地址，DNS 服务器代表 DNS 客户机来查询或联系其他 DNS 服务器，以完全解析该名称，并将应答返回给客户机，这个过程称为递归查询法。采用递归查询法进行解析，无论是否解析到服务器的 IP 地址，都要求 DNS 服务器给予 DNS 客户机一个明确的答复，要么成功要么失败。DNS 服务器向其他 DNS 服务器转发请求域名的过程与 DNS 客户机无关，是 DNS 服务器自己完成域名的转发过程。

递归查询的 DNS 服务器的工作量大，担负解析的任务重。因此域名缓存的作用就十分明显，只要域名缓存中已经存在解析的结果，DNS 服务器就不必要向其他 DNS 服务器发出解析请求。

（2）叠代查询法。为了克服递归查询中所有的域名解析任务都落在 DNS 服务器上的缺点，可以想办法让 DNS 客户机也承担一定的 DNS 域名解析工作，这就是迭代查询法。采用叠代查询法解析时，DNS 服务器如果没有解析出 DNS 客户机的域名，就将可以查询的其他 DNS 服务器的 IP 地址告诉 DNS 客户机，DNS 客户机再向其他 DNS 服务器发出域名解析请求，直到有明确的解析结果。如果最后一台 DNS 服务器也无法解析，则返回失败信息。迭代查询中 DNS 客户机也承担域名解析的部分任务，DNS 服务器只负责本地解析和转发其他 DNS 服务器的 IP 地址，因此又称为转寄查询。域名解析的过程是由 DNS 服务器和 DNS 客户机配合自动完成的。

（3）反向查询。递归查询和迭代查询都是正向域名解析，即从域名查找 IP 地址。DNS 服务器还提供反向查询功能，即通过 IP 地址查询域名。

4. DNS 域名解析的过程

DNS 域名采用客户机/服务器模式进行解析。客户机由网络应用软件和 DNS 客户机软件构成。DNS 服务器上有两部分资料，一部分是自己建立和维护的域名数据库，存储的是由本机解析的域名；另外一部分是为了节省转发域名的开销而设立的域名缓存，存储的是从其他 DNS 服务器解析的历史记录。

下面以客户机的 Web 访问为例介绍 DNS 域名解析的过程，本例所采用的解析方法是递归查询法。解析过程如图 7-2 所示。

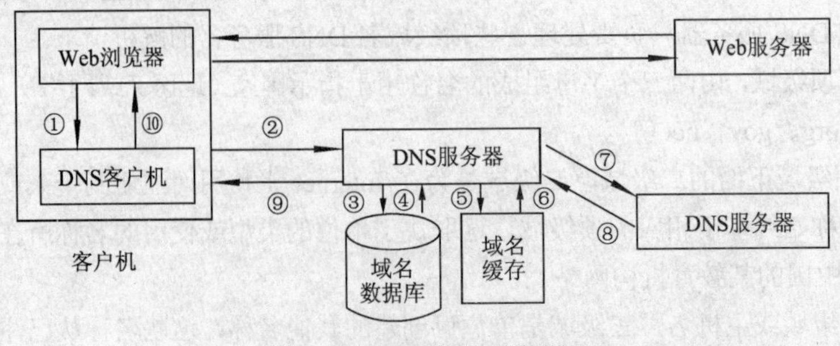

图 7-2　DNS 域名解析过程

① 在客户机的 Web 浏览器中输入某 Web 站点的域名后，如 http://www.web.com，Web 浏览器将域名解析请求提交给自己计算机上集成的 DNS 客户机软件。

② DNS 客户机软件向指定 IP 地址的 DNS 服务器发出域名解析请求，询问 www.web.com 代表的 Web 服务器的 IP 地址。

③ DNS 服务器在自己建立的域名数据库中查找是否有与 www.web.com 相匹配的记录。域名数据库存储的是 DNS 服务器自身能够解析的资料。

④ 域名数据库将查询结果反馈给 DNS 服务器。如果域名数据库中存在匹配的记录，如“www.web.com 对应的是 IP 地址为 192.168.11.33 的 Web 服务器”，则 DNS 服务器将查询结果反馈给 DNS 客户机。

⑤ 如果域名数据库中不存在匹配的记录，DNS 服务器将访问域名缓存。域名缓存存储的是从其他 DNS 服务器转发的域名解析结果。

⑥ 域名缓存将查询结果反馈给 DNS 服务器，若域名缓存中查询到指定的记录，则 DNS 服务器将查询结果反馈回 DNS 客户机。

⑦ 若在域名缓存中也没有查询到指定的记录，则按照 DNS 服务器的设置转发域名解析请求到其他 DNS 服务器上进行查找。

⑧ 其他 DNS 服务器将查询结果反馈给 DNS 服务器。DNS 服务器再将查询结果反馈回 DNS 客户机。

⑨ DNS 服务器将查询结果反馈给 DNS 客户机。

⑩ DNS 客户机将域名解析结果反馈给浏览器。若反馈成功，Web 浏览器就按指定的 IP 地址访问 Web 服务器，否则将提示网站无法解析或不可访问。

7.1.2 配置 DNS 服务器

配置步骤如下：

（1）在计算机上执行“开始”|“管理工具”|“管理您的服务器”命令，出现“管理您的服务器”界面，如图 7-3 所示。

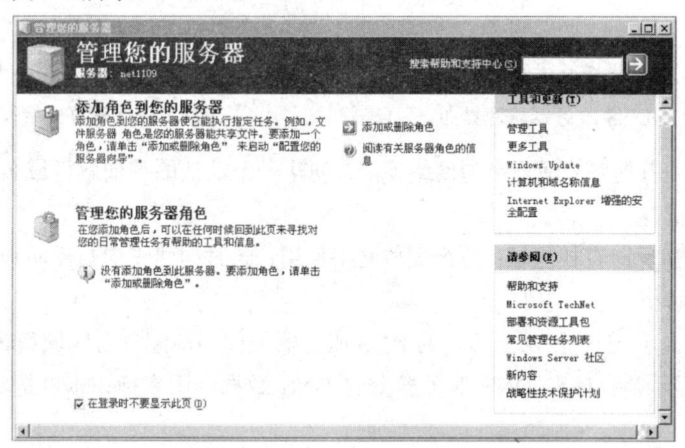

图 7-3　“管理您的服务器”界面

（2）单击“添加或删除角色”链接，出现“配置您的服务器向导-服务器角色”界面，如图 7-4 所示，选中“DNS 服务器”，单击“下一步”按钮。

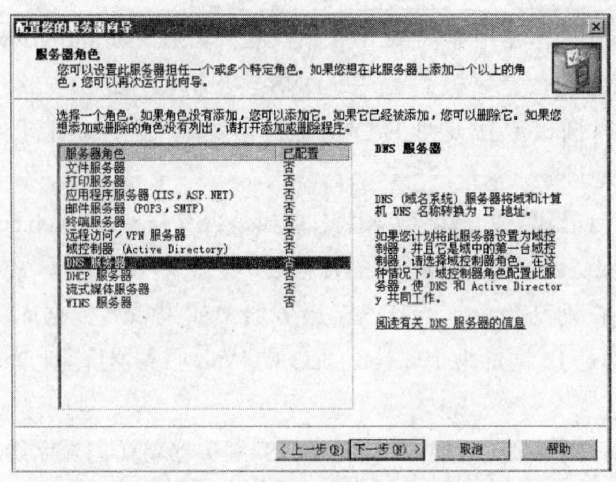

图 7-4 “服务器角色”界面

（3）出现“选择总结”界面，单击“下一步”按钮，弹出“配置 DNS 服务器向导”对话框，如图 7-5 所示，单击“下一步”按钮。

（4）出现“选择配置操作”界面，如图 7-6 所示。用户可以根据网络实际情况配置 DNS 服务器使用区域情况。DNS 服务器是以区域为单位管理 DNS 服务，区域实际上就是一个数据库，存储了 DNS 域名和相应的 IP 地址。在 Internet 环境中，区域一般以二级域名表示，如 sina.com。有 3 种选择：

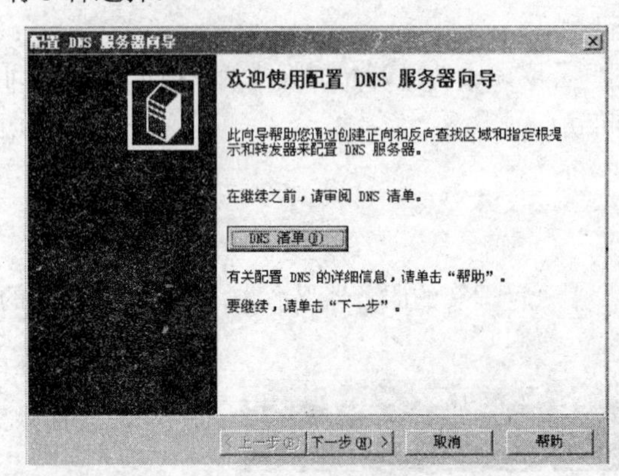

图 7-5 配置 DNS 服务器欢迎界面

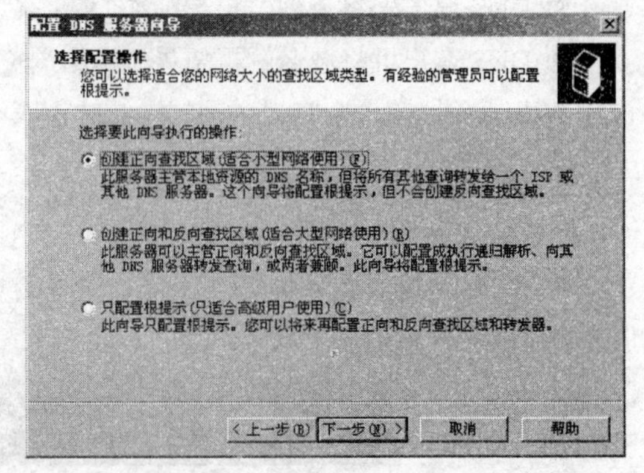

图 7-6 “选择配置操作”界面

① 创建正向查找区域：适合小型网络使用，创建一个默认的正向解析域名的区域，完成从域名到 IP 地址的解析。

② 创建正向和反向查找区域：适合大型网络使用，同时创建正向与反向查找区域，完成域名与 IP 地址的双向解析。

③ 只配置根提示：创建仅用于转发的 DNS 服务器或向当前配置有区域和转发器的 DNS 服务添加根提示。根提示是存储在 DNS 服务器上的 DNS 数据，用来标识本机是域名系统中的 DNS 服务器。

选择“创建正向查找区域”，单击“下一步”按钮。

（5）出现“主服务器位置”界面，如图 7-7 所示，用于设置对 DNS 服务器的区域数据进行维护的方法。如果 DNS 服务器负责维护网络中的 DNS 资源的主机区域，则选择“这台服务器维护该区域”。如果 DNS 负责维护网络中 DNS 资源的辅助区域，则选择“ISP 维护该区域，一份只读的次要副本常驻在这台服务器上”。主要区域是区域数据库信息的副本，辅助区域是主要区域的只读副本，它是从维护主要区域的 DNS 服务器中接收到的副本，用于提供对区域数据的冗余备份。

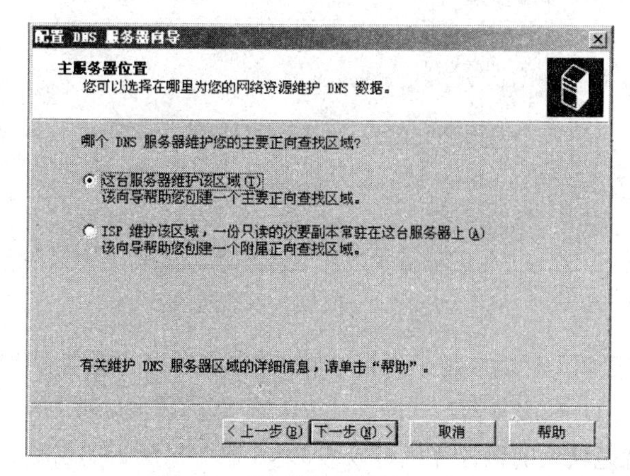

图 7-7 “主服务器位置”界面

选择“这台服务器维护该区域”，单击“下一步”按钮。

（6）出现如图 7-8 所示的“区域名称”界面，用于为在 DNS 服务器上运行的区域指定名称。如果是在 Intranet 上建立 DNS 服务器，则可以任意取 DNS 名称，如果是在 Internet 上开展服务，则必须向 InterNIC 的分支代理机构申请 DNS 服务器名称。

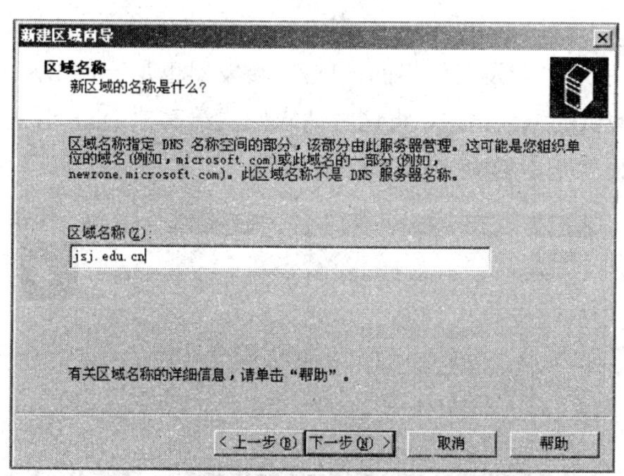

图 7-8 “区域名称”界面

在“区域名称”文本框中输入 jsj.edu.cn 后，单击“下一步”按钮。

（7）如果创建的是未与 Active Directory 集成的区域，会出现图 7-9 所示的“区域文件”界面，用于设置 DNS 服务器区域对应的物理文件名称。DNS 数据库实际上就是由区域文件和反向查找文件等构成的。区域文件是最重要的文件，存储了 DNS 服务器管辖的区域内主机的域名记录。默认的区域文件名为“区域名.dns”，存放在%systemboot\system32\dns 文件夹中。如果创建的区域是与 Active Directory 集成的区域，则不会出现此提示画面，区域文件是存放在活动目录树中该对象的容器下的。按照默认设置，单击“下一步”按钮。

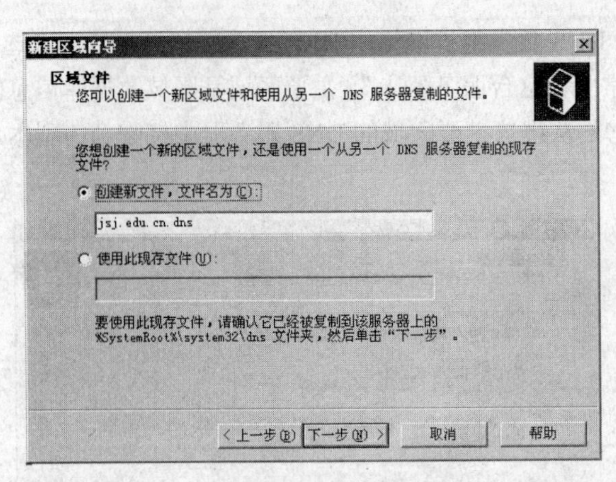

图 7-9　区域文件界面

（8）出现“动态更新”界面，用于设置 DNS 客户机是否能够动态更新 DNS 服务器中的区域数据。当网络中启用 DNS 服务器后，网络中每台计算机都可以被 DNS 服务器默认解析，“计算机名.DNS 域名”就是默认的该计算机可以被 DNS 服务器解析的名称。由于计算机名称和 IP 地址可能会发生变化，当发生变化后，DNS 服务器上有关该计算机资源记录信息就应该及时更新，这就是动态解析。有 3 种动态解析方法。只允许安全的动态更新：DNS 客户机将动态更新请求发给 DNS 服务器，DNS 服务器在客户机通过身份认证后才执行更新。该选项只有在 Active Directory 中管理区域才能激活。允许非安全动态更新：DNS 客户机可以动态更新 DNS 服务器的区域数据，该选项的安全性较低。不允许动态更新：不允许客户机执行对 DNS 服务器的动态更新操作，只能由管理员手工进行更新。选中“不允许动态更新”，单击“下一步”按钮。

（9）出现图 7-10 所示“转发器”界面。DNS 转发器也是一种 DNS 服务器，用于帮助解析当前 DNS 服务器不能解析的域名请求，将这些请求发送给其他 DNS 服务器。Intranet 内的客户机对 Internet 上的域名解析就是由 DNS 转发器来完成的。

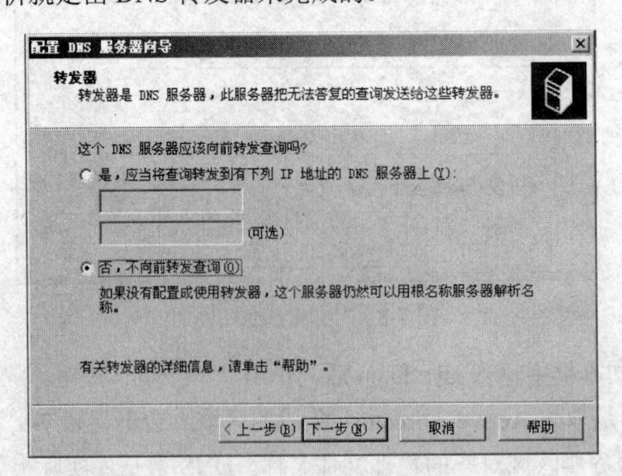

图 7-10　“转发器”界面

由于只建立 Intranet，所以选中“否，不向前转发查询”，单击“下一步”按钮。

（10）出现配置完成界面，“设置”列表框中显示了本次配置的情况。单击“完成”按钮，会出现提示画面，表明已经将计算机成功配置成 DNS 服务器。

7.2　创建单域环境的网络

7.2.1　活动目录

活动目录（Active Directory）为 Windows Server 2003 提供目录服务，利用它可以将网络中各种对象组织起来进行管理，方便网络用户的查找，同时增加了网络的安全性，大大加强了用户对网络的管理。活动目录起源于 Windows NT，在 Windows Server 2003 中得到了进一步的发展。

1．目录形式的数据存储

活动目录采用的是 Exchange Server 的数据存储结构，称为 Extensible Storage Service（ESS）。其特点是不需要事先定义数据库的参数，可以做到动态地增长，性能非常优良。这个数据存储已建立索引，可以方便快速地搜索和定位。域（Domain）是 Windows Server 2003 域中 Active Directory 数据库的基本管理单位，域模式的最大好处就是它的单一网络登录能力，任何用户只要在域中有一个账户，就可以漫游全网络。

目录存储在被称为域控制器的服务器上，并且可以被网络应用程序或者服务所访问。一个域可能拥有一台以上的域控制器。每一台域控制器都拥有它所在域的目录的一个可写副本。对目录的任何修改都可以从源域控制器复制到域、域树或者森林中的其他域控制器上。由于目录可以被复制，而且所有的域控制器都拥有目录的一个可写副本，因此用户和管理员便可以在域的任何位置方便地获得所需的目录信息。

有 3 种类型的目录数据会在各台域控制器之间进行复制：

（1）域数据。域数据包含了与域中的对象有关的信息。一般来说，这些信息可以是诸如电子邮件联系人、用户和计算机账户属性以及已发布资源这样的目录信息，管理员和用户可能都会对这些信息感兴趣。例如，在向网络中添加了一个用户账户的时候，用户账户对象以及属性数据便被保存在域数据中。如果修改了组织的目录对象，例如创建、删除对象或者修改了某个对象的属性，相关的数据都会被保存在域数据中。

（2）配置数据。配置数据描述了目录的拓扑结构。配置数据包括一个包含了所有域、域树和森林的列表，并且指出了域控制器和全局编录所处的位置。

（3）架构数据。架构是对目录中存储的所有对象和属性数据的正式定义。Windows Server 2003 提供了一个默认架构，该架构定义了众多的对象类型，例如用户和计算机账户、组、域、组织单位以及安全策略。管理员和程序开发人员可以通过定义新的对象类型和属性，或者为现有对象添加新的属性，从而对该架构进行扩展。 架构对象受访问控制列表（ACL）的保护，这确保了只有经过授权的用户才能够改变架构。

2．活动目录的安全性

安全性通过登录身份验证以及目录对象的访问控制集成在 Active Directory 中。通过单点网络登录，管理员可以管理分散在网络各处的目录数据和组织单位，经过授权的网络用户可以访问网络任意位置的资源。基于策略的管理则简化了网络的管理，即便是那些最复杂的网络也是如此。

Active Directory 通过对象访问控制列表以及用户凭据保护其存储的用户账号和组信息。因为 Active Directory 不但可以保存用户凭据，而且可以保存访问控制信息，所以登录到网络上的用户既能够获得身份验证，也可以获得访问系统资源所需的权限。例如，在用户登录到网络上的时候，安全系统首先利用存储在 Active Directory 中的信息验证用户的身份。在用户试图访问网络服务的时候，系统会检查在服务的自由访问控制列表（DCAL）中所定义的属性。因为 Active Directory 允许管理员创建组账号，管理员得以更加有效地管理系统的安全性。例如，通过调整文件的属性，管理员能够允许某个组中的所有用户读取该文件。通过这种办法，系统将根据用户的组成员身份控制其对 Active Directory 中对象的访问操作。

3. 活动目录的特点

（1）集中管理：可以集中的管理企业中成千上万分布于异地的计算机和用户。

（2）便捷的网络资源访问：活动目录允许用户一次登录网络就可以访问网络中的所有该用户有权限访问的资源，并且，用户访问网络资源时不必知道资源所在的物理位置。活动目录允许快速、方便地查询网络资源。网络资源主要包含用户账户、组、共享文件夹、打印机等。

（3）很强大的可扩展性，活动目录既可以适用于几十台计算机的小规模网络，也可以适用于跨国公司。

4. 安装活动目录

要将服务器当作域控制器，必须首先安装活动目录。活动目录可以存储网络对象和共享打印机，并提供访问上述资源的信息。

具体操作步骤如下：

（1）启动 Windows Server 2003 系统，以 Administrator 权限登录。

（2）在“运行”对话框中输入 DCPROMO，单击“确定”按钮后弹出“Active Directory 安装向导”对话框，单击“下一步”按钮，弹出“操作系统兼容性”对话框，提示早期的 Windows 版本将无法登录 Windows Server 2003 创建的域。

（3）单击“下一步”按钮，弹出“域控制器类型”对话框，如图 7-11 所示。选择“新域的域控制器”单选按钮，如果网络中已有域控制器，可选择“现有域的额外域控制器”单选按钮。

（4）单击“下一步”按钮，询问新创建的域的类型，如图 7-12 所示。可以选择新林中的域、现有域树中的子域或现有林中的域树。因为此例中新建的是网络上的第一个域，所以只能选择“在新林中的域”，单击“下一步”按钮。

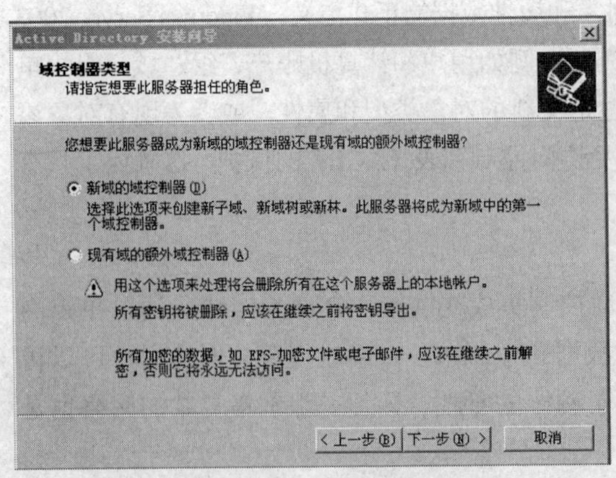

图 7-11　选择域控制器类型

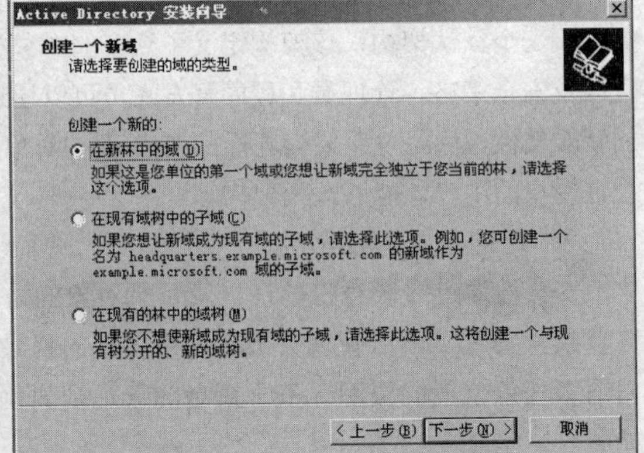

图 7-12　选择新创建的域类型

（5）为新域指定一个域名，如图 7-13 所示。在此例中输入域名 jsj.edu.cn。

（6）单击“下一步”按钮后，要求输入新创建的域的 NetBIOS 名称，这是为与早期的 Windows 系统兼容而准备的。可以直接使用默认名称，如图 7-14 所示。

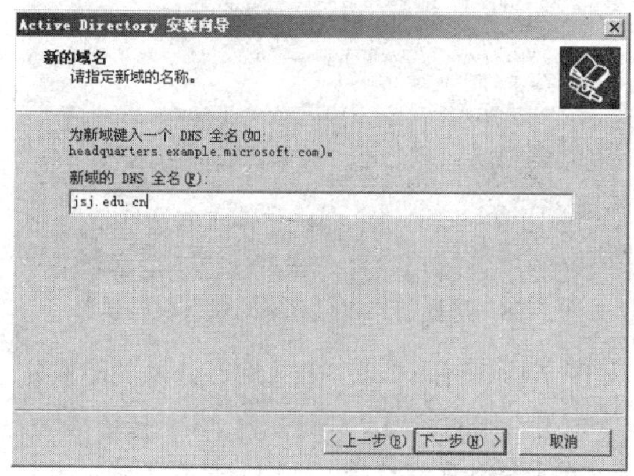

图 7-13 指定新的域名

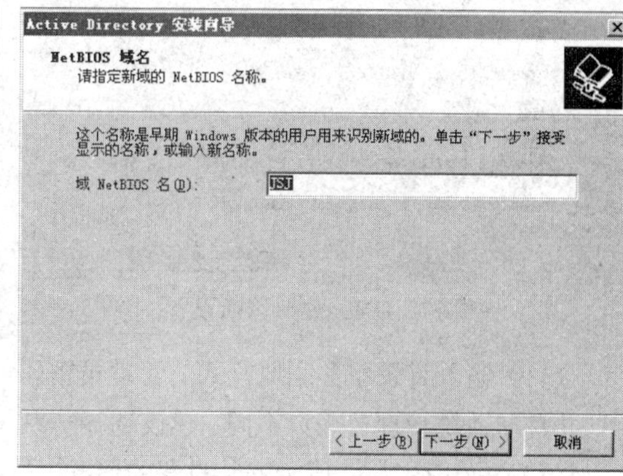

图 7-14 指定域的 NetBIOS 名称

（7）单击“下一步”按钮，指定放置 Active Directory 数据库和日志文件的文件夹，如图 7-15 所示。可以使用默认选项，也可以根据需要把数据库和日志存放在不同的磁盘上。

（8）单击“下一步”按钮，指定作为系统卷共享的文件夹，也可以直接使用默认选项，如图 7-16 所示。

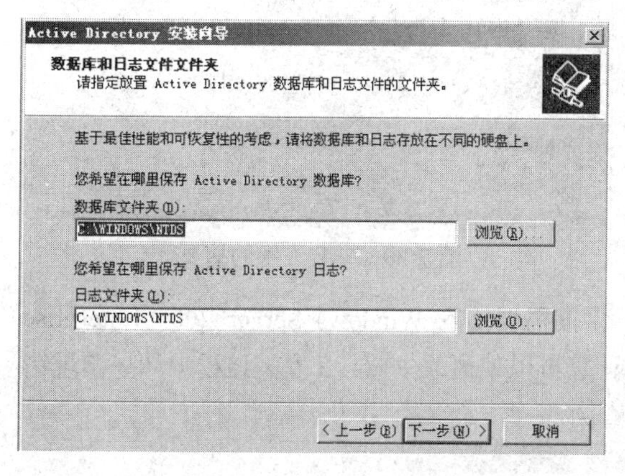

图 7-15 数据库和日志文件的文件夹设置

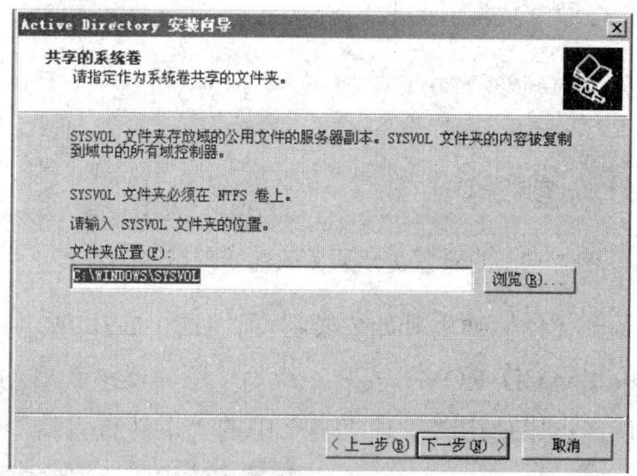

图 7-16 系统卷共享的设置

（9）Active Directory 是和 DNS 服务绑在一起的。“Active Directory 安装向导”的 DNS 注册诊断程序已经发现本机还未安装 DNS 服务。选择“在这台计算机上安装并配置 DNS 服务器，并将这台 DNS 服务器设为这台计算机的首选 DNS 服务器”复选框，如图 7-17 所示。

（10）单击“下一步”按钮，选择用户和组对象的默认权限。如果确信网络上没有 Windows 2000 Server 之前版本的服务器，就选用“只与 Windows 2000 或 Windows Server 2003 操作系统兼容的权限”复选框，如图 7-18 所示。就算网络中存在 Windows 2000 Server 之前版本的操作系统，也极力建议将其升级到 Windows 2000 Server 以上，单击“下一步”按钮。

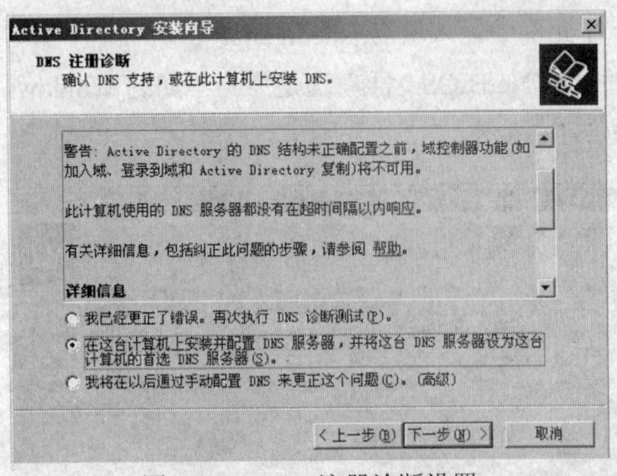

图 7-17　DNS 注册诊断设置

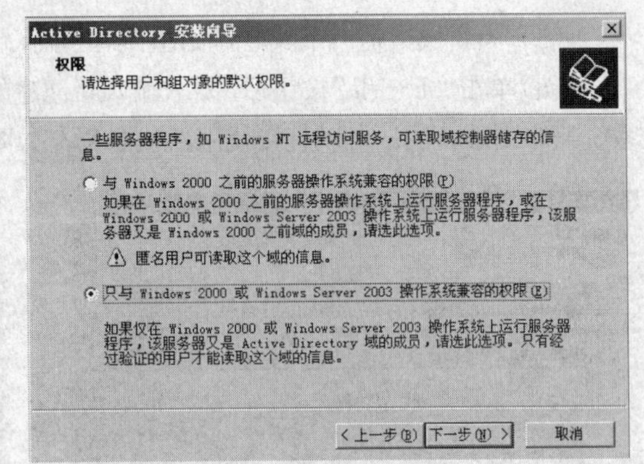

图 7-18　选择用户和组对象的默认权限设置

（11）输入目录服务还原模式的管理员密码，如图 7-19 所示。该账户仅在目录还原的时候使用，并且与系统管理员账户不同。建议选择与系统管理员不同的密码，单击“下一步”按钮继续。

（12）弹出图 7-20 所示安装设置的摘要，显示之前所做的所有选择，并询问是否正确。如果发现选择有误，还可以通过单击“上一步”按钮进行修正。单击“下一步”按钮。

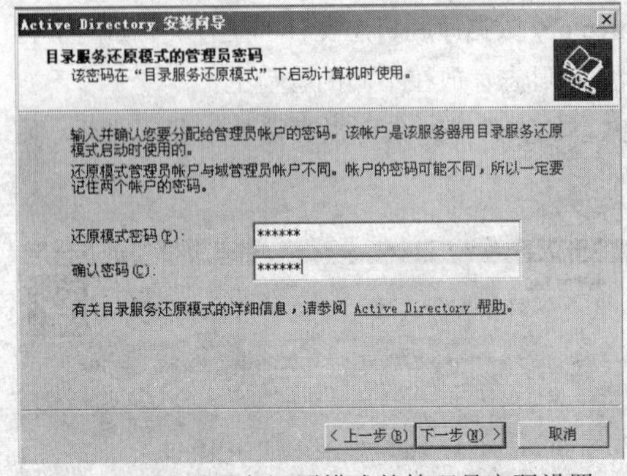

图 7-19　目录服务还原模式的管理员密码设置

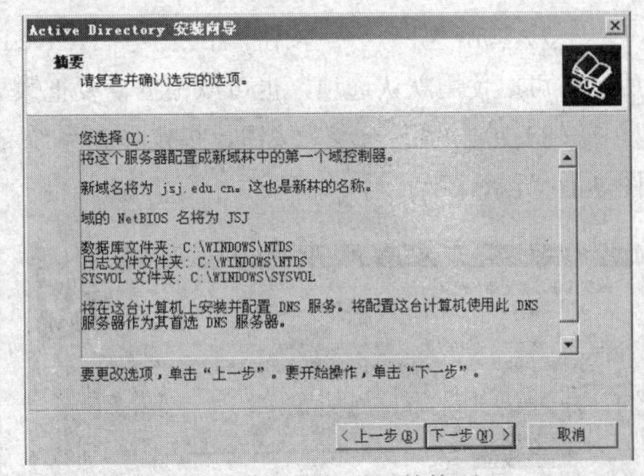

图 7-20　安装设置的摘要

（13）弹出开始安装界面，如图 7-21 所示，中间需要插入 Windows Server 2003 Enterprise Edition CD-ROM。安装结束后，还需要重新启动计算机以使更改生效。在安装过程中如果出现错误，可以使用“管理工具”中的“事件查看器”查阅。

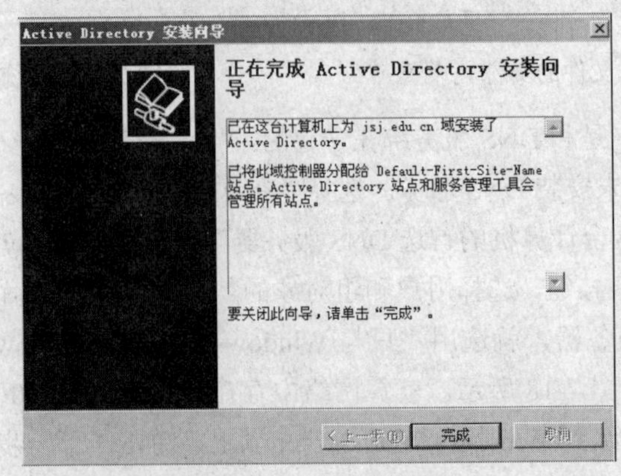

图 7-21　开始安装界面

到此，完成了 Active Directory 的安装过程，同时也完成了创建新域的操作。

7.2.2　客户端加入域

首先将客户端配置好 IP 地址，使其可以与服务器正常通信。另外，客户端的 DNS 一定要指向域控制器的 DNS，否则将无法解析致使找不到域控制器。

（1）打开客户端计算机的“本地连接属性”对话框，单击“更改”按钮，将“首选 DNS 服务器”设置为 192.168.1.1。

（2）打开客户端计算机的“系统属性”对话框，选择“计算机名”选项卡，单击“更改”按钮，弹出“计算机名更改”对话框。

（3）单击“确定”按钮，在弹出的“计算机名更改”对话框中输入“用户名”和“密码”。

（4）单击“确定”按钮，会弹出“欢迎加入 jsj.edu.cn 域”的提示，表明客户端成功加入域中。

7.3　域用户账户

用户账号可为用户提供登录到域以访问网络资源或登录到计算机以访问该机资源的能力。定期使用网络的每个人都应有一个唯一的用户账号。Windows Server 2003 提供两种主要类型的用户账号：本地用户账号和域用户账号。除此之外，Windows Server 2003 系统中还有内置的用户账号。

1．本地用户账号（Local User Account）

本地用户账号只能登录到账号所在计算机并获得对该资源的访问。当创建本地用户账号后，Windows Server 2003 将在该机的本地安全性数据库中创建该账号，本地账号信息仍为本地，不会被复制到其他计算机或域控制器。当创建一个本地用户账号后，计算机使用本地安全性数据库验证本地用户账号，以便让用户登录到该计算机。

注意不要在需要访问域资源的计算机上创建本地用户账号，因为域不能识别本地用户账号，也不允许本地用户访问域资源。而且，域管理员也不能管理本地用户账号，除非他们用计算机管理控制台中的操作菜单连接到本地计算机。

2．域用户账号（Domain User Account）

域用户账号可让用户登录到域并获得对网络上其他地方资源的访问。域用户账号是在域控制器上建立的，作为 AD 的一个对象保存在域的 AD 数据库中。用户在从域中的任何一台计算机登录到域中的时候必须提供一个合法的域用户账号，该账号将被域的域控制器所验证。当在一个域控制器上新建一个用户账号后，该用户账号被复制到域中所有其他计算机上，复制过程完成后，域树中的所有域控制器就都可以在登录过程中对用户进行身份验证。

3．内置用户账号（Built-in User Account）

Windows Server 2003 自动创建若干用户账号，并且赋予了相应的权限，称为内置账号。内置用户账号不允许被删除。最常用的两个内置账号是 Administrator 和 Guest。可使用内置 Administrator（管理员）账号管理计算机和域配置，通过执行诸如创建和修改用户账号和组、管理安全性策略、创建打印机、给用户分配权限和权利等任务来获得对资源的访问。但作为网络管理员，应当为自己创建一个用来执行一般性任务的用户账号，只在需要执行管理性任务时才使用 Administrator 账号登录。

Guest（来宾）账号一般被用于在域中或计算机中没有固定账号的用户临时访问域或计算机。该账号默认情况下不允许对域或计算机中的设置和资源做永久性的更改。该账号在系统安装好之后是被屏蔽的，如果需要，可以手动启用。

7.3.1 创建与管理用户账户

若要创建和管理域用户账号，可使用“Active Directory 用户和计算机”控制台，在 Active Directory 目录树中创建用户对象。也可用该工具创建、删除或禁用用户对象，并管理用户对象的属性。

1. 创建用户账户

具体操作如下：

（1）在“管理工具”中选择“Active Directory 用户和计算机”，打开“Active Directory 用户和计算机”窗口，如图 7-22 所示。

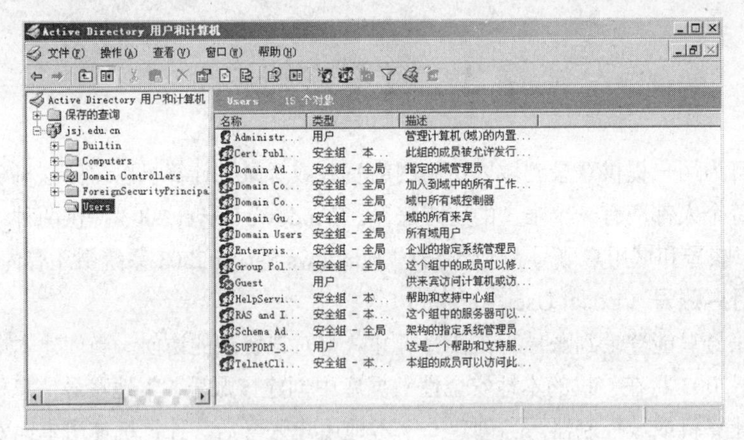

图 7-22 “Active Directory 用户和计算机”窗口

（2）在左窗格中单击要建立账号的域，右击该域中的 Users，在快捷菜单中选择“新建”|“用户”命令，打开“新建对象-用户”对话框，在该对话框中输入要创建的用户的登录名，登录名是用来在域中活动并访问资源的唯一凭证，即账号名，登录名在域中必须唯一，如图 7-23 所示。

（3）单击“下一步”按钮，在对话框中输入密码，如图 7-24 所示（注意输入的密码是区分大小写的）。选择“用户下次登录时须更改密码”复选框，则用户下次用这个密码登录之后就需要更改密码。

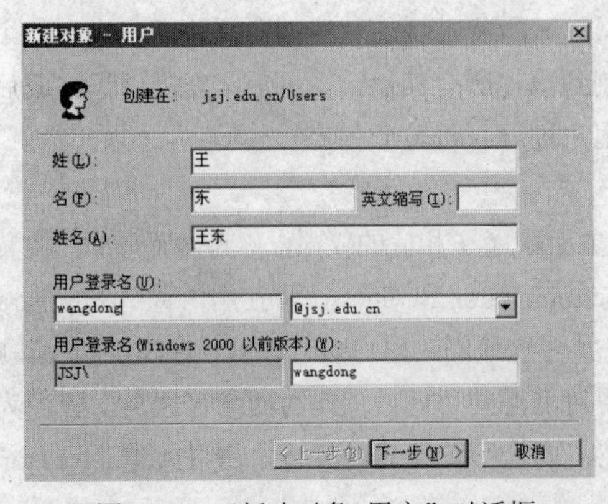

图 7-23 “新建对象-用户”对话框

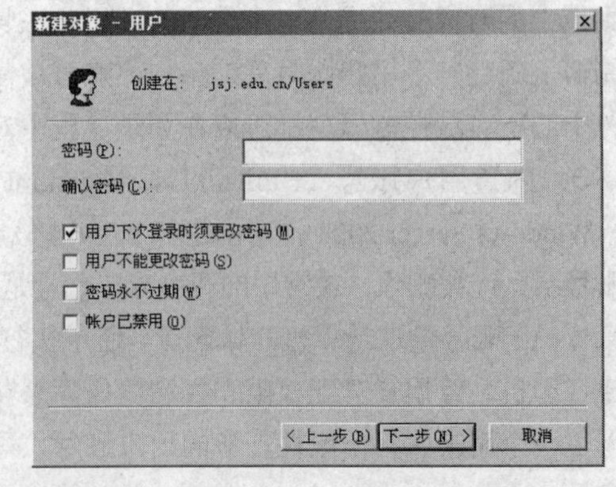

图 7-24 输入密码

（4）单击“下一步”按钮，再单击“完成”按钮结束添加域用户账号的操作。完成用户建立以后，就可以回到客户端用这个账号进行登录。

2．管理用户账户

创建的每一个用户对象都有一套默认属性。创建了用户账号后，可以设置个人属性和账号属性、登录选项和拨号设置。可使用为域用户账号定义的属性在目录中搜索用户，或用于其他应用程序。因此，创建每一个域用户账号时都应当提供详细的定义信息。要设置用户对象属性，可在“Active Directory 用户和计算机”控制台右击该对象，从弹出的菜单中选择“属性”命令，打开用户账号属性对话框。

（1）设置个人属性。用户对象属性对话框中有 4 个选项卡包含有关用户账户的个人信息，这些选项卡是“常规”“地址”“电话”和“单位”。这些选项卡中的属性与用户对象或 Active Directory 的操作没有直接关系，只提供用户的背景信息。在这些选项卡中输入信息可通过使用已掌握的用户信息轻松查找所需的域用户账号。

（2）设置账号属性。属性对话框中的“账户”选项卡包含几个创建用户对象时所配置的属性，在该选项卡中可以为用户更改登录名。在“账户过期”选项组中可以为该账号设置一个过期时间。默认情况下账号是永久有效的，除非被删除。如果希望某个临时用户账号在某个时间后自动失效，则可以选中“在这之后”单选按钮，然后打开下拉列表，在日历中选择账号的失效日期，当该账号使用期超过设定的日期时，将不能使用该账号登录到域中，而不需要管理员手动删除账号，如图 7-25 所示。

（3）设置登录时间。在“账户”选项卡中单击“登录时间”按钮，打开用户登录时段对话框，在该对话框中可以设置允许或拒绝用户登录到域的时间。蓝色的格子代表允许登录的时间段，默认情况下账号可以在任意时间内登录到域中。单击要设置的时间格（一个格代表一小时），也可以拖动鼠标一次选中多个时间格，然后选中“拒绝登录”单选按钮，使这段时间成为拒绝登录的时间段，白色的格子代表拒绝登录，如图 7-26 所示。

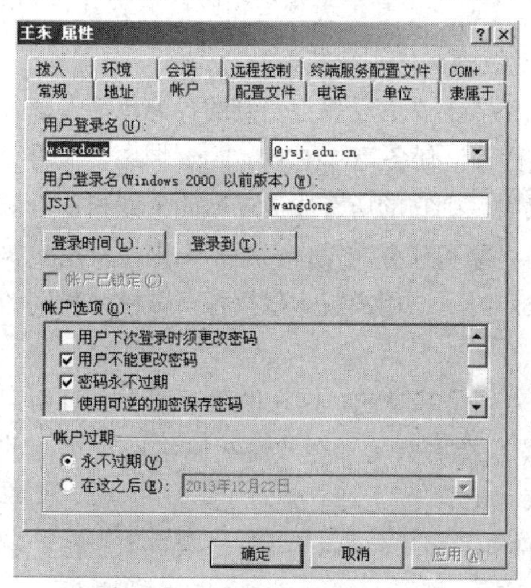

图 7-25　账号选项卡

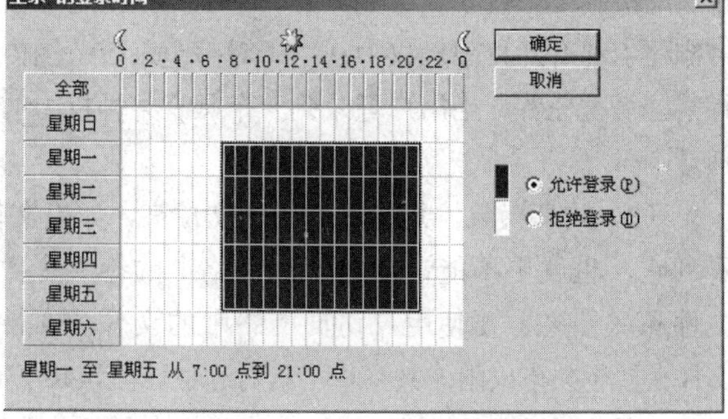

图 7-26　登录时间设置

（4）设置用户可登录的计算机。在“账户”选项卡中单击“登录到”按钮，打开“登录工作站”对话框，如图 7-27 所示。在该对话框中可以设置允许用户登录到域中的计算机。默认情况下用户可以从任何一台域中的计算机上登录到域。选中“下列计算机”单选按钮，然后在“计算机名”文本框中输入允许用户登录的计算机名，单击“添加”按钮将计算机加入到计算机列表中。如果要删除某台允许用户登录的计算机，只需在列表中选中计算机并单击“删除”按钮即可。

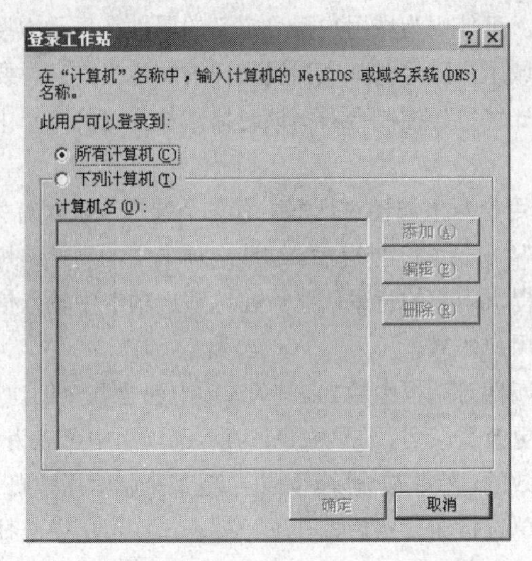

图 7-27　登录工作站对话框

7.3.2　分配与设置用户账户权限

Windows Server 2003 的访问控制策略是指根据对用户进行授权来决定用户可以访问哪些资源及对这些资源的访问能力，以保证资源的合法、受控的使用。

1. 控制访问权限

Windows Server 2003 的网络安全性依赖于给用户或组授予的 3 种能力：权力（在系统上完成特定动作的授权，一般由系统指定给内置组，但也可以由管理员将其扩大到组和用户上）、共享（用户可以通过网络使用的文件夹）、权限（可以授予用户或组的文件系统能力）。

（1）用户权力。用户权力控制谁能在计算机上执行各类行为。受权力管制的行为包括本地登录、关闭该机、设置时间、备份和恢复服务器文件及执行其他任务等。在 Windows 域中，权力会在域的级别上被授予或限制。若一个组在域中有一个权限，则它的所有成员在域的主域和备份域控制器上都有此权限。权力适用于对整个系统范围内的对象和任务的操作，通常用来授权用户执行某些系统任务。当用户登录到一个具有某种权力的账户时，该用户就可以执行与该权力相关的任务。

（2）共享权限。共享只适用于文件夹，如果文件夹不是共享的，则在网络上就不会有用户看到它，也就更不能访问它了。网络上的绝大多数服务器主要用于存放可被网络用户访问的文件和文件夹。要使用户访问网络中的文件和文件夹，必须首先对它建立共享，然后对共享文件夹授予共享权限。共享权限只对远程访问该共享文件夹的用户起约束作用。3 类共享权限的解释是：具有读取权限的用户可以显示文件夹和文件的名称，查看文件中的数据和文件属性，运行程序，进入文件夹；具有更改权限的用户可以创建文件夹和添加文件，在文件中更改数据，增添数据，改变文件的属性，删除文件夹和文件，以及完成具有读取权限的用户所完成的所有任务；具有完全控制权限的用户除拥有读取、更改权限以外，还可以修改共享的权限，获取所有权。

（3）许可权限。Windows Server 2003 以用户和组账户为基础来实现文件系统的许可权限。每个文件、文件夹都有一个叫做访问控制清单的许可清单，该清单列举出了哪些用户或组对该资源有哪种类型的访问权限。访问控制清单中的各项叫做访问控制项。

（4）审核。在特定动作执行或文件被访问时，可以指定将一个审核记录写入到一个安全事件的日志中。审计记录表明行为的执行、执行人，以及执行的日期和时间。由于可以审计操作是否成功，所以审计跟踪能显示网络中的实际执行者及未经许可的尝试者。

（5）事务记录。修改文件或文件夹时，“日志文件服务”能够记录跟踪重做和取消修改的信息。重做的信息使 NTFS 在系统故障中能够再次进行修改；取消的信息使 NTFS 在不能正确完成修改时删除修改。NTFS 总是试图重做事务，如果不能重做则只是取消事务。

（6）所有权。文件和文件夹的所有者可以完全控制该文件和文件夹，包括改变许可的能力。除非具有许可改变能力的用户授权，否则只有系统管理员才有获得文件和文件夹所有权的能力。

2. 为共享文件夹分配用户权限

操作步骤：

（1）创建共享文件夹 myfile。

（2）打开共享文件夹的属性对话框，在“共享”选项卡中单击“权限”按钮，设置用户的访问权限，如图 7-28 所示。

（3）修改共享权限。如果需要将“完全控制”权限提供给“王东”，可先单击“添加”按钮，在名称栏单击“王东”，然后单击“确定”按钮。确认选中“王东”（见图 7-29），选择“完全控制”复选框后，单击“确定”按钮，权限修改即可完成。

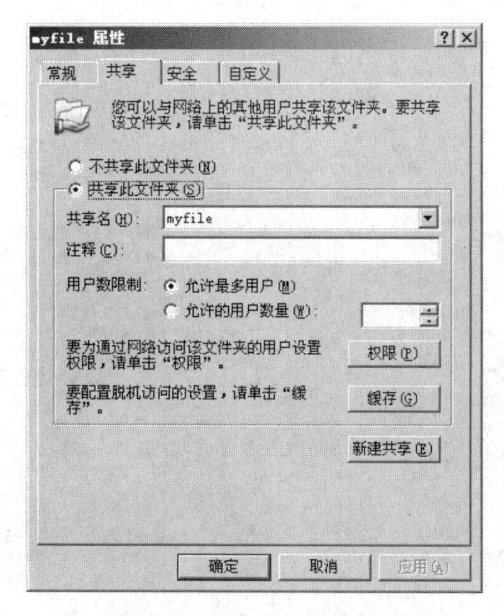

图 7-28　共享文件夹的属性

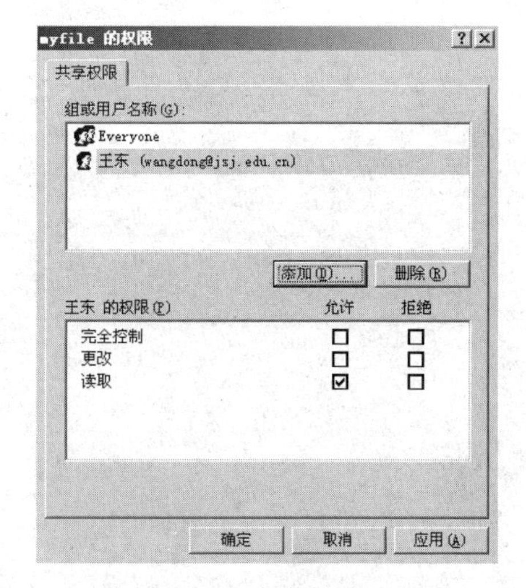

图 7-29　权限的设置

本章小结

本章重点介绍了域名解析DNS的功能，详细介绍了DNS服务器的安装步骤，活动目录的安装步骤，以及域用户账户的创建与管理。Active Directory服务是Windows Server 2003的一个强大服务，它将网络中的各种对象组织起来进行管理，方便网络用户的查找，同时增加了网络的安全性，大大提高了用户对网络的管理。

练习题

1. 什么叫做域?
2. 活动目录的作用有哪些?
3. 配置DNS服务器的步骤是什么?
4. 活动目录中用户账户的类型有哪些?

模块 4　组建无线局域网

第 8 章　组建无线局域网

【教学要求】

掌握：无线局域网的组建方法、无线局域网的硬件设备。

理解：无线局域网的配置方式。

了解：无线局域网的特点、无线局域网协议和标准。

无线局域网是计算机网络与无线通信技术相结合的产物。它利用射频（RF）技术，取代旧式的双绞铜线构成局域网络，提供传统有线局域网的所有功能，网络所需的基础设施不需再埋在地下或隐藏在墙里，也能够随需要移动或变化。无线局域网络能利用简单的存取构架让用户通过它达到“信息随身化、便利走天下”的理想境界。WLAN 是 20 世纪 90 年代计算机与无线通信技术相结合的产物，它使用无线信道来接入网络，为通信的移动化、个人化和多媒体应用提供了潜在的手段，并成为宽带接入的有效手段之一。

8.1　无线局域网概述

随着无线互连技术的发展和应用，无线网络使人们的网上生活变得更加自如，一些大型的宾馆、酒店、图书馆等就已经实现了无线局域网，人们再也不用为了上网而去寻找网线的接口。在公共场所的任何角落里，都可以通过随身携带的笔记本式计算机连入 Internet，而这些只需要简单的设置即可完成。

无线局域网和有线网络虽然在形式上有所区别，但对于用户来说，其使用效果和有线网络没什么分别。无线局域网一般分为两大类，一类是有固定基础设施的，另一类是无固定基础设施的。所谓“固定基础设施”是指预先建立起来的、能够覆盖一定地理范围的一批固定基站。目前使用的无线局域网，主要还是有固定基础设施的无线网络。

8.1.1　无线局域网特点

无线局域网利用无线电波或红外线作为传输媒体，不用布线即可灵活地组成可移动的局域网。随着信息时代的到来，越来越多的用户要求能够随时随地接收各种信息，因而对移动设备访问局域网的要求更加迫切。总地来说，无线局域网主要具有如下特点：

1．无线局域网优点

（1）灵活性和移动性。在有线网络中，网络设备的安放位置受网络位置的限制，而无线局域网在无线信号覆盖区域内的任何一个位置都可以接入网络。无线局域网另一个最大的优点在于其移动性，连接到无线局域网的用户可以移动同时与网络保持连接。

（2）安装便捷。无线局域网可以免去或最大程度地减少网络布线的工作量，一般只要安装一个或多个接入点设备，就可建立覆盖整个区域的局域网络。

（3）易于进行网络规划和调整。对于有线网络来说，办公地点或网络拓扑的改变通常意味着重新建网。重新布线是一个昂贵、费时、浪费和琐碎的过程，无线局域网可以避免或减少以上情况的发生。

（4）故障定位容易。有线网络一旦出现物理故障，尤其是由于线路连接不良而造成网络中断，往往很难查明，而且检修线路需要付出很大的代价。无线网络则很容易定位故障，只需更换故障设备即可恢复网络连接。

（5）易于扩展。无线局域网有多种配置方式，可以很快从只有几个用户的小型局域网扩展到上千用户的大型网络，并且能够提供结点间“漫游”等有线网络无法实现的特性。

由于无线局域网有以上诸多优点，其发展十分迅速。最近几年，无线局域网已经在企业、医院、商店、工厂和学校等场合得到了广泛的应用。

2．无线局域网缺点

无线局域网在给网络用户带来便捷和实用的同时，也存在着一些缺陷。无线局域网的不足之处体现在以下几个方面：

（1）性能。无线局域网是依靠无线电波进行传输的。这些电波通过无线发射装置进行发射，而建筑物、车辆、树木和其他障碍物都可能阻碍电磁波的传输，所以会影响网络的性能。

（2）速率。无线信道的传输速率与有线信道相比要低得多。目前，无线局域网的最大传输速率为 54 Mbit/s，只适合于个人终端和小规模网络应用。

（3）安全性。本质上无线电波不要求建立物理的连接通道，无线信号是发散的。从理论上讲，很容易监听到无线电波广播范围内的任何信号，造成通信信息泄露。

8.1.2　无线局域网协议和标准

无线局域网技术（包括 IEEE802.11、蓝牙技术和 HomeRF 等）将是新世纪无线通信领域最有发展前景的重大技术之一。以 IEEE（电气和电子工程师协会）为代表的多个研究机构针对不同的应用场合，制定了一系列协议标准，推动了无线局域网的实用化。

1．IEEE802.11 系列协议

作为全球公认的局域网权威，IEEE 802 工作组建立的标准在局域网领域内得到了广泛应用。这些协议包括 802.3 以太网协议、802.5 令牌环协议和 802.3z 100Base-T 快速以太网协议等。IEEE 于 1997 年发布了无线局域网领域第一个在国际上被认可的协议——802.11 协议。1999 年 9 月，IEEE 提出 802.11a 协议，用于对 802.11 协议进行补充，之后又推出了 802.11b、802.11g 等一系列协议，从而进一步完善了无线局域网规范。IEEE802.11 工作组制定的具体协议如下：

（1）802.11a。802.11a 采用正交频分（OFDM）技术调制数据，使用 5 GHz 的频带。OFDM 技术将无线信道分成以低数据速率并行传输的分频率，然后将这些频率一起放回接收端，可提供 25 Mbit/s 的无线 ATM 接口和 10 Mbit/s 的以太网无线帧结构接口，以及 TDD/TDMA 的空中接口。在很大程度上可提高传输速度，改进信号质量，克服干扰。物理层速率可达 54 Mbit/s，传输层可

达 25 Mbit/s，能满足室内及室外的应用。

（2）802.11b。802.11b 也被称为 Wi-Fi 技术，采用补码键控（CCK）调制方式，使用 2.4 GHz 频带，其对无线局域网通信的最大贡献是可以支持两种速率——5.5 Mbit/s 和 11 Mbit/s。多速率机制的介质访问控制可确保当工作站之间距离过长或干扰太大、信噪比低于某个门限值时，传输速率能够从 11 Mbit/s 自动降到 5.5 Mbit/s，或根据直序扩频技术调整到 2 Mbit/s 和 1 Mbit/s。在不违反 FCC 规定的前提下，采用跳频技术无法支持更高的速率，因此需要选择 DSSS 作为该标准的唯一物理层技术。

（3）802.11g。2001 年 11 月，在 802.11 IEEE 会议上形成了 802.11g 标准草案，目的是在 2.4 GHz 频段实现 802.11a 的速率要求。该标准将于 2003 年初获得批准。802.11g 采用 PBCC 或 CCK/OFDM 调制方式，使用 2.4 GHz 频段，对现有的 802.11b 系统向下兼容。它既能适应传统的 802.11b 标准（在 2.4 GHz 频率下提供的数据传输率为 11 Mbit/s），也符合 802.11a 标准（在 5 GHz 频率下提供的数据传输率 56 Mbit/s），从而实现了对已有的 802.11b 设备的兼容。用户还可以配置与 802.11a、802.11b 及 802.11g 均相互兼容的多方式无线局域网，有利于促进无线网络市场的发展。

（4）其他相关协议。IEEE802 工作组今后将继续对 802.11 系列协议进行探讨，并计划推出一系列用于完善无线局域网应用的协议，其中主要包括 802.11e（定义服务质量和服务类型）、802.11f（AP 间协议）、802.11h（欧洲 5 GHz 规范）、802.11i（增强的安全性&认证）、802.11j（日本的 4.9 GHz 规范）、802.11k（高层无线/网络测量规范）以及高吞吐量研究工作组的相关协议。

2. 蓝牙规范（Bluetooth）

蓝牙规范是由 SIG（特别兴趣小组）制定的一个公共的、无须许可证的规范，其目的是实现短距离无线语音和数据通信。蓝牙技术工作于 2.4 GHz 的 ISM 频段，基带部分的数据速率为 1 Mbit/s，有效无线通信距离为 10～100 m，采用时分双工传输方案实现全双工传输。蓝牙技术采用自动寻道技术和快速跳频技术保证传输的可靠性，具有全向传输能力，但无须对连接设备进行定向。其是一种改进的无线局域网技术，但其设备尺寸更小，成本更低。在任意时间，只要蓝牙技术产品进入彼此有效范围之内，它们就会立即传输地址信息并组建成网，这一切工作都是设备自动完成的，无须用户参与。

3. HomeRF 标准

在美国联邦通信委员会（FCC）正式批准 HomeRF 标准之前，HomeRF 工作组于 1998 年为在家庭范围内实现语音和数据的无线通信制定出一个规范，即共享无线访问协议（SWAP）。该协议主要针对家庭无线局域网，其数据通信采用简化的 IEEE802.11 协议标准。之后，HomeRF 工作组又制定了 HomeRF 标准，用于实现 PC 和用户电子设备之间的无线数字通信，是 IEEE802.11 与泛欧数字无绳电话标准（DECT）相结合的一种开放标准。HomeRF 标准采用扩频技术，工作在 2.4 GHz 频带，可同步支持 4 条高质量语音信道并且具有低功耗的优点，适合用于笔记本式计算机。

4. HiperLAN/2 标准

2002 年 2 月，ETI 的宽带无线接入网络（Broadband Radio Access Networks，BRAN）小组公布了 HiperLAN/2 标准。HiperLAN/2 标准由全球论坛（H2GF）开发并制定，在 5 GHz 的频段上

运行，并采用 OFDM 调制方式，物理层最高速率可达 54 Mbit/s，是一种高性能的局域网标准。HiperLAN/2 标准定义了动态频率选择、无线小区切换、链路适配、多波束天线和功率控制等多种信令和测量方法，用来支持无线网络的功能。基于 HyperRF 标准的网络有其特定的应用，可以用于企业局域网的最后一部分网段，支持用户在子网之间的 IP 移动性。在热点地区，为商业人士提供远端高速接入因特网的服务，以及作为 W-CDMA 系统的补充，用于 3 G 的接入技术，使用户可以在两种网络之间移动或进行业务的自动切换，而不影响通信。

5．无线局域网标准的比较

802.11 系列协议是由 IEEE 制定的目前居于主导地位的无线局域网标准。HomeRF 主要是为家庭网络设计的，是 802.11 与 DECT 的结合。HomeRF 和蓝牙都工作在 2.4 GHz ISM 频段，并且都采用跳频扩频（FHSS）技术。因此，HomeRF 产品和蓝牙产品之间几乎没有相互干扰。蓝牙技术适用于松散型的网络，可以让设备为一个单独的数据建立一个连接，而 HomeRF 技术则不像蓝牙技术那样随意。组建 HomeRF 网络前，必须为各网络成员事先确定唯一的识别代码，因而比蓝牙技术更安全。802.11 使用的是 TCP/IP，适用于功率更大的网络，有效工作距离比蓝牙技术和 HomeRF 要长得多。

8.1.3　无线局域网的体系架构

1．无线局域网的配置方式

（1）对等模式（Ad-hoc 模式）：这种应用包含多个无线终端和一个服务器，均配有无线网卡，但不连接到接入点和有线网络，而是通过无线网卡进行相互通信。它主要用来在没有基础设施的地方快速而轻松地建无线局域网。图 8-1 所示为对等模式无线网络。

（2）基础结构模式（Infrastructure 模式）：该模式是目前最常见的一种架构，这种架构包含一个接入点和多个无线终端，接入点通过电缆连线与有线网络连接，通过无线电波与无线终端连接，可以实现无线终端之间的通信，以及无线终端与有线网络之间的通信。通过对这种模式进行复制，可以实现多个接入点相互连接的更大的无线网络。图 8-2 所示为基础结构模式对等网络。

图 8-1　对等模式无线网络

图 8-2　基础结构模式无线网络

2．无线局域网的硬件设备

无线网络与有线网络在硬件上并无太大差别，一个最基本的无线网络在硬件组成方面同样需要中心接入点（无线路由器）、传输介质（红外线或无线电波）、接收器（无线网卡）。

（1）无线 AP。无线 AP 称为无线接入点（Access Point），主要提供无线工作站对有线局域网和从有线局域网对无线工作站的访问，在访问接入点覆盖范围内的无线工作站可以通过它进行相互通信。在无线网络中，无线 AP 就相当于有线网络的集线器，它能够把各个无线客户端连接起来，如图 8-3 所示。无线客户端所使用的网卡是无线网卡，传输介质是空气，它只是把无线客户端连接起来，但是不能通过它共享上网。

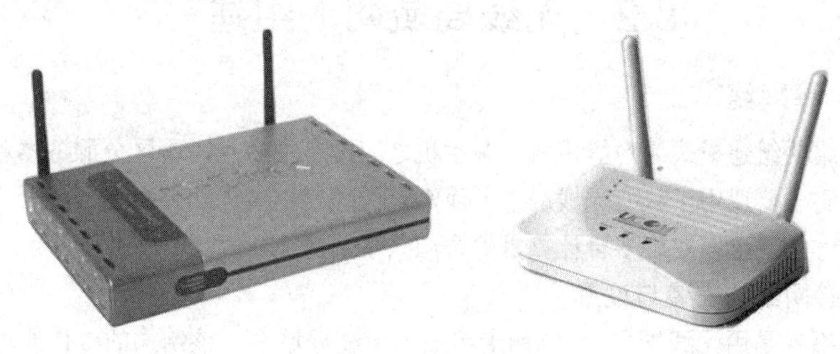

图 8-3　无线 AP

（2）无线路由器。无线路由器是单纯型无线 AP 与宽带路由器的一种结合体。借助于无线路由器的功能，可实现家庭无线网络中的 Internet 连接共享，实现 ADSL 和小区宽带的无线共享接入；另外，无线路由器可以把通过它进行无线和有线连接的终端都分配到一个子网，这样子网内的各种设备交换数据就非常方便，换句话说，它除了具有 AP 的功能外，还能通过它让所有的无线客户端共享上网，如图 8-4 所示。

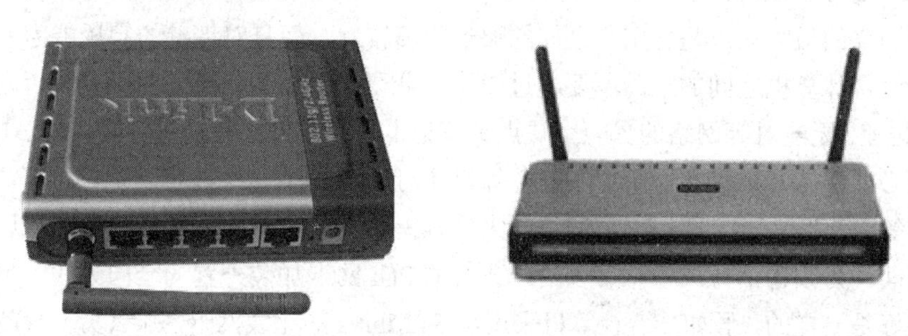

图 8-4　无线路由器

（3）无线网卡。无线网卡作用跟有线网卡类似，主要分为 PCI 卡、USB 卡和笔记本式计算机专用的 PCMIA 卡 3 类，都内置无线天线，以实现信号的接收。图 8-5 和图 8-6 所示为 PCI 无线网卡和 PCMCIA 无线网卡。

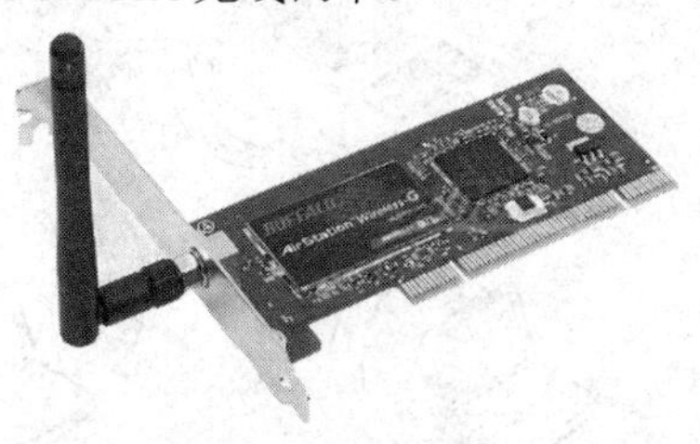

图 8-5　PCI 无线网卡

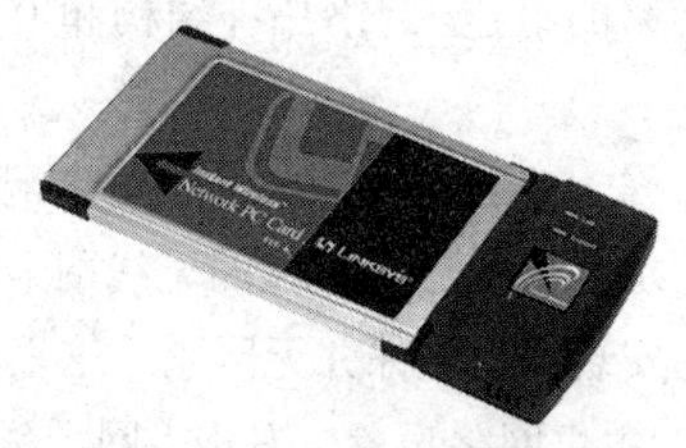

图 8-6　PCMCIA 无线网卡

（4）无线天线。无线网络设备如无线网卡、无线路由器等自身都自带有无线天线，同时还有单独的无线天线。因为无线设备本身的天线都有一定的距离限制，当超出限制距离时，就要通过这些外接天线来增强无线信号，达到延伸传输距离的目的。无线天线一般包括定向和全向天线这两类。定向天线对某个特定方向传来的信号特别灵敏，并且发射信号时也是集中在某个特定方向上。全向天线可以接收水平方向来自各个角度的信号和向各个角度辐射信号。

8.2 无线局域网的组建

8.2.1 无线对等网络

无线对等网络的组建模式为对等模式，各主机之间没有中心点，不区分服务器和客户机，故称为对等网络。它主要适用于只有无线网卡，而没有无线 AP 或无线路由器的场合，这是最简单的无线网络组建方式，可以实现多台计算机的资源共享。

1. 无线对等网络的安装与设置

无线对等网络就是用无线网卡+无线网卡组成的无线局域网，该结构的工作原理类似于有线对等网络的工作方式。它要求网中任意两个站点间均能直接进行信息交换，每个站点既是工作站，也是服务器。

2. 无线对等网络的注重事项

无线对等网络的优点是省略了一个无线AP的投资，仅需要为台式计算机购置一块PCI或USB接口的无线网卡。当然，假如笔记本式计算机没有内置的Mini-PCI无线网卡，还需要为其添置一块Mini-PCI接口或PCMCIA接口的无线网卡。

无线对等网络的最大缺点是各用户之间的通信距离较近，而且对墙壁的穿透能力差，通常无线对等网中的两台计算机之间的距离不要超过30 m，相隔的墙壁也不要超过两堵，否则信号衰减很大，稳定性也差。无线对等网络的另一个缺点是笔记本式计算机必须通过台式机的ADSL上网，因此，台式机必须保持开机状态，笔记本式计算机才可以上网。

在组建对等网络时，一定要根据房间结构来设置提供上网服务的台式机的位置，尽量选择信号穿墙少的房间。为改善信号质量，可以给台式机的PCI网卡加装外置的全向天线。另外，两块网卡的速度最好是一样的，假如一台计算机采用了54 Mbit/s的无线网卡，那么另一台就不要使用11 Mbit/s的网卡，因为只要两块网卡中有一方只支持11 Mbit/s的速度，那么整个无线网络都将速率自动降为11 Mbit/s。

3. 无线对等网络的连接

下面以Windows Server 2003系统为例，介绍无线对等网络的组建。网络拓扑结构和IP地址如图8-7所示。

（1）安装无线网卡驱动程序。在配置无线对等网络之前，首先将每台计算机的无线网卡驱动程序安装好，这和安装普通硬件并无区别，这里不再叙述。

（2）主机网络设置。右击“网上邻居”图标，在弹出的快捷菜单中选择“属性”命令，打开“网络连接”窗口，如图8-8所示。

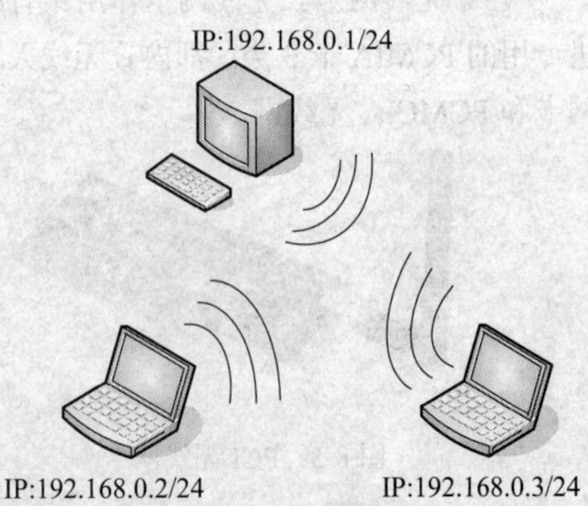

图8-7 无线对等网络拓扑图

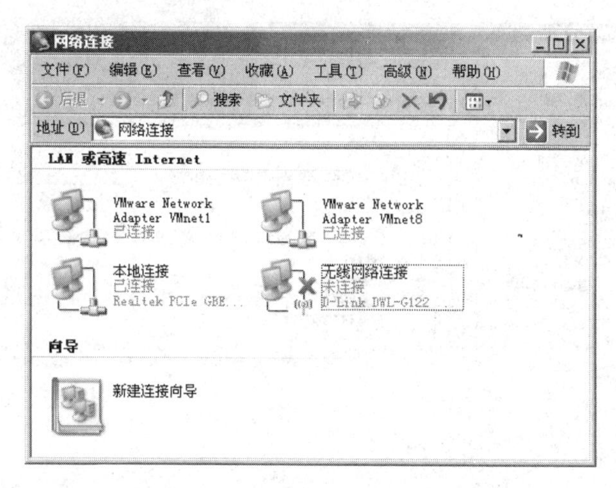

图 8-8　“网络连接”窗口

（3）在“网络连接”窗口中右击“无线网络连接”图标，在弹出的快捷菜单中选择“属性”命令，弹出“无线网络连接属性”对话框，切换到“无线网络配置”选项卡，单击“高级”按钮，在弹出“高级”对话框中选择“仅计算机到计算机（特定）”单选按钮，完成无线网络配置，如图 8-9 所示。

（4）在“无线网络连接属性”对话框中，单击“添加”按钮，弹出“无线网络属性”对话框，在其中的“网络名（SSID）”文本框中设置网络名称，这里输入“jsjwl”，如图 8-10 所示。

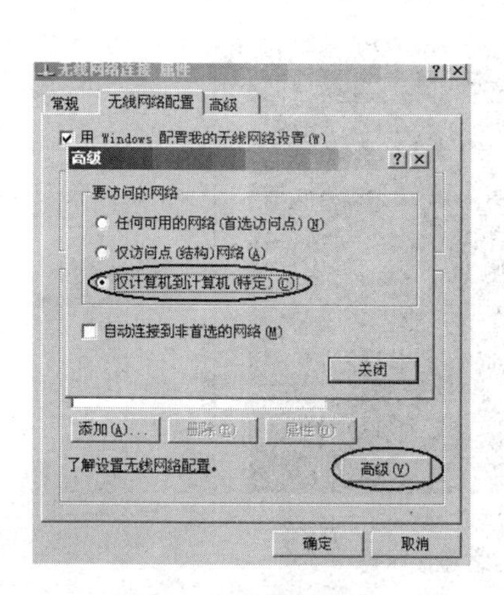

图 8-9　无线网络配置

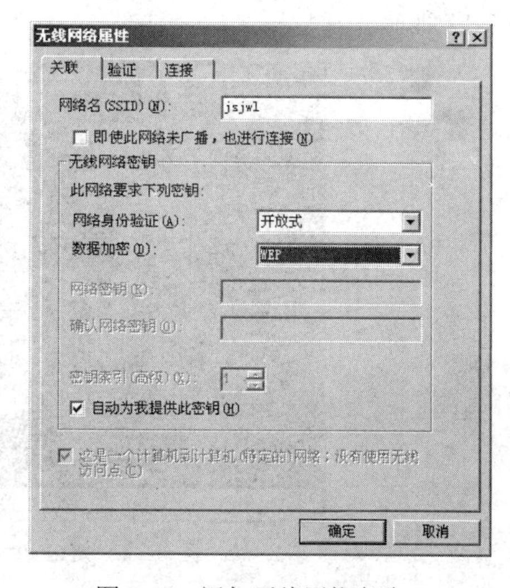

图 8-10　添加无线网络名称

（5）在“无线网络连接属性”对话框中，切换到“常规”选项卡；选择“Internet 协议（TCP/IP）”选项，单击“属性”按钮，弹出该协议的属性对话框，设置 IP 地址和子网掩码分别为 192.168.0.1 和 255.255.255.0，完成网络 IP 地址设置。

（6）在安装无线网卡的计算机上，打开“网络连接”窗口，右击“无线网络连接”图标，在弹出的快捷菜单中选择“查看可用的无线连接”命令，弹出“无线网络连接”对话框，如图 8-11 所示。

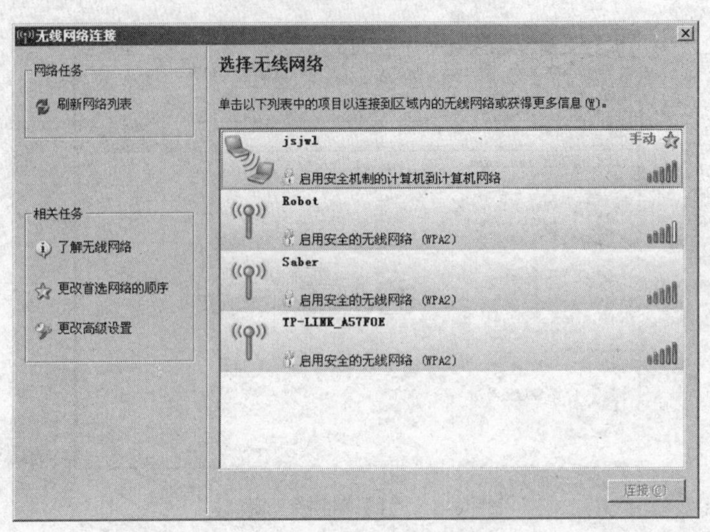

图 8-11　查看可用的无线网络

（7）当找到可用的无线连接时单击“连接”按钮。可以根据提示输入前面设置的网络密钥，即可连接到无线网络中。

（8）其他的计算机按照同样的步骤进行设置，只要将 IP 地址设置在同一地址段（192.168.0.1～192.168.0.254）即可。

（9）在一台计算机上使用 Ping 命令进行连通测试，如果能 Ping 通，说明无线对等网络连通，如图 8-12 所示。

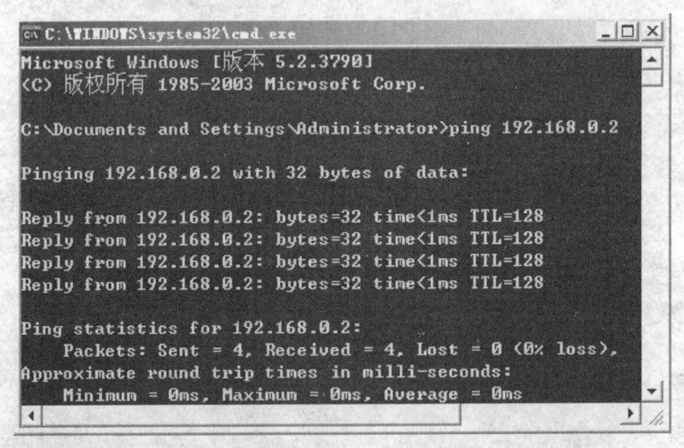

图 8-12　使用 Ping 命令查看网络连接状态

8.2.2　基础结构无线网络

基础结构模式类似传统有线星状拓扑方案，与对等模式（Ad-hoc）不同的是，配备无线网卡的计算机必须通过无线网络访问点来进行无线通信，所有通信都是通过 AP 连接，就如同有线网络下利用集线器来连接。当无线网络需要与有线网络互连，或无线网络结点需要连接和存取有线网的资源和服务器时，AP 或无线路由器可以作为无线网和有线网之间的桥梁。

AP 可增大 Ad-Hoc 网络模式中 PC 之间的有效距离到原来的两倍。因为访问点是连接在有线网络上，每一个移动式 PC 都可经服务器与其他移动式 PC 实现网络的互连互通，每个访问点可容纳许多 PC，视其数据的传输实际要求而定，一个访问点容量可达 15～63 个 PC。无线网络交换机和 PC 之间有一定的有效距离，在室内约为 150 m，户外约为 300 m。

下面以 Windows Server 2003 系统为例，介绍无线对等网络的组建。网络拓扑结构和 IP 地址如图 8-13 所示。

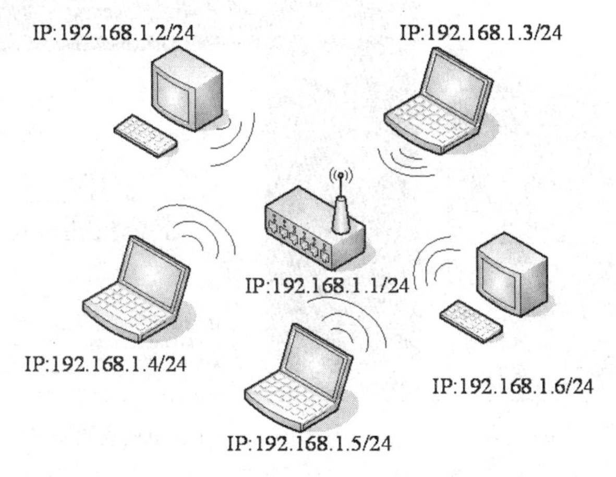

图 8-13　基础结构无线网络拓扑结构

1．管理计算机的设置

（1）设置计算机的 IP 地址。在“无线网络连接属性”对话框中，切换到“常规”选项卡；选择“Internet 协议（TCP/IP）”项，单击“属性”按钮，出现该协议的属性对话框，设置 IP 地址和子网掩码分别为 192.168.1.2 和 255.255255.0，完成网络 IP 地址设置。

（2）用 Ping 命令测试管理计算机与无线 AP 或无线路由器之间的连通性，如图 8-14 所示。

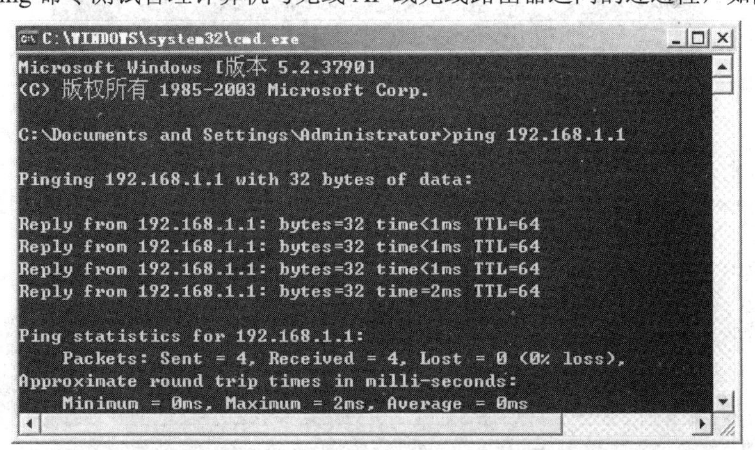

图 8-14　测试管理计算机与无线 AP 或无线路由器之间的连通性

2．配置无线路由器

（1）登录无线 AP 或无线路由器。打开 IE 浏览器，在地址栏输入无线 AP 或无线路由器的 IP 地址 http://192.168.1.1，显示登录界面，如图 8-15 所示。

（2）输入用户名和密码，单击“确定”按钮，进入无线 AP 或无线路由器的设置界面，如图 8-16 所示。

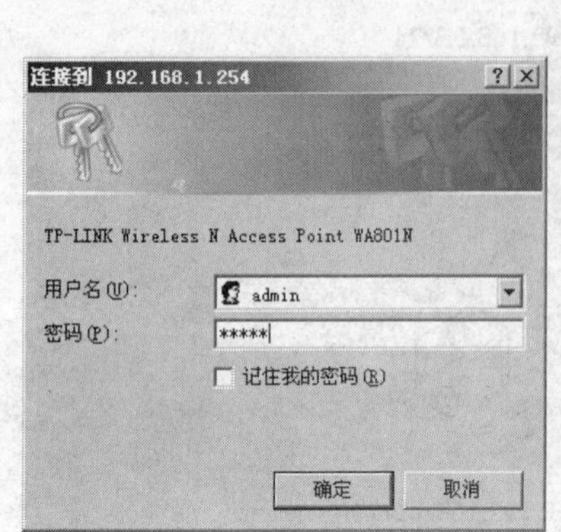

图 8-15　无线 AP 或无线路由器

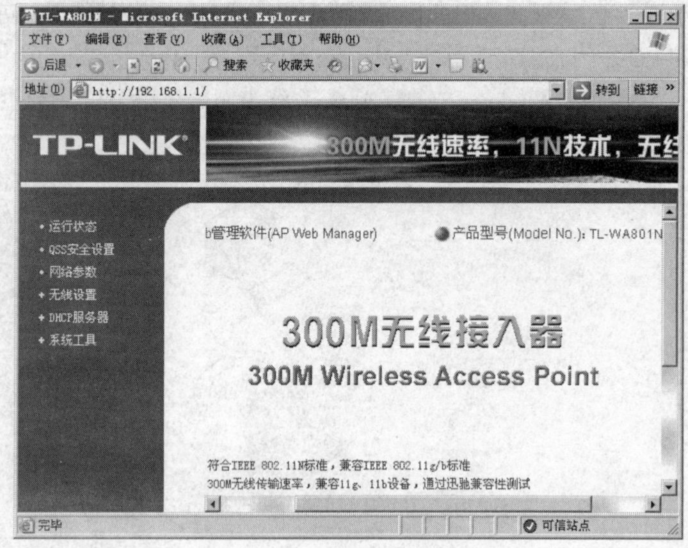

图 8-16　无线 AP 或无线路由器设置主界面

（3）单击左边菜单中“无线设置”链接，打开无线网络基本设置页面，如图 8-17 所示。

设置 SSID 网络名称为“jsjwl”，信道为“自动”，模式为“11bgn mixed”，频段带宽为“自动”，最大发送速率为“300 Mbit/s”，单击“保存”按钮，完成无线参数设置。

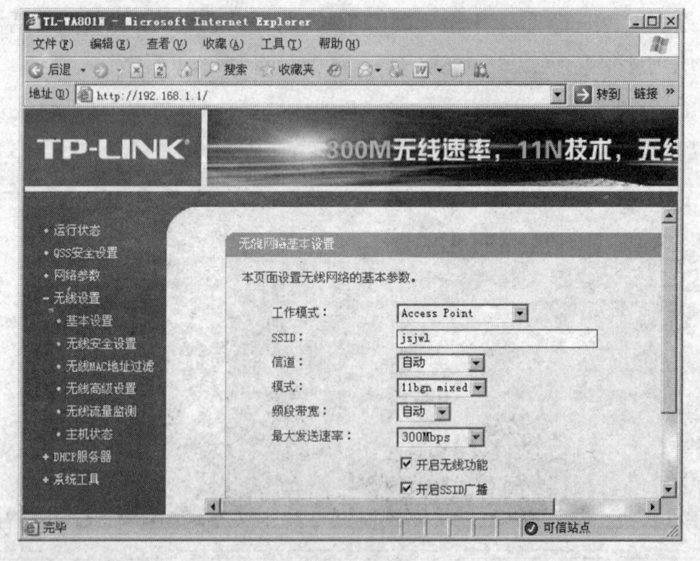

图 8-17　无线网络基本设置页面

（4）单击“无线安全设置”链接，打开“无线安全设置”页面，在此页面中可以为无线网络添加密钥，以防止其他不希望连接到该无线网络的计算机通过无线与路由器相连。安全方式可以选择 WEP 方式，WEP 加密为 64 bit，密码方式为 HEX 时，可以在密码处填入 10 个十六进制的数字。

小知识：

SSID 是用于识别无线设备的服务器标志符。无线路由器就是用这个参数来标示自己，以便于无线网卡区分不同的无线路由器去连接。这个参数是由无线路由器来决定的，而不是由无线网卡决定。换个角度思考，如无线网卡周围存在A和B两个无线路由器，它们分别用SSID A和SSID B来标示自己，这时候无线网卡连接谁，就是通过SSID这个标示符号来分辨的。当然，用户可以根据自己的喜好更改这个参数，改为容易记忆的数字、字母或两者的组合。

3. 对安装无线网卡的无线客户端计算机进行配置

（1）对于其他计算机，分别安装无线网卡，方法同上，再分别设置IP地址为192.168.1.2～192.168.1.254。

（2）使用网络中某个主机测试无线网络连接。右击“无线网络连接”图标，在弹出的快捷菜单中选择“查看可用的无线连接”命令，弹出“无线网络连接”对话框，如图8-18所示。

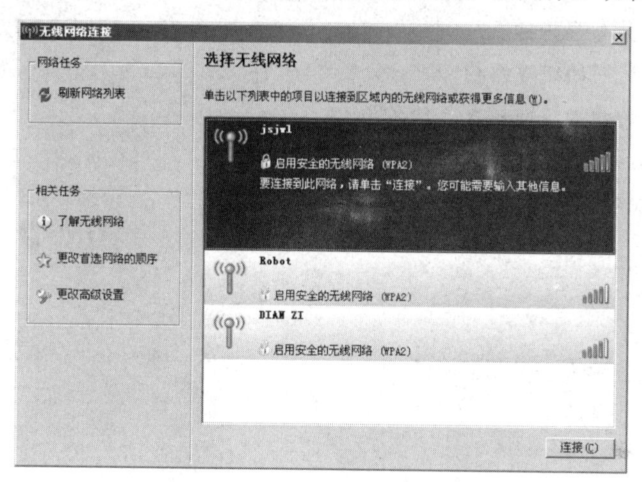

图8-18　查看可用的无线连接

（3）选择名称为“jsjwl”的无线网络，单击“连接”按钮，连接无线网络，弹出“无线网络连接”对话框，如图8-19所示。可以根据提示输入前面设置的网络密钥，单击“连接”按钮后即可连接到无线网络。

（4）在任何一台计算机上使用Ping命令进行连通性测试，若能够Ping通其他计算机，如图8-20所示，则说明网络可以正常连通。

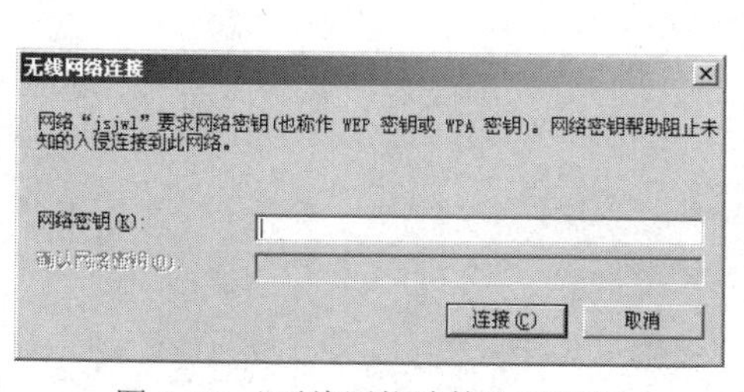

图8-19　“无线网络连接”对话框

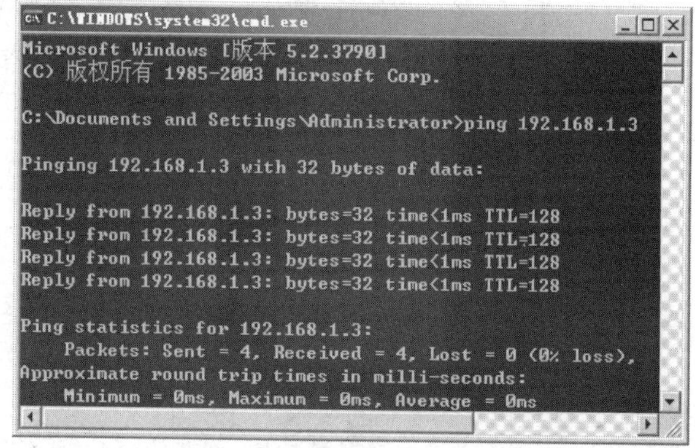

图8-20　无线网络主机间连通测试

本章小结

无线局域网是计算机网络与无线通信技术相结合的产物。它利用射频（RF）技术，取代旧式的双绞铜线构成局域网络，提供传统有线局域网的所有功能，网络所需的基础设施不需要埋在地下或隐藏在墙里，也能够随需要移动或变化。

无线局域网的配置方式有两种，分别是对等模式和基础结构模式。

无线局域网的硬件设备由无线网卡、无线 AP、无线路由器、无线天线组成。

练习题

1. 无线局域网具有哪些特点？
2. 简述无线局域网的组建结构。
3. 无线局域网的两种组网模式是什么？
4. Ad-Hoc 模式具有哪些特点？
5. Infrastructure 模式具有哪些特点？

模块 5　局域网接入 Internet

第 9 章　局域网接入 Internet

【教学要求】

掌握：局域网接入 Internet 的方法。

理解：什么是 Internet、Internet 的接入方式。

了解：Internet 起源与发展、Internet 服务提供商。

Internet 又称国际互联网，它是由使用公用语言互相通信的计算机连接而成的全球网络，简单来说，就是全球资源的汇总。Internet 上的任何一台计算机结点都可以访问其他结点的网络资源。Internet 以相互交流信息资源为目的，基于一些共同协议，并通过许多路由器和公共互联网组成，它是一个信息资源和资源共享的集合。

由于局域网网络资源有限，局域网用户需要从 Internet 中获得更多的共享资源。因此将局域网接入 Internet 是局域网不可或缺的需求。

9.1　Internet 概述

Internet 将不同计算机连接起来，使人们可以与远在千里之外的朋友相互发送邮件，共同完成一项工作，共同娱乐。Internet 应用广泛，结构复杂，不同用户有不同的接入方式。

9.1.1　什么是 Internet

对于 Internet 的概念及其功能，可从网络互连、网络通信、网络信息资源以及网络管理等不同角度来理解。

（1）从网络互联的角度来看，Internet 是由成千上万具有特殊功能的专用计算机（称为路由器或网关）把分散在各地的网络通过各种通信线路连接起来的，如图 9-1 所示。

（2）从网络通信的角度来看，Internet 是一个通过 TCP/IP 把各个国家、各个部门、各种机构的内部网络连接起来的超级数据通信网。

（3）从提供信息资源的角度来看，Internet 是集各个部门、各个领域内各种信息资源为一体的超级资源网。凡是加入 Internet 的用户，都可以通过各种工具软件访问所有信息资源，查询各种信息库，获取自己所需要的信息。

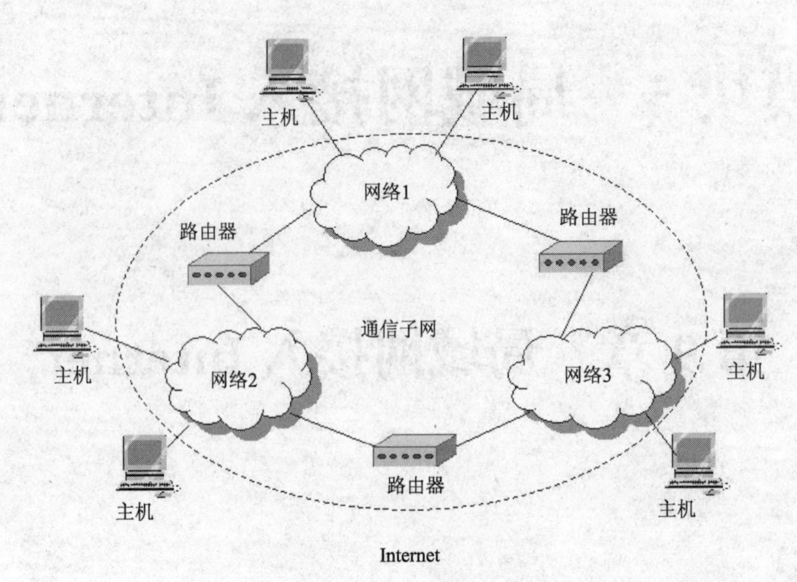

图 9-1　Internet 拓扑结构

（4）从网络管理的角度来看，Internet 是不受任何政府或某个组织机构管理和控制的，连入 Internet 的每一个网络成员都自愿地承担对网络的管理并支付费用，共享网上资源，并且共同遵守 TCP/IP 的规定。

综上所述，在了解 Internet 时，不但要从数据通信方面理解，还要从网络互联、共享信息、服务功能和管理模式等方面去理解。

9.1.2　Internet 起源

Internet 最早来源于美国国防部高级研究计划局（Defense advanced Research Projects Agency，DARPA）的前身 ARPA 建立的 ARPAnet，该网于 1969 年投入使用。从 20 世纪 60 年代开始，ARPA 就开始向美国国内大学的计算机系和一些私人有限公司提供经费，以促进基于分组交换技术的计算机网络的研究。1968 年，ARPA 为 ARPAnet 网络项目立项，这个项目基于这样一种主导思想：网络必须能够经受住故障的考验而维持正常工作，一旦发生战争，当网络的某一部分因遭受攻击而失去工作能力时，网络的其他部分应当能够维持正常通信。最初，ARPAnet 主要用于军事研究目的，它有五大特点：

（1）支持资源共享；

（2）采用分布式控制技术；

（3）采用分组交换技术；

（4）使用通信控制处理器；

（5）采用分层的网络通信协议。

1972 年，ARPAnet 在首届计算机后台通信国际会议上首次与公众见面，并验证了分组交换技术的可行性，由此，ARPAnet 成为现代计算机网络诞生的标志。ARPAnet 在技术上的另一个重大贡献是 TCP/IP 协议簇的开发和使用。

1980 年，ARPA 投资把 TCP/IP 加进 UNIX（BSD4.1 版本）的内核中，在 BSD4.2 版本以后，TCP/IP 即成为 UNIX 操作系统的标准通信模块。

1982 年，Internet 由 ARPAnet、MILnet 等几个计算机网络合并而成，作为 Internet 的早期骨干网，ARPAnet 试验并奠定了 Internet 存在和发展的基础，较好地解决了异种机网络互连的一系列理论和技术问题。

1983 年，ARPAnet 分裂为两部分：ARPAnet 和纯军事用的 MILNET。该年 1 月，ARPA 把 TCP/IP 作为 ARPAnet 的标准协议，其后，人们称呼这个以 ARPAnet 为主干网的网际互联网为 Internet，TCP/IP 协议簇在 Internet 中进行研究、试验，并改进成为使用方便、效率极好的协议簇。与此同时，局域网和其他广域网的产生和蓬勃发展对 Internet 的进一步发展起了重要的作用。其中，最为引人注目的就是美国国家科学基金会（National Science Foundation，NSF）建立的美国国家科学基金网 NSFnet。

1986 年，NSF 建立起六大超级计算机中心，为了使全国的科学家、工程师能够共享这些超级计算机设施，NSF 建立了自己的基于 TCP/IP 协议簇的计算机网络 NSFnet。NSF 在全国建立了按地区划分的计算机广域网，并将这些地区网络和超级计算中心相连，最后将各超级计算中心互连起来。地区网的构成一般是由一批在地理上局限于某一地域，在管理上隶属于某一机构或在经济上有共同利益的用户的计算机互连而成，连接各地区网络上主通信结点计算机的高速数据专线构成了 NSFnet 的主干网，这样，当一个用户的计算机与某一地区相连以后，它除了可以使用任一超级计算中心的设施，可以同网上任一用户通信，还可以获得网络提供的大量信息和数据。这一成功使得 NSFnet 于 1990 年 6 月彻底取代了 ARPAnet 而成为 Internet 的主干网。

随着科技、文化和经济的发展，特别是计算机网络技术和通信技术的大发展，随着人类社会从工业社会向信息社会过渡的趋势越来越明显，人们对信息的意识，对开发和使用信息资源的重视越来越加强，这些都强烈刺激了 ARPAnet 和 NSFnet 的发展，使连入这两个网络的主机和用户数目急剧增加。1988 年，由 NSFnet 连接的计算机就猛增到 56 000 台，此后每年以 2 到 3 倍的惊人速度向前发展。1994 年，Internet 上的主机数目达到了 320 万台，连接了世界上的 35 000 个计算机网络。1995 年，Internet 开始大规模应用于商业领域。

由于商业应用产生的巨大需求，从调制解调器到诸如 Web 服务器和浏览器的 Internet 应用市场都分外红火。在 Internet 蓬勃发展的同时，其本身随着用户的需求的转移也发生着产品结构上的变化。如今 Internet 重心已转向具体的应用，像利用 WWW 来做广告或进行联机贸易。

今天，Internet 已成为目前规模最大的国际性计算机网络。

Internet 的应用渗透到了各个领域，从学术研究到股票交易、从学校教育到娱乐游戏，从联机信息检索到在线居家购物等，都有长足的进步。

从目前的情况来看，Internet 市场仍具有巨大的发展潜力，未来其应用将涵盖从办公室共享信息到市场营销、服务等领域。另外，Internet 带来的电子贸易正改变着现今商业活动的传统模式，其提供的方便而广泛的互连必将对未来社会生活的各个方面带来影响。

9.1.3　Internet 的发展

随着 Internet 的高速发展，目前使用的以 TCP/IP 为核心的网络结构也出现了许多技术难题，如 IPv4 的 IP 地址资源紧缺、网络带宽不能满足多媒体信息传输的需要、TCP/IP 本身存在许多安全漏洞等。在这些需求的驱动下，更快、更合理的 IPv6 技术和 Internet2 开始得到应用。

1. IPv6

IPv6 是 Internet Protocol version 6 的缩写，其中 Internet Protocol 译为“互联网协议”。IPv6 是 IETF（Internet Engineering Task Force，互联网工程任务组）设计的用于替代现行版本 IPv4 的下一代 IP。

IPv6 的 128 位地址长度形成了一个巨大的地址空间。在可预见的很长时期内，它能够为所有可以想象出的网络设备提供全球唯一的地址。128 位地址空间包含的准确地址数是 340 282 366 920 938 463 463 374 607 431 768 211 456。这些地址足够为地球上每一粒沙子提供一个独立的 IP 地址。与 IPv4 相比，IPv6 具有以下几个优势：

（1）IPv6 具有更大的地址空间。IPv4 中规定 IP 地址长度为 32，最大地址个数为 2^{32}；而 IPv6 中 IP 地址的长度为 128，即最大地址个数为 2^{128}。

（2）IPv6 使用更小的路由表。IPv6 的地址分配一开始就遵循聚类（Aggregation）的原则，这使得路由器能在路由表中用一条记录（Entry）表示一片子网，大大减小了路由器中路由表的长度，提高了路由器转发数据包的速度。

（3）IPv6 增加了增强的组播（Multicast）支持以及流控制（Flow Control）。这使得网络上的多媒体应用有了长足发展的机会，为服务质量（Quality of Service，QoS）控制提供了良好的网络平台。

（4）IPv6 加入了对自动配置（Auto Configuration）的支持。这是对 DHCP 的改进和扩展，使得网络（尤其是局域网）的管理更加方便和快捷。

（5）IPv6 具有更高的安全性。在 IPv6 网络中，用户可以对网络层的数据进行加密并对 IP 报文进行校验，IPv6 中的加密与鉴别选项提供了分组的保密性与完整性，极大地增强了网络的安全性。

（6）允许扩充。如果新的技术或应用需要，IPv6 允许协议进行扩充。

（7）更好的头部格式。IPv6 使用新的头部格式，其选项与基本头部分开，如果需要，可将选项插入到基本头部与上层数据之间。这就简化和加速了路由选择过程，因为大多数选项不需要由路由选择。

IPv6 的典型应用将包括网格计算、高清晰度电视、强交互点到点视频语音综合通信、智能交通、环境地震监测、远程医疗、远程教育等。

2. Internet2

未来的 Internet 是什么样子？Internet2 的发言人表示，毫不夸大地说，新的网络将改变包括人们早上烤面包的方式和停车方法在内的所有事情。

Internet2 是以 IPv6 为基础，可以实现“户对户”连接的网络。有庞大的地址数量是它的特点，对以后的网速和网络安全有重大影响。

（1）更大：采用 IPv6 协议，使下一代互联网具有巨大的地址空间，网络规模将更大，接入网络的终端种类和数量更多，网络应用更广泛。

（2）更快：100 MB/s 以上的端到端高性能通信。

（3）更安全：可进行网络对象识别、身份认证和访问授权，具有数据加密和完整性，实现一个可信任的网络；

（4）更及时：提供组播服务，进行服务质量控制，可开发大规模实时交互应用；

（5）更方便：无处不在的移动和无线通信应用；

（6）更可管理：有序的管理、有效的运营、及时的维护；

（7）更有效：有盈利模式，可创造重大社会效益和经济效益。

Internet2 是指由美国 120 多所大学、协会、公司和政府机构共同努力建设的网络，它的目的是满足高等教育与科研的需要，开发下一代互联网高级网络应用项目。但在某种程度上，Internet2 已经成为全球下一代互联网建设的代表名词。

Internet2 计划，致力于开发最新的网络技术和应用，满足高等学校进行网上科学研究和教学的需要，计划的合作伙伴还包括政府部门和企业界，如 Cisco、IBM、Qwest 和微软等 60 多家行业领先者。

Internet2 技术的一个主要特征是超高速连接。它的高速度不仅仅依靠于光纤作为传输介质，更在于能有效提高速度的整体网络体系结构，未来的互联网会消除现有 Internet 上存在的各种瓶颈问题和低速度，将不再有拨号等低效连接。所有基于 Internet2 技术相连的都是同样的高速网络结构。

9.2　Internet 的接入方式

9.2.1　Internet 服务提供商

Internet 服务提供商（Internet Server Provider，ISP）是用户接入 Internet 的入口点。其含义是国际互联网服务提供商，也就是能够为用户提供接入 Internet 服务的公司。

ISP 是用户与 Internet 之间的桥梁，不管使用哪种方式接入 Internet，用户首先要通过某种通信线路连接到 ISP，再通过 ISP 的连接通道接入 Internet。也就是说，当我们上网的时候，我们的计算机首先是跟 ISP 连接，再通过 ISP 连接到 Internet 上。

9.2.2　Internet 的接入方法

如果有用户要使用 Internet 提供的服务，必须首先将自己的计算机接入 Internet，然后才能访问 Internet 中提供的各类服务与信息资源。

Internet 接入方形式和方法很多，按用户入网形式可分为单用户接入和局域网接入两种方式。单用户接入通常是指用户根据上网方式直接连入 Internet，而局域网接入是指网络中有一台设备充当网络结点，实现局域网和广域网的连接。按网络接入方法不同可分为以下几种：

1. 电话线连接

（1）电话拨号连接。对于个人用户和大多数小单位来说，最简单的连入 Internet 的方式是使用直接拨号方式，即利用现有的电话线路，通过 Modem 将自己的计算机连入 Internet，如图 9-2 所示。

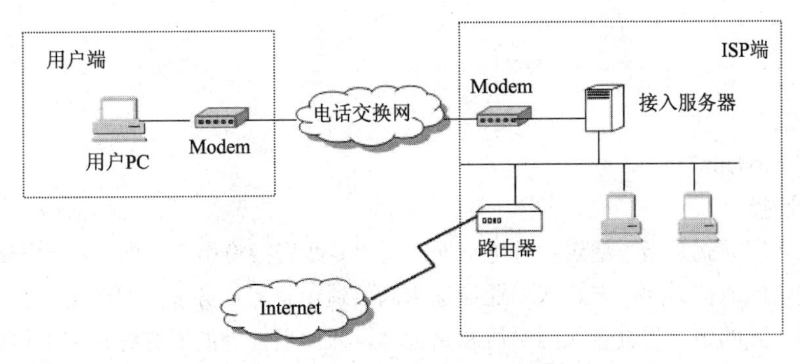

图 9-2　通过电话线接入 Internet

拨号上网所需硬件：

① PC；

② 一条电话线；

③ 一台普通 Modem。

如果要准备的 PC 主要用于上网，那么对它的硬件要求并不是很高，准备时主要考虑以下几个问题：

① CPU 的主频不用非常高；

② 内存和硬盘的容量最好大些；

③ 显示卡和显示器的要求并不用很高；

④ 应为 PC 配上声卡和音箱（或耳机）。

（2）ISDN 接入方式。ISDN（Integrated Services Digital Network，综合业务数字网）是基于公共电话网的数字化网络，是专为高速数据传输和高质量语音通信而设计的一种高速、高质量的通信网络。它能够利用普通的电话线双向传送高速数字信号，广泛地进行各项通信业务，包括话音、数据、图像等。因为它几乎综合了目前各单项业务网络的功能，所以被形象地称作"一线通"。

ISDN 接入方式所需的硬件主要有：

① PC；

② NT1/NT1+：网络接口；

③ 普通电话机和电话线：现有的电话线路无须改造就可以安装 ISDN 设备；

④ TA（或 ISDN Modem）。

（3）ADSL 接入方式（现家庭用户首选方式）。ADSL 是英文 Asymmetrical Digital Subscriber Loop（非对称数字用户环路）的英文缩写，ADSL 技术是运行在原有普通电话线上的一种新的高速宽带技术。它利用现有的一对电话铜线，为用户提供上、下行非对称的传输速率（带宽）。非对称主要体现在上行（从用户到网络）速率（最高 1 Mbit/s）和下行（从网络到用户）速率（最高 8 Mbit/s）的非对称性上。

ADSL 接入方式的主要特点有：

① 提供各种多媒体服务；

② 使用方便；

③ 价格实惠。

ADSL 接入方式所需的硬件主要有：

① PC；

② 普通 10 M 以太网卡；

③ 滤波器；

④ ADSL Modem。

2．专线连接

所谓专线入网方式是指不通过拨号电话网，利用专线直接将用户和网络的 Modem 连接起来，以实现高速安全的通信方式。专线入网通信速率高，适用于大业务量的网络用户使用。

采用专线方式的用户需具备入网专线和路由器。入网后网上的所有终端和工作站均可享用所有 Internet 服务，且都可以拥有自己独立的 IP 地址。

专线入网与拨号入网的最大区别是：专线用户与 Internet 之间保持着永久、高速的通信连接，专线用户可以随时访问 Internet，拨号入网用户与 Internet 的连接属短暂连接的临时低速线路，稳定性差，影响通信质量。另外，专线用户作为 Internet 中相对稳定的组成部分，拥有固定的 IP，可比较方便地向 Internet 的其他用户提供信息服务。

3. Cable Modem 接入方式

Cable Modem 接入方式利用有线电视网的基础网络和 Cable Modem（即电缆调制解调器），传输计算机数字信号，通过国际出口与 Internet 相连，用户接入该网即可与 Internet 进行通信。

这种接入方式与传统的电话线网络使用的传输介质有很大的不同，有线电视电缆的带宽较高，再加上 Cable Modem 有高速传输技术，因而能达到高速传输数据的要求。

Cable Modem 接入方式特点主要是：速率快，频带宽，规模大，接入简单，使用方便。

Cable Modem 接入方式所需的硬件主要有 PC、有线电视线、Cable Modem。

4. 光纤接入

光纤接入技术实际就是在接入网中全部或部分采用光纤传输介质，构成光纤用户环路（Fiber In The Loop，FITL），实现用户高性能宽带接入的一种方案。

光纤接入网（Optical Access Network，OAN）是指在接入网中用光纤作为主要传输介质来实现信息传输的网络形式，它不是传统意义上的光纤传输系统，而是针对接入网环境所专门设计的光纤传输网络。

光纤通信不同于有线电通信，后者是利用金属媒体传输信号，光纤通信则是利用透明的光纤传输光波。虽然光和电都是电磁波，但频率范围相差很大。一般通信电缆最高使用频率为 9～24 MHz，光纤工作频率在 10^{14}～10^{15} Hz 之间。光纤接入具有以下优点。

（1）容量大。光纤工作频率比目前电缆使用的工作频率高出 8～9 个数量级，故所开发的容量大。

（2）衰减小。光纤每公里衰减比目前容量最大的通信同轴电缆每公里衰减要低 1 个数量级以上。

（3）体积小，重量轻，有利于施工和运输。

（4）防干扰性能好。光纤不受强电、电气信号和雷电干扰，抗电磁脉冲能力也很强，保密性好。

（5）节约有色金属。一般通信电缆要耗用大量的铜、铅或铝等有色金属。光纤本身是非金属，光纤通信的发展将为国家节约大量有色金属。

5. 无线连接

随着 Internet 以及无线通信技术的迅速普及，使用移动设备随时随地上网已成为移动用户迫切的需求，随之而来的是各种使用无线通信线路上网技术的出现。

无线网接入采用点对点微波技术，应用高效率的调制，把数据以无线的形式传送给用户。无线网络技术使用范围广泛，组网灵活，传输性能好，覆盖范围广，频谱利用率高，灵活分配带宽，运营维护成本低，服务快捷。

6. 卫星因特网

目前，国内一些 Internet 服务提供商开展了卫星接入 Internet 的业务，适合偏远地方又需要较高带宽的用户。卫星用户一般需要安装一个甚小口径终端（VSAT），包括天线和其他接收设备。

卫星因特网是一种非对称的卫星高速数据接入系统。用户上行采用 Modem（或其他方式，如专线等）经过因特网接入系统网络操作中心发出服务请求，下行由卫星高速向用户提供所需服务，速率可达 400 kbit/s，传送 MPEG 图像等业务最高速率可达 3 Mbit/s。卫星因特网的终端设备主要有卫星网络 PCI 卡、用户端软件、卫星接收天线，其价格十分便宜。

卫星因特网有四大优点：一是传输绕过公众电信网络，直接通过卫星链路下载文件；二是卫星不对称线路方案，可使 ISP 根据其业务需求租用所需转发器的容量；三是经济、高效，光缆建设通常要花几年的时间及几十亿美元的投资，而卫星的建设要比光缆快且经济得多，通过卫星连到骨干网的局域网连接越来越多；四是可作为多信道广播业务的平台。

9.3　局域网接入 Internet

由于局域网网络资源有限，局域网用户需要从 Internet 中获得更多的共享资源。因此将局域网接入 Internet 是局域网不可或缺的需求。局域网可以通过软件路由器（简称软路由）方式、硬件路由器方式、代理服务器方式接入 Internet。

9.3.1　通过软路由接入 Internet

1．软路由概述

软件路由器是指利用台式机或服务器配合软件形成路由解决方案，主要靠软件的设置，达成路由器的功能，例如 Tiny Software 推出的 WinRoute Pro 软件路由器、Vicomsoft 公司推出的 Internet Gateway 软件路由器等。这些软件路由器工作在微软的 Windows 系列操作系统上，使 PC 具有与硬件路由器相似的功能。

另外，Windows Server 2003“路由和远程访问”服务组件提供构建软路由的功能，在小型网络中可以安装一台 Windows Server 2003 服务器并设置成路由器，来代替昂贵的硬件路由器。而且基于 Windows Server 2003 构建的路由器具有图形化管理界面，管理方便、易用。

根据网络规模的不同，有不同的路由访问方法，路由功能的选择、路由支持算法的选择需要根据网络规模和应用来确定。确定路由功能通常包括以下几个方面：

（1）IP 地址空间，是否使用私有 IP 地址，是否需要启动 NAT 地址转换功能。

（2）是否与 Internet 之类的其他网络连接，还只是本地局域网的互连。

（3）支持协议：IP、IPX 协议，或同时支持这两个协议。

（4）是否支持请求拨号连接。

用 Windows Server 2003 实现路由功能主要有以下几种方案：

（1）简单路由方案。Windows Server 2003 服务器作为路由器，该路由器连接两个 LAN 子网（子网 A 和子网 B）。此方案不需要路由协议。

（2）多路由器方案。有 3 个子网（子网 A、子网 B 和子网 C）和两个 Windows 路由器（路由器 1 和路由器 2）。子网 A 中的用户要想访问子网 C 中的资源，必须经过路由器 1 和路由器 2 的路由协议转换，所以此方案需要路由协议。

（3）请求拨号路由方案。子网 A 和子网 B 实际的距离非常远。两个子网的连接必须通过诸如电话线调制解调器或 ADSL 等设备相连通。在此拓扑结构中，路由器 1 和路由器 2 分别连接在模拟电话线路上。

2．通过软路由接入 Internet

典型的路由器是通过 LAN 或 WAN 媒体连接到两个或多个网络。网络上的计算机通过将数据包转发到路由器，从而实现将数据包发送到其他网络的计算机。路由器将检查数据包，并使用数据包报头内的目标网络地址来决定转发数据包所使用的接口。通过路由协议（OSPF、RIP 等），路由器可以从相邻的路由器获得网络信息（如网络地址），然后将该信息传播给其他网络上的路由器，从而使所有网络上的所有计算机之间都连接起来。本节将实现如何将安装有 Windows Server 2003 的计算机配置为路由器，并提供路由服务。

1）配置路由服务器。

（1）选择“开始”｜“程序”｜“管理工具”｜“路由和远程访问”命令，出现“路由和远程访问”管理控制台窗口，如图 9-3 所示。

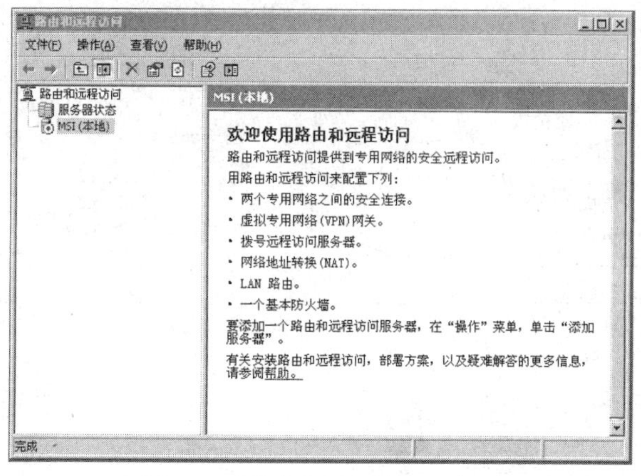

图 9-3　“路由和远程访问”窗口

（2）右击左窗格目录树中的“主机名（本地）”项，本例中为“MSI（本地）”，在弹出的快捷菜单中选择“配置并启用路由和远程访问”命令，弹出“路由和远程访问服务器安装向导”对话框，单击“下一步”按钮。

（3）弹出图 9-4 所示的对话框，选择“自定义配置”单选按钮，单击“下一步”按钮，在弹出的对话框中选择想在此服务器上启动的服务，即“LAN 路由”，然后单击“下一步”按钮，单击“完成”按钮，结束安装过程。右击“MSI（本地）”项，在弹出的快捷菜单中选择“属性”命令，打开“MSI（本地）属性”对话框，查看设置信息，计算机被设置为路由器，如图 9-5 所示。

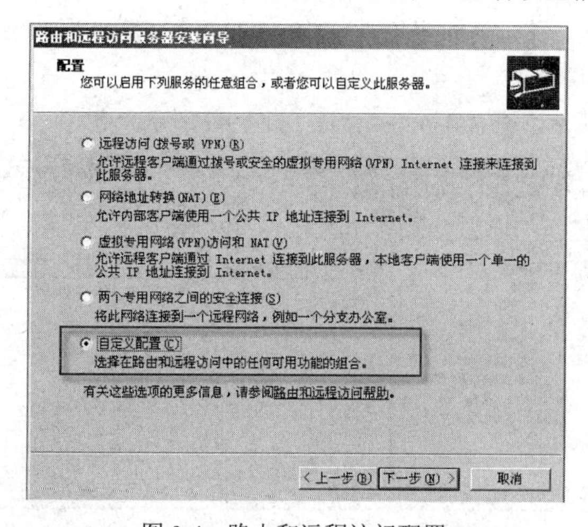

图 9-4　路由和远程访问配置

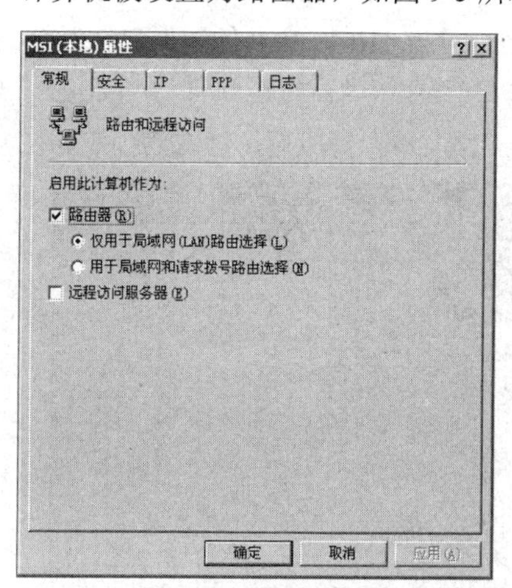

图 9-5　“MSI（本地）属性”对话框

2）设置静态路由器

静态路由是在路由器中设置固定的路由表。除非网络管理员干预，否则静态路由不会发生变化。由于静态路由不能对网络的改变作出反映，所以静态路由最适合小型、单路径、静态 IP 网络。

静态路由的优点是简单、高效、可靠。在所有的路由中，静态路由优先级最高。当动态路由与静态路由发生冲突时，以静态路由为准。静态路由器要求手工构造和更新路由表。示例静态路由规划如图 9-6 所示。

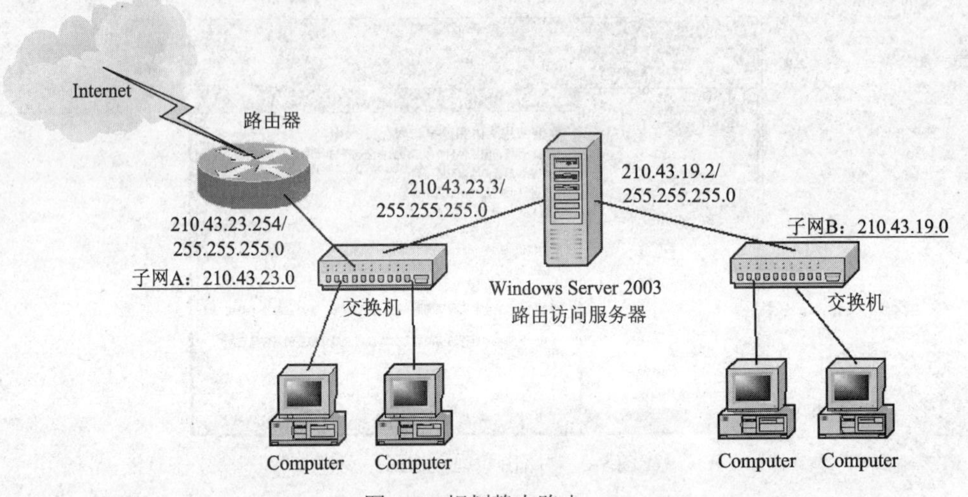

图 9-6　规划静态路由

（1）选择“开始”|“程序”|“管理工具”|“路由和远程访问”命令，启动管理控制台窗口，展开“IP 路由选择”项，右击“静态路由”项，选择“新建静态路由”命令添加静态路由表。

（2）弹出如图 9-7 所示的对话框，目标地址和网络掩码均输入 0.0.0.0，网关输入 IP 地址如 210.43.23.254（如图 9-6 所示，路由器连接 23 网段端口的 IP 地址），单击“确定”按钮。这一设置表示，到达本路由器的数据包，非子网 A、子网 B 的地址，均路由到路由器的 210.43.23.254 端口上。

（3）同样，在连接 Internet 的路由器上也需要加入到路由访问服务器的路由记录，设定将目标地址段为 210.43.19.0 的数据包转发至路由器（路由访问服务器）210.43.23.3 上，跃点为 1。这样，子网 B 中的计算机即可与 Internet 实现互访。

（4）设置完成后，静态路由表如图 9-8 所示，查看路由表信息，如图 9-9 所示。

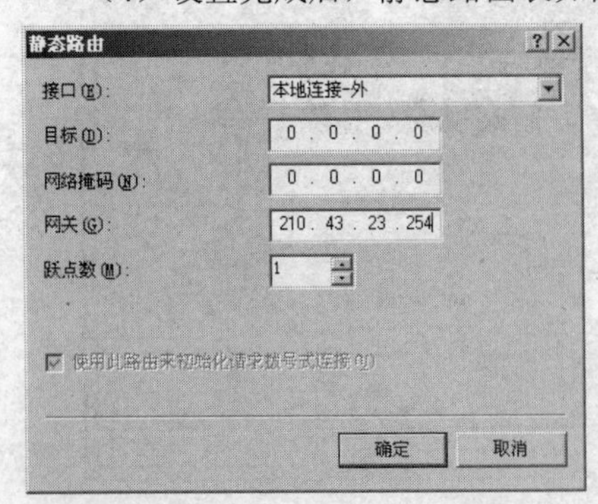

图 9-7　设置静态路由

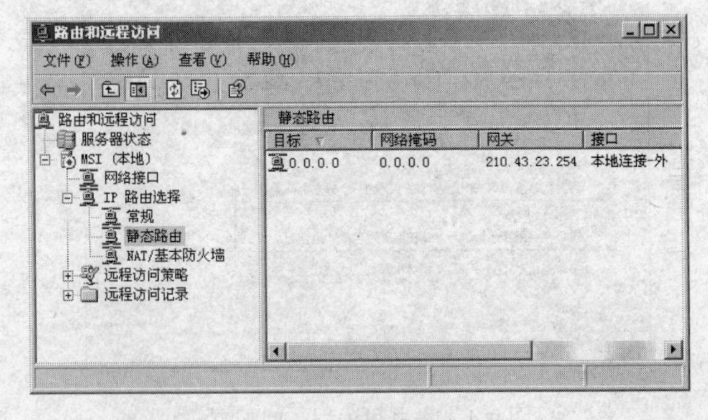

图 9-8　静态路由表

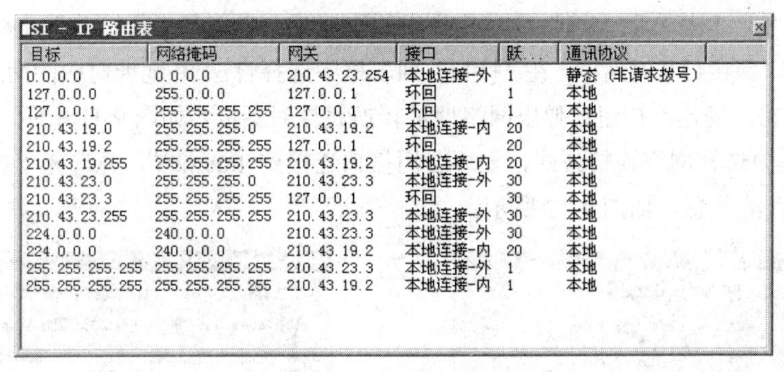

目标	网络掩码	网关	接口	跃...	通讯协议
0.0.0.0	0.0.0.0	210.43.23.254	本地连接-外	1	静态（非请求拨号）
127.0.0.0	255.0.0.0	127.0.0.1	环回	1	本地
127.0.0.1	255.255.255.255	127.0.0.1	环回	1	本地
210.43.19.0	255.255.255.0	210.43.19.2	本地连接-内	20	本地
210.43.19.2	255.255.255.255	127.0.0.1	环回	20	本地
210.43.19.255	255.255.255.255	210.43.19.2	本地连接-内	20	本地
210.43.23.0	255.255.255.0	210.43.23.3	本地连接-外	30	本地
210.43.23.3	255.255.255.255	127.0.0.1	环回	30	本地
210.43.23.255	255.255.255.255	210.43.23.3	本地连接-外	30	本地
224.0.0.0	240.0.0.0	210.43.23.3	本地连接-外	30	本地
224.0.0.0	240.0.0.0	210.43.19.2	本地连接-内	20	本地
255.255.255.255	255.255.255.255	210.43.23.3	本地连接-外	1	本地
255.255.255.255	255.255.255.255	210.43.19.2	本地连接-内	1	本地

图 9-9　路由表信息

3）设置 RIP 路由

RIP（Routing Information Protocol）是应用较早、使用较普遍的内部网关协议，适用于小型同类网络，是典型的距离向量协议。RIP 最大的特点是，无论实现原理还是配置方法，都非常简单。

（1）选择“开始”|“程序”|“管理工具”|“路由和远程访问”命令，打开“路由和远程访问”窗口，如图 9-8 所示。

（2）在“路由和远程访问”窗口中，展开左窗格内目录树中的“IP 路由选择”项，右击“常规”项，在弹出的快捷菜单中选择“新路由选择协议”命令，打开“新路由选择协议”对话框，如图 9-10 所示。在“路由协议”列表中选中“用于 Internet 协议的 RIP 版本 2”选项，并单击“确定”按钮。

（3）在左窗格目录树中右击“RIP”项，在弹出的快捷菜单中选择“新接口”命令，弹出“用于 Internet 协议的 RIP 版本 2 的新接口”对话框。在“接口”列表框中选择第一个网络接口，如“本地连接-外”，单击“确定”按钮，弹出“RIP 属性”对话框。RIP 的属性取系统默认值即可，单击“确定”按钮。

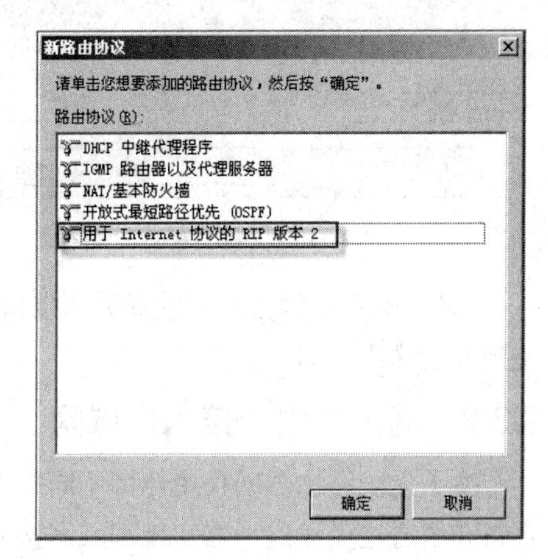

图 9-10　新路由选择协议

（4）重复步骤（3），为 RIP 添加第二个网络接口，即“本地连接-内”。

配置了动态路由协议后，子网间可以实现自由互访。RIP 实现了路由设备之间的路由表的动态交换与更新。

4）配置 NAT

网络地址转换（Network Address Translation，NAT），就是将在内部专用网络中使用的内部地址（不可路由）在路由器处替换成合法地址（可路由），从而使内网可以访问外部公共网上资源。

（1）选择“开始”|“程序”|“管理工具”|“路由和远程访问”命令，打开“路由和远程访问”窗口。

（2）右击“常规”项，在弹出快捷菜单中选择“新路由选择协议”命令，弹出图 9-10 所示对话框，在列表中选择“NAT/基本防火墙”选项，单击“确定”按钮返回。此时，管理控制台左窗格的“IP 路由选择”项目中增加了新的“NAT/基本防火墙”子项。

（3）右击“NAT/基本防火墙”项，在弹出的快捷菜单中选择“新接口”命令，弹出“网络地址转换（NAT）新接口”对话框，在“接口”列表框中选择合法 IP 地址对应的网络接口，即“本地连接-外”，单击“确定”按钮，弹出网络地址转换属性对话框，如图 9-11 所示。在“NAT/基本防火墙”选项卡中选择网络连接方式，如“公用接口连接到 Internet”，并选择“在此接口上启用 NAT”。查看地址池信息，如图 9-12 所示。

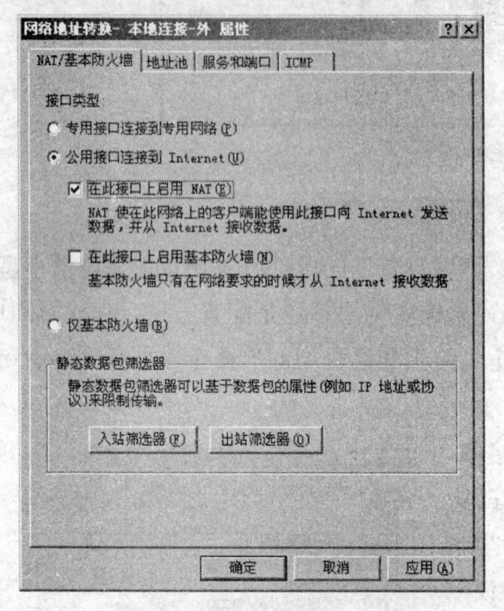

图 9-11　设置网络地址转换

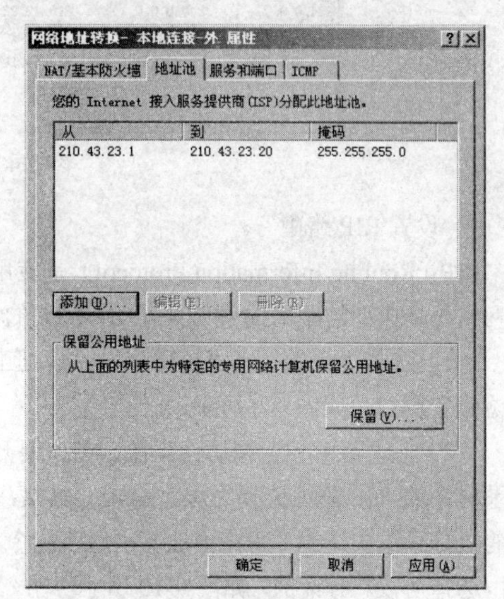

图 9-12　查看 NAT 地址池

（4）重复步骤（3），设置另一接口——连接私有 IP 地址网段的网络适配器为“专用接口连接到专用网络”即可。

9.3.2　通过路由器接入广域网

鉴于无线路由器的使用范围不断扩大，以及其设置方便，接入设备灵活多样的特点，以下内容将介绍通过无线路由器实现局域网接入广域网。

1．无线路由器介绍

无线路由器（Wireless Router）也是单纯性无线 AP 和宽带路由器合二为一的扩展型产品，它不仅具备单纯性无线 AP 所有功能，如支持 DHCP 客户端、支持 VPN、防火墙、支持 WEP 加密等，还包括网络地址转换（NAT）功能，可支持局域网用户的网络连接共享，也可实现家庭无线网络中的 Internet 连接共享。另外，无线路由器内置简单的虚拟拨号软件，可以存储用户名和密码拨号上网，可以为拨号接入 Internet 的 ADSL、CM 等提供自动拨号功能，而无须手动拨号或占用一台计算机作为服务器使用。

说明：不同无线路由器产品其设置页面不同，但设置功能基本类似，本书以 D-Link 无线路由器设置为例进行讲解。

2．无线路由器的基本配置

在首次配置无线路由器时，参照说明书找到无线路由器默认的 IP 地址是 192.168.0.1，默认子网掩码是 255.255.255.0。

由于一般无线路由器配置界面是基于浏览器的，所以首先要建立正确的网络设置，若已将计算机 A 通过网卡连接到无线路由器的局域网端口，有两种方法为计算机 A 设置 IP 地址。

（1）设置计算机 A 的 IP 地址为 192.168.0.xxx（xxx 范围是 2～254），例如可以输入 192.168.0.20，子网掩码是 255.255.255.0，默认网关为 192.168.0.1，首选 DNS 服务器为 192.168.0.1。通过这种方式一般实现局域网通过无线路由器接入广域网。

（2）设置计算机 A 的 TCP/IP 为“自动获取 IP 地址”及“自动获得 DNS 服务器地址”，然后关闭无线路由器和计算机 A 的电源，首先打开无线路由器电源，然后再启动计算机 A，这样无线路由器内置的 DHCP 服务器将自动为计算机 A 设置 IP 地址。通过这种方式一般实现家庭入网设备通过无线路由器接入广域网。

3．通过路由器接入广域网

假设现有局域网拓扑结构如图 9-13 矩形标记所示，现要通过无线路由方式实现将此局域网接入广域网。

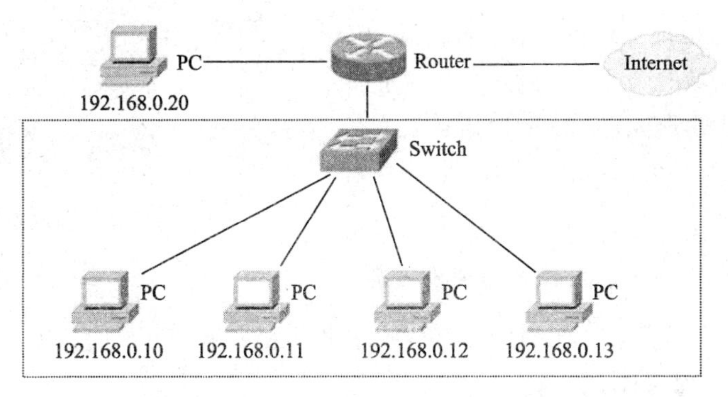

图 9-13　无线路由器实现局域网接入广域网拓扑结构

（1）设置无线路由器连接。市场上一般的无线路由器产品端口设置与图 9-14 类似，大致分为以下几个部分：

① 电源线接口：插入电源线。

② 局域网端口：可通过网线插入 pc、交换机等设备。

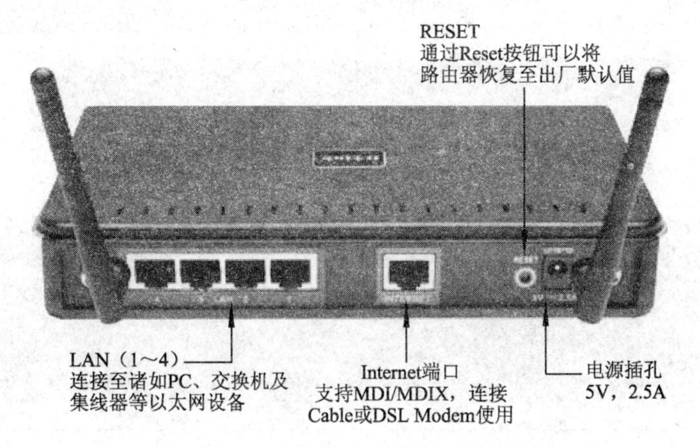

图 9-14　无线路由器端口说明

③ Internet/WAN 端口：可通过网线连接至广域网。

④ RESET：通过此按钮可以将路由器恢复至出厂默认值。

按照图 9-14 所示无线路由器端口信息，根据图 9-15 局域网接入广域网的要求，设置无线路由器的连接如下：

① 连接无线路由器的电源线；

② 将局域网所在的交换机网线插入无线路由器 LAN2 端口；

③ 将连接广域网的网线插入无线路由器 Internet 端口；

④ 通过有线连接方式，连接一台计算机（计算机名：pc20），插入 LAN1 端口（也可在局域内任选一台计算机）。

（2）设置无线路由器参数的步骤如下：

① 设置名为 pc20 的计算机网卡参数信息。该计算机 IP 地址与局域网属同一网段，具体信息如图 9-15 所示。图中矩形标记所示的默认网关及首选 DNS 的 IP 地址为 192.168.0.1，此 IP 地址为无线路由器的 IP 地址。

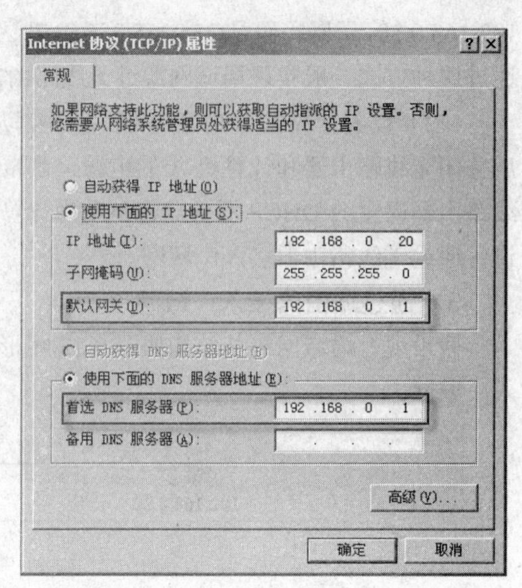

图 9-15　网卡参数信息

说明：不同无线路由器产品 IP 地址略有区别。

② 打开无线路由器登录界面。打开浏览器，在地址栏内输入 IP 地址 192.168.0.1，打开无线路由器登录界面，如图 9-16 所示。

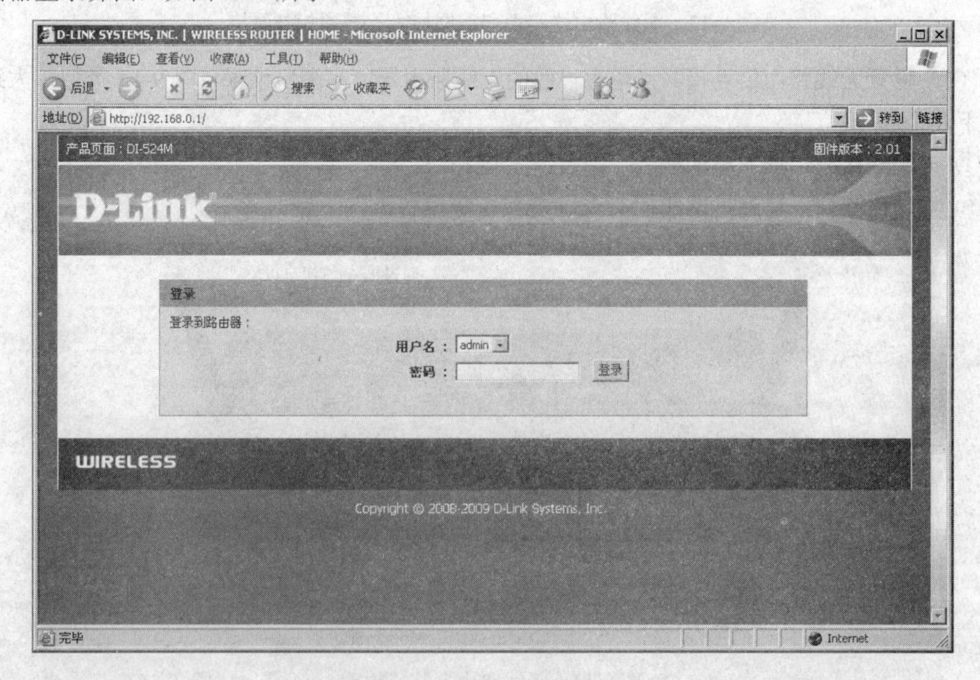

图 9-16　无线路由器登录界面

说明：一般无线路由器产品的外包装或底部都有关于用户名及密码的说明。

③ 打开无线路由器设置界面。输入用户名及密码后，单击“确定”按钮，打开无线路由器设置界面，如图 9-17 所示。

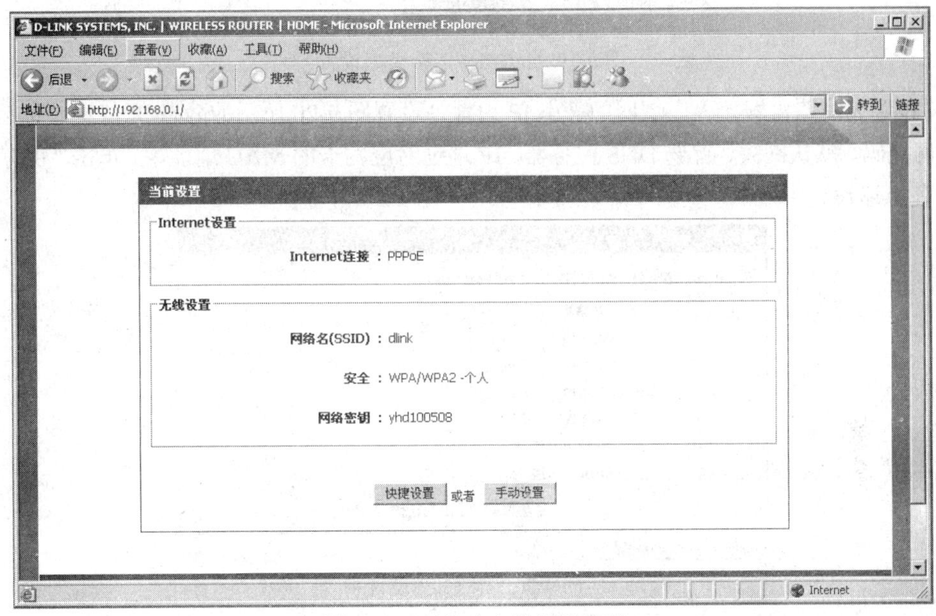

图 9-17　无线路由器设置界面

④ 手动设置无线路由器。在图 9-17 所示界面中选择“手动设置”按钮，打开图 9-18 所示的无线路由器设置主界面。

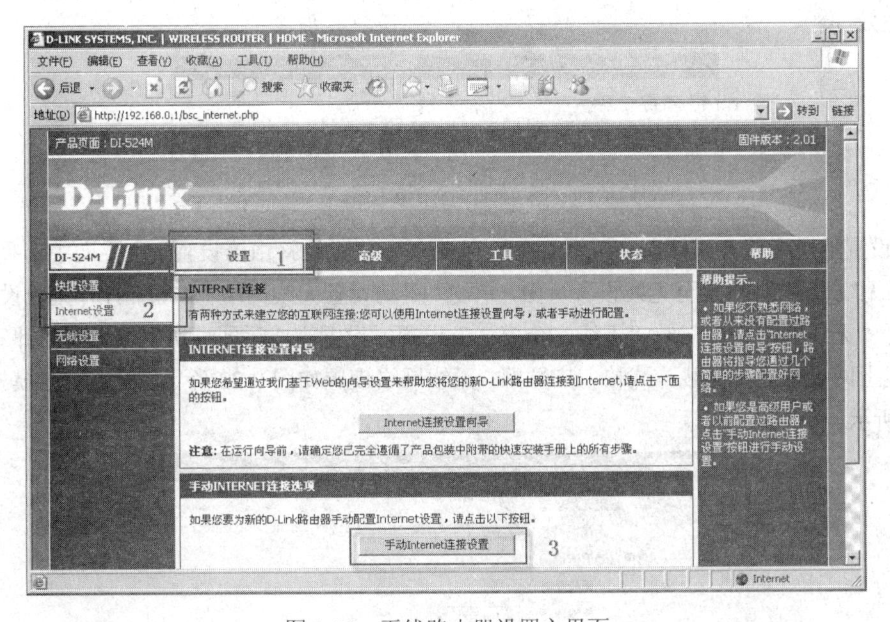

图 9-18　无线路由器设置主界面

⑤ 设置无线路由的 Internet 连接模式。按照图 9-18 所示的顺序号，依次选择“设置”项下的“Internet 设置”选项，单击“手动 Internet 连接设置”按钮，打开 Internet 连接设置页，在选择

“Internet 连接类型”项下设置“我的 Internet 连接类型”为“静态 IP”，如图 9-19 所示。

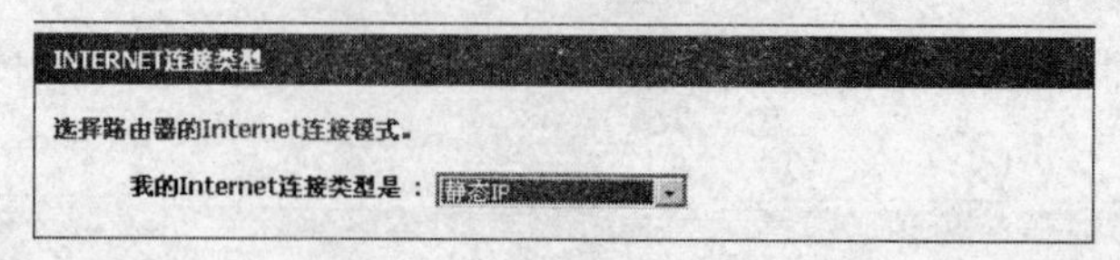

图 9-19　Internet 连接类型设置

⑥ 设置无线路由器接入广域网的静态 IP 地址。设置图 9-20 所示的静态 IP 信息，包括 IP 地址、子网掩码、默认网关、首选 DNS 服务器、IP 地址对应网卡的 MAC 地址等。单击“保存设置”按钮，使上述设置生效。

静态IP：
输入Internet服务供应商(ISP)提供的静态IP地址信息。
IP地址：209.207.78.21
子网掩码：255.255.255.0
默认网关：209.207.78.1
首选DNS服务器：209.207.72.3
备用DNS服务器：
MTU：1500
MAC地址：70:5a:b6:2c:71:d1
复制计算机的MAC地址
保存设置　不保存设置

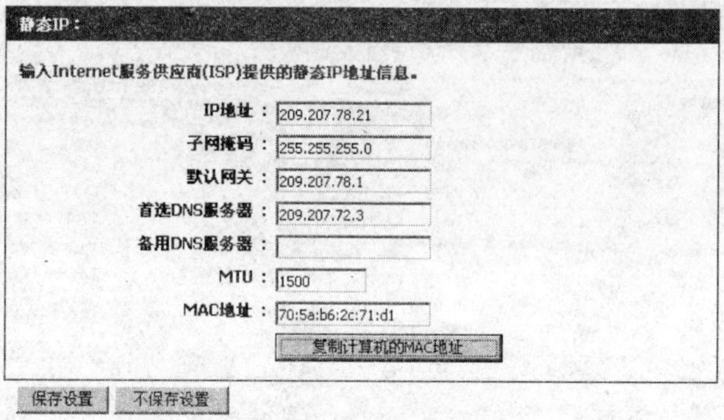

图 9-20　静态 IP 设置

⑦ 设置通过无线路由器接入广域网的计算机信息。在图 9-18 所示无线路由器设置主界面中选择“设置”项下的“网络设置”，打开网络设置页面，在“DHCP 保留”项下设置通过无线路由器接入广域网的 IP 地址、计算机名及 MAC 地址，如图 9-21 所示。单击“保存设置”按钮，使上述设置生效。

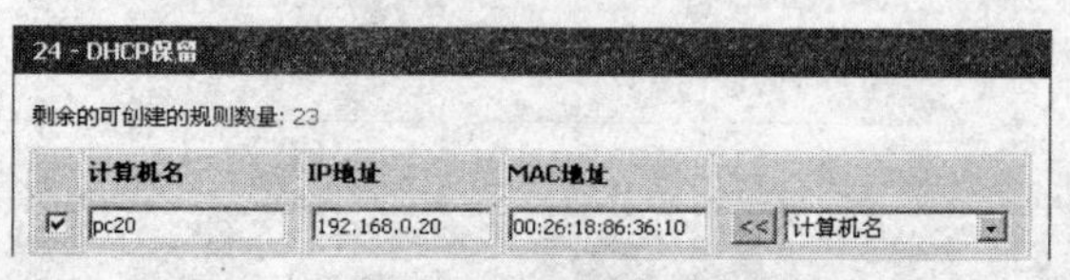

图 9-21　DHCP 保留

⑧ 设置通过无线方式接入广域网。在图 9-18 所示“无线路由器设置”主界面中选择“设置”项下的“无线设置”，切换至无线设置页面，单击“手动设置无线网络”按钮，打开无线设置页面，分别进行“无线网络设置”及“无线安全模式”设置，设置完成后即可实现笔记本式计算机、手机等无线上网设备通过无线方式接入广域网。无线网络设置如图 9-22 所示，无线安全模式设置如图 9-23 所示。

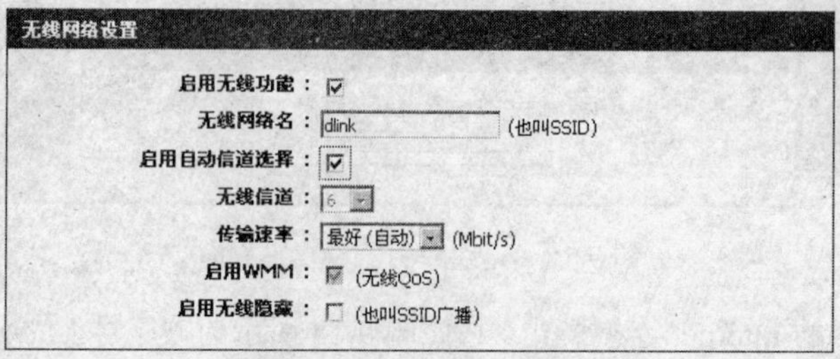

无线网络设置
启用无线功能：
无线网络名：dlink (也叫SSID)
启用自动信道选择：
无线信道：6
传输速率：最好(自动) (Mbit/s)
启用WMM：(无线QoS)
启用无线隐藏：(也叫SSID广播)

图 9-22　无线网络设置

图 9-23　无线安全模式设置

说明：推荐选中“启用自动信道选择”复选框。

若设置无线安全模式为“启用 WPA/WPA2 无线安全（增强）”，将启用 WPA/WPA2 加密设置，如图 9-24 所示，在“网络密钥”文本框内设置无线接入网络密钥。单击“保存设置”按钮，使上述设置生效。

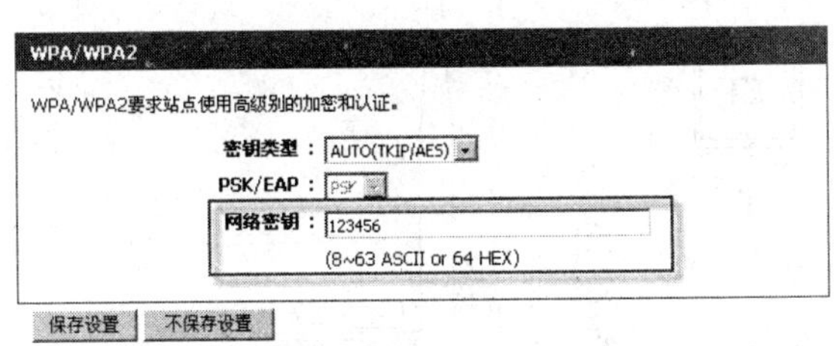

图 9-24　WPA/WPA2 加密设置

以上内容分别实现无线路由器的“Internet 设置”“网络设置”“无线设置”。设置完成后，无线路由器的基本设置完成，只需要将局域网内计算机的网卡参数信息设置如图 9-15 所示，更改一下 IP 地址，其余信息不变，即可实现局域网通过无线路由器接入广域网。

4．无线路由器网站过滤

通过在无线路由器中设置网站过虑，实现对指定网址的屏蔽功能。

按照图 9-25 所示的顺序号，选择“高级”项下的“网站过滤”选项，打开网站过滤设置页面，在“配置网站过滤”项下选择指定方式，实现网站过滤。

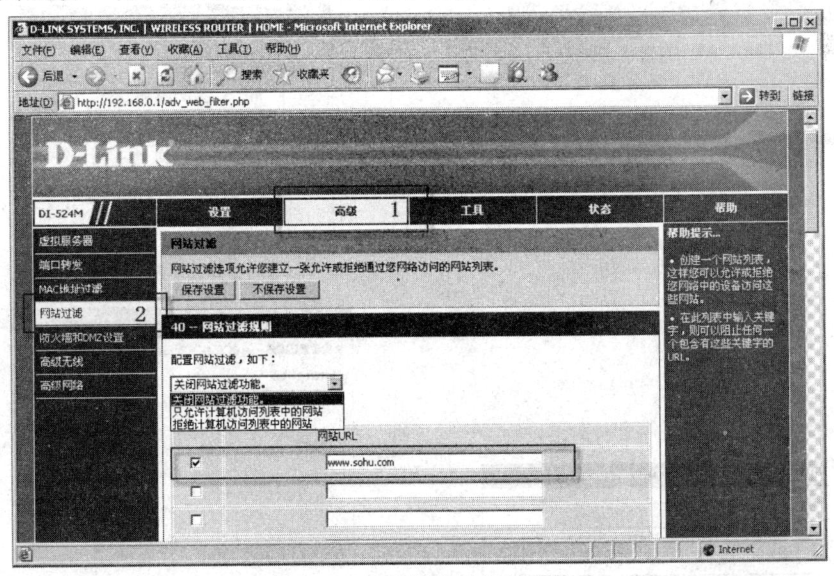

图 9-25　无线路由器网站过滤

配置网站过滤项说明：

（1）关闭网站过滤项功能：选择此项，不能实现网站过滤功能。

（2）只允许计算机访问列表中的网站：仅允许列表中的站点，可以理解为白名单。

（3）拒绝计算机访问列表中的网站：仅禁止列表中的站点，可以理解为黑名单。

5．无线路由器实现家庭入网设备接入广域网

通过设置无线路由器，实现家用台式计算机、笔记本式计算机、手机等设备接入广域网。家庭入网设置一般不需要设置静态 IP 地址，使用无线路由器自带的 DHCP 服务即可。

（1）硬件连接。家庭常用入网设备拓扑结构如图 9-26 所示。

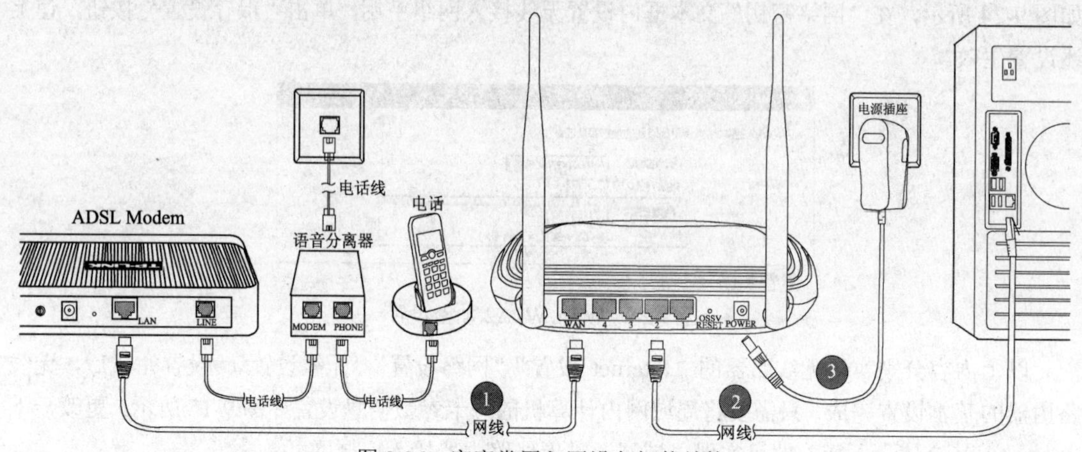

图 9-26　家庭常用入网设备拓扑结构

（2）快捷设置无线路由器。单击图 9-17 所示的“快捷设置”按钮，打开无线路由器快捷设置界面，设置过程如图 9-27 所示，注意图中矩形标记所示内容的填写，最后单击“保存”按钮，使上述设置生效。

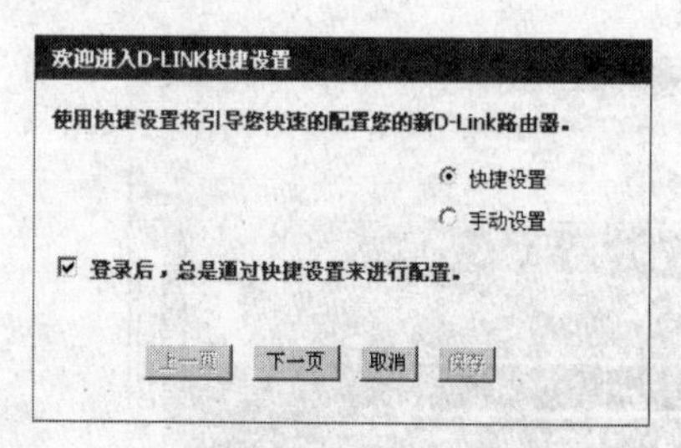

（a）无线路由器快捷设置界面

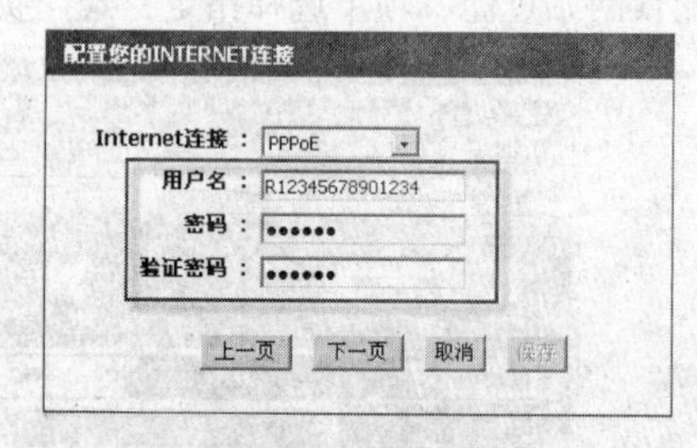

（b）设置家庭上网账号信息

（c）设置无线上网密钥

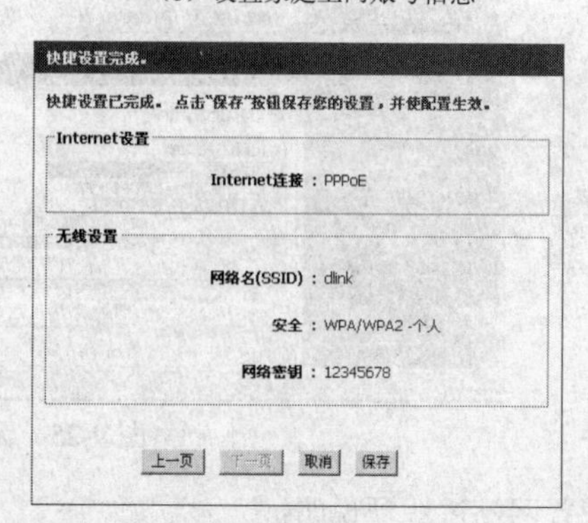

（d）设置详单

图 9-27　无线路由快捷设置

说明：家庭上网账号信息由服务商提供，如电信、联通、铁通等。

（3）设置家用入网设备网卡信息。设置台式计算机或笔记本式计算机等入网设备的网卡参数信息，如图 9-28 所示，即 IP 地址与首选 DNS 服务器均自动获取，这是因为在快捷设置无线路由器时，启动了无线路由器的 DHCP 服务，可自动为连接无线路由器的设置分配 IP 地址。

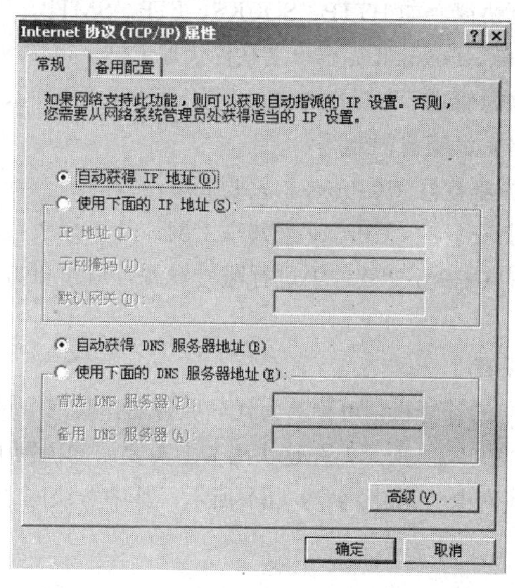

图 9-28　入网设备网卡参数

9.3.3　通过代理服务器接入 Internet

1．代理服务器概述

代理服务器（Proxy Server）就是代理网络用户去取得网络信息。形象地说，它是网络信息的中转站。代理服务器就像一个大的 Cache，这样就能显著提高浏览速度和效率。更重要的是，代理服务器是 Internet 链路级网关所提供的一种重要的安全功能，它主要工作在开放系统互连参考模型（OSI）的会话层。主要功能有：

（1）设置用户验证和记账功能，可按用户进行记账，没有登记的用户无权通过代理服务器访问 Internet，并对用户的访问时间、访问地点、信息流量进行统计。

（2）对用户进行分级管理，设置不同用户的访问权限，对外界或内部的 Internet 地址进行过滤，设置不同的访问权限。

（3）增加缓冲器（Cache），提高访问速度，对经常访问的地址创建缓冲区，大大提高热门站点的访问效率。通常代理服务器都设置一个较大的硬盘缓冲区（可能高达几吉字节或更大），当有外界的信息通过时，同时也将其保存到缓冲区中，当其他用户访问相同的信息时，则直接从缓冲区中取出信息，传给用户，以提高访问速度。

（4）连接内网与 Internet，充当防火墙（Firewall），因为所有内网用户通过代理服务器访问外界时，只映射为一个 IP 地址，所以外界不能直接访问内网；同时可以设置 IP 地址过滤，限制内网对外的访问权限。

（5）节省 IP 开销：代理服务器允许使用大量的伪 IP 地址，节约网上资源，即用代理服务器可以减少对 IP 地址的需求，对于使用局域网方式接入 Internet，如果为局域网内的每一个用户都申请一个 IP 地址，其费用可想而知。而使用代理服务器后，只需代理服务器上有一个合法的 IP 地址，LAN 内其他用户可以使用 10.*.*.*这样的私有 IP 地址，这样可以节约大量 IP，降低网络的维护成本。

对于中小规模的局域网来说，可以使用代理服务器软件实现代理服务器的功能。一般代理服务器软件支持多种网络代理协议，如 HTTP、SOCKS、FTP、SMTP、POP3、DNS 等，并完全支持 QQ、FTP、MSN、Outlook、Foxmail 等客户端软件代理上网。在实现共享上网的同时可以很方便地对客户端进行严格的账号管理，如 IP+MAC 认证、限制上网时间、限制 QQ 和 MSN 聊天、过滤网站，以及连接数、带宽、流量限制等。

本书选择遥志代理服务器软件 CCProxy。只要局域网内有一台计算机能够上网，其他计算机就可以通过这台计算机上安装的 CCProxy 来共享上网，从而最大程度地减少硬件费用和上网费用。只需要在服务器上的 CCProxy 软件中进行账号设置，就可以方便地管理客户端代理上网的权限。

2．代理服务器网卡设置

对于安装软件 CCProxy 的计算机，可称其为代理服务器，其网卡设置一般有两种方式，一种为只安装一块网卡，如图 9-29（a）所示，在这块网卡上需要添加内网 IP 及外网 IP 地址；另一种为安装多块网卡（常用两块网卡），如图 9-29（b）所示，其中一块网卡设置为内网 IP，另一块网卡设置为外网 IP。

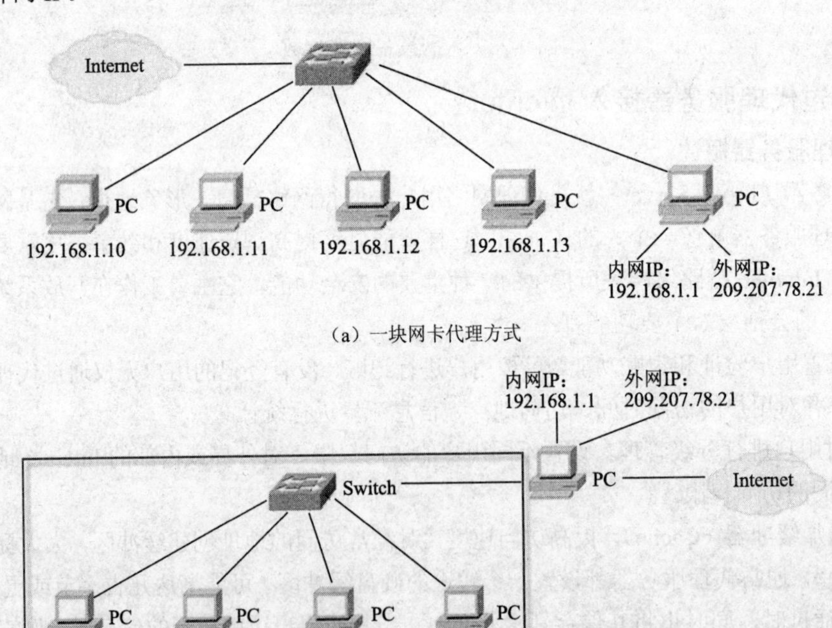

图 9-29　代理服务器上网

3．设置 CCProxy 代理服务器（两块网卡）

假设现有局域网拓扑结构如图 9-29（b）矩形标记所示，现要实现将此局域网接入广域网，可以通过软件代理方式实现。

（1）安装并设置网卡信息。服务器需要安装两块网卡，一块网卡连接局域网，另一网卡连接广域网，如图 9-30 所示。为了便于记忆，将两块网卡重新命名，如图 9-31 所示。

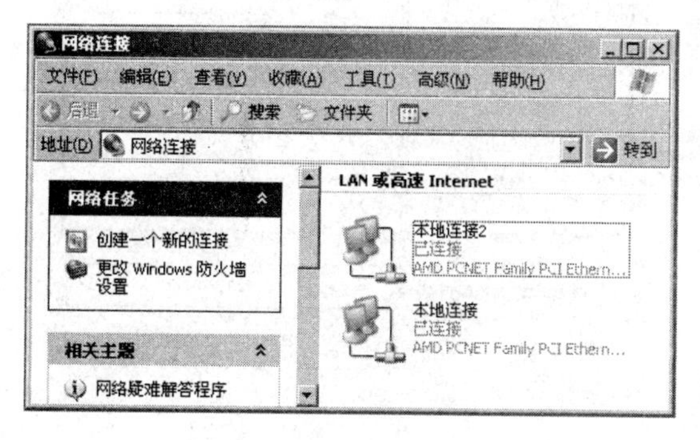

图 9-30　服务器“网络连接”窗口

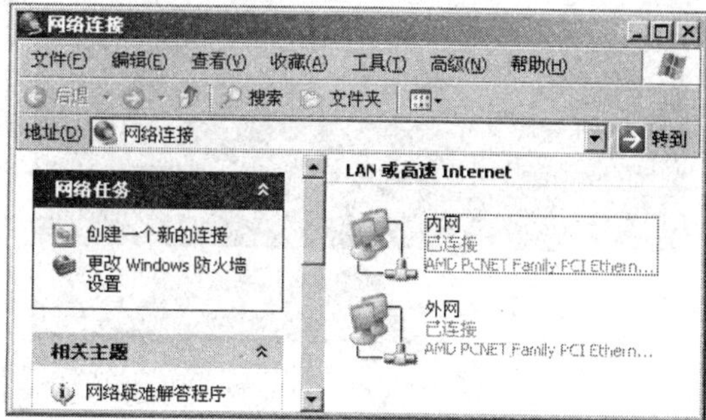

图 9-31　服务器网卡重新命名

（2）设置服务器网卡参数信息。设置连接广域网的网卡（即名为“外网”的网卡）参数，如图 9-32 所示；设置连接局域网的网卡（即名为“内网”的网卡）参数，如图 9-33 所示。

说明：内网网卡 IP 地址与局域网内其他计算机 IP 地址应属于同一网段，如图 9-29（b）所示。

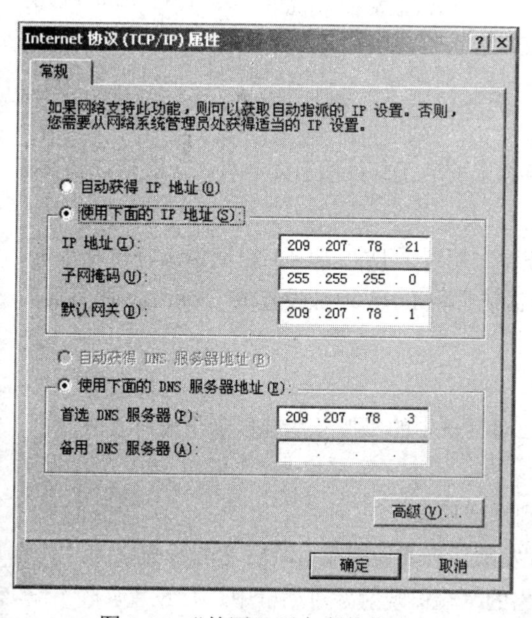

图 9-32　“外网”网卡参数信息

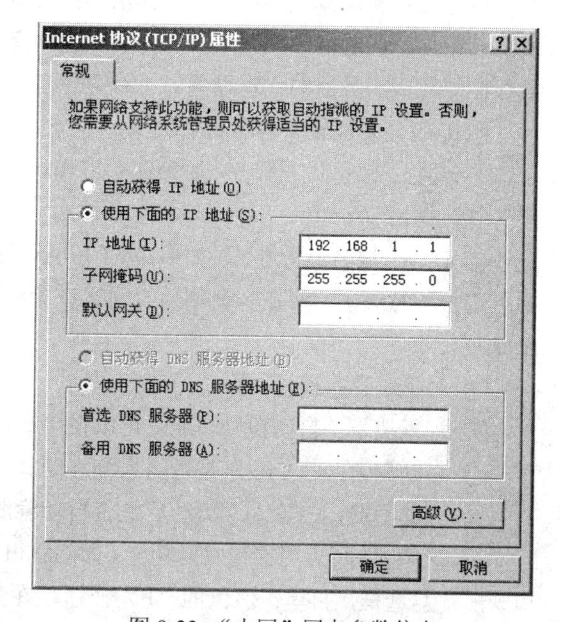

图 9-33　“内网”网卡参数信息

（3）测试局域网连通性。确认局域网连接通畅，即服务器与客户端间能够相互 Ping 成功。

（4）安装 CCProxy 软件。在服务器上安装 CCProxy 软件，按默认设置安装即可。安装成功后，双击桌面上的 CCProxy 快捷方式图标，打开 CCProxy 主界面，如图 9-34 所示。

（5）设置 CCProxy 软件。单击 CCProxy 主界面上的“设置”按钮，将打开“设置”对话框，这里将显示各种协议的端口，一般情况下保持默认即可，如图 9-35 所示。

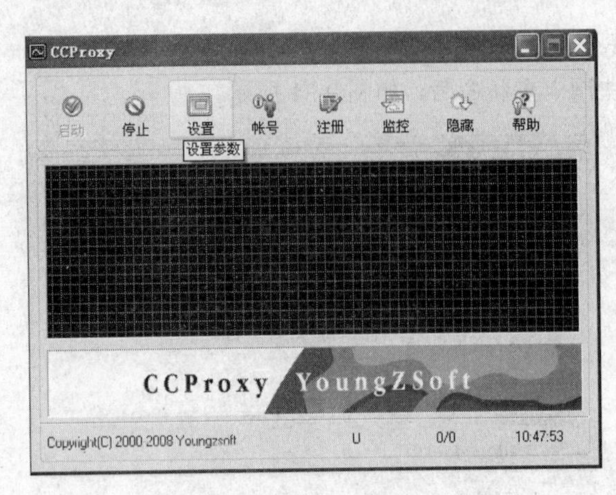

图 9-34 CCProxy 主界面

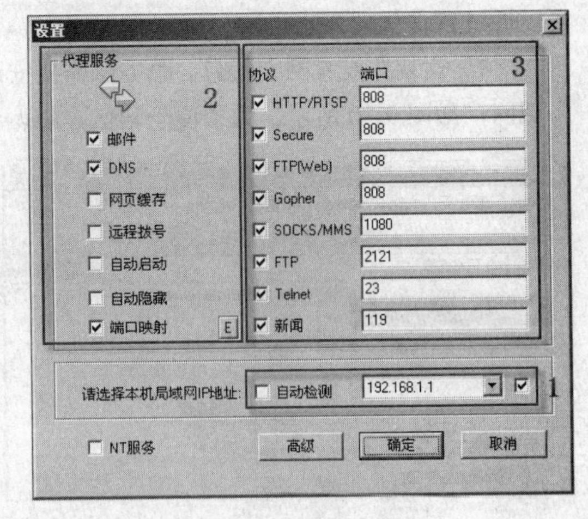

图 9-35 “设置”对话框

图 9-35 矩形标记 1 内容说明如下：

如果客户端需要使用多个 IP 代理上网，应选中“自动检测”复选框。如果客户端需要用指定的 IP 代理上网，应取消选择“自动检测”复选框，在组合框中选择一个 IP 地址，最后选中最右侧的复选框。

这里需要客户端用指定的 IP 代理上网，所以取消“自动检测”复选框，在组合框中选择服务器上连接局域网的网卡（即名为“内网”的网卡）IP 地址 192.168.1.1，然后选中 IP 地址右侧的复选框即完成服务器的代理设置。

图 9-35 矩形标记 2 内容说明如下：

① 邮件：邮件代理服务，如果在 CCProxy 服务器上安装了邮件服务器软件，应取消选择“邮件”复选框。

② DNS：域名解析服务，如果在 CCProxy 服务器上配置了 DNS 服务，应取消选择该复选框、如果选中该复选框，应在客户端的“网络设置”对话框中将 DNS 地址设置成 CCProxy 服务器的 IP 地址。

③ 网页缓存：提高网络访问速度。

④ 远程拨号：自动拨号功能，可以在“高级”对话框中的“拨号”选项卡下进行设置。

⑤ 自动启动：CCProxy 是否随系统启动。

⑥ 自动隐藏：CCProxy 启动后是否自动隐藏到系统托盘。

⑦ 端口映射：启用端口映射功能（如 GMail 收发邮件需要使用端口映射功能），需要选中“端口映射”复选框，再单击右侧的“E”按钮，在弹出的“端口映射”对话框中进行设置。

图 9-35 矩形标记 3 内容说明如下：

设置代理协议及端口，用户可以根据需要启动或停止协议，启动即选中复选框，停止即取消选择复选框，端口也可以自定义。

① HTTP/RTSP：当客户端访问 HTTP 或 RTSP 站点时使用的端口。

② Secure：Secure 协议对应 HTTPS 协议，如果想访问 HTTPS 站点，应选中该复选框。

③ FTP(Web)：是通过浏览器（如 IE）访问 FTP 站点时需要启动的协议。

④ Gopher: Gopher 协议使得 Internet 上的所有 Gopher 客户程序能够与 Internet 上的所有已注册的 Gopher 服务器进行对话。

⑤ SOCKS/MMS：支持 TCP/UDP，还支持各种身份验证机制等协议，如 QQ、MSN。

⑥ FTP：用 FTP 客户端（如 CuteFTP）访问 FTP 站点时需要启动的协议。

⑦ Telnet：Telnet 协议是 TCP/IP 协议簇中的一员，是 Internet 远程登录服务的标准协议和主要方式。它为用户提供了在本地计算机上完成远程主机工作的能力。

⑧ 新闻：新闻协议。

至此已完成代理服务器的基本设置，默认设置允许局域网内所有已连通的计算机通过 CCProxy 服务器接入广域网。

4．设置客户端

（1）设置客户端默认网关及首选 DNS 服务器 IP 地址。客户端网卡设置如图 9-36 所示，注意两处矩形标记表示的默认网关及首选 DNS 服务器的 IP 地址为 CCProxy 服务器内网网卡的 IP 地址 192.168.1.1。

（2）客户端代理服务器设置。打开客户端浏览器（如 IE 浏览器），选择“工具”→“Internet 选项”命令，打开“Internet 选项”对话框，选择“连接”选项卡，单击“局域网设置”按钮，打开“局域网（LAN）设置”对话框，按照图 9-37 所示矩形标记内信息进行设置即可，注意矩形标记内地址为 CCProxy 服务器内网网卡 IP 地址，端口号“808”是 CCProxy 软件，部分协议默认的端口号。

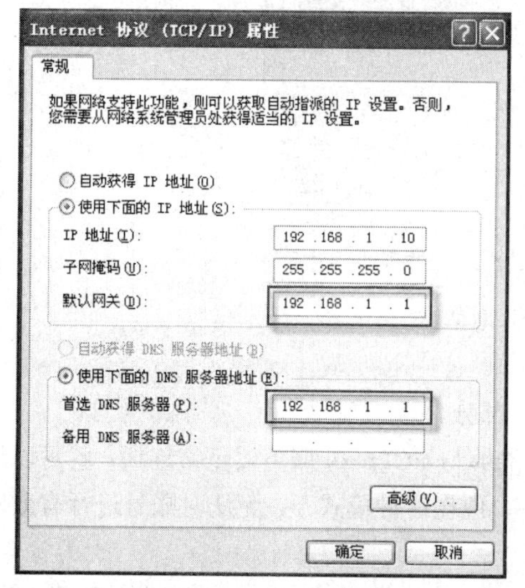

图 9-36　客户端网卡设置信息

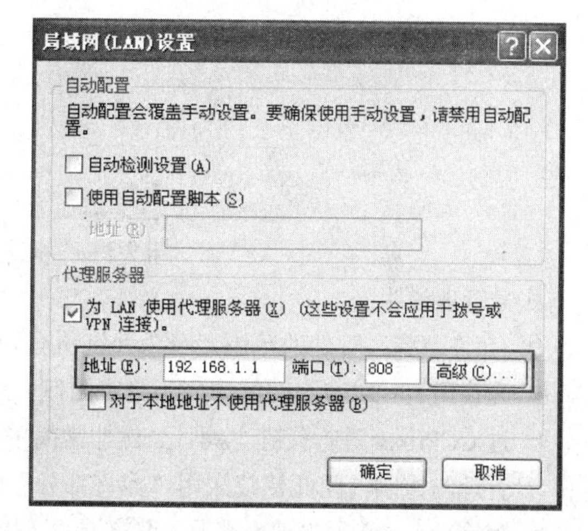

图 9-37　“局域网（LAN）设置”对话框

单击图 9-37 矩形标记内的“高级”按钮，打开“代理服务器设置”对话框，如图 9-38 所示，可以看到客户端与 CCProxy 服务器协议与端口间的对应关系。

说明：

① 如果需要修改端口值，必须在服务器 CCProxy 软件内及客户端代理服务器设置内同时修改对应协议的端口值，才能保证协议对应功能正常执行。

② 若客户端需要修改端口值，需将图 9-38 矩形标记内“对所有协议均使用相同的代理服务器”复选框取消，然后分别设置所用协议对应端口值即可。

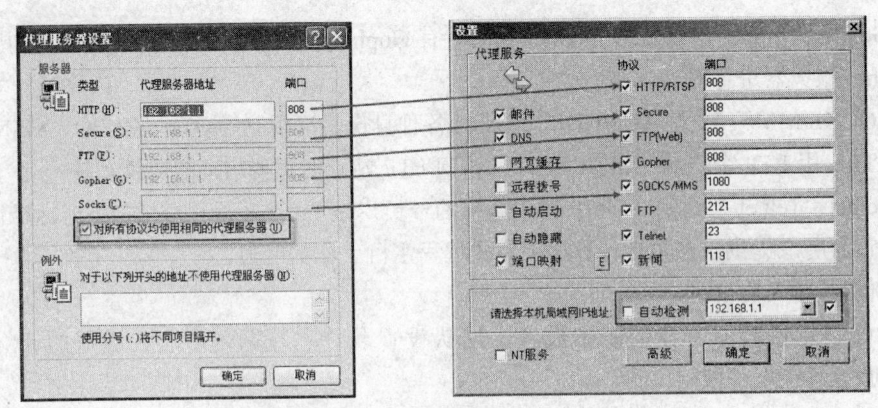

图 9-38　协议与端口对应关系

5．CCProxy 服务器对客户端代理权限的管理

（1）账号管理功能。在 CCProxy 的主界面上，单击“账号”按钮，打开“账号管理”窗口，如图 9-39 所示。

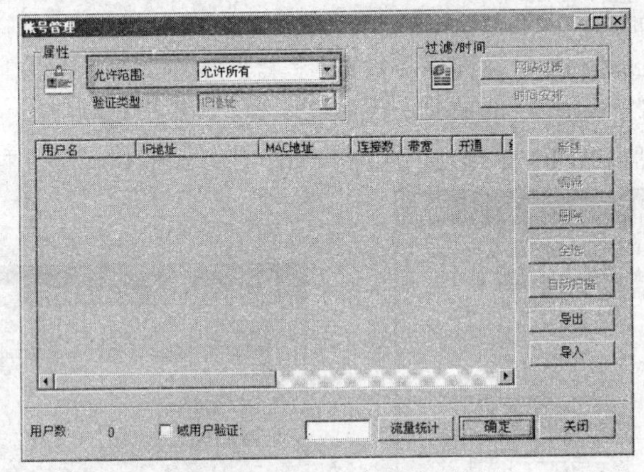

图 9-39　“账号管理”对话框

账号管理说明：

① 允许范围：管理的范围，分为允许所有和允许部分。

- 允许所有：对客户端的访问不进行限制，只要能够与 CCProxy 服务器正常连通，就可以通过 CCProxy 进行代理上网。虽然非常简单省事，但在这种模式下，无法对账号进行有效的管理与控制，因此建议采用“允许部分”模式。
- 允许部分：必须先建立账号，客户端才可以通过 CCProxy 服务器代理上网。建立账号之前，还必须先确认账号的“验证类型”。

② 验证类型：系统提供了“IP 地址”“MAC 地址”“用户/密码”“用户/密码+IP 地址”“用户/密码+MAC 地址”以及“IP+MAC”共 6 种验证方式，可以根据需要进行选择。

- IP 地址：仅通过 IP 地址进行验证，只要是账号列表中的 IP 地址就可以使用代理。
- MAC 地址：仅通过 MAC 地址进行验证，只要是账号列表中的 MAC 地址就可以使用代理。
- 用户/密码：客户端需要输入用户名和密码才可以使用代理。
- 用户/密码+IP 地址：将用户/密码信息与 IP 地址进行绑定，也就是说一个账号只能通过其绑定的 IP 地址使用代理。

- 用户/密码+MAC 地址：将用户/密码信息与 MAC 地址进行绑定，也就是说一个账号只能通过其绑定的 MAC 地址的网卡使用代理。
- IP+MAC：将 IP 地址与 MAC 地址进行绑定，也就是说一个 IP 地址只有设置在绑定 MAC 地址的网卡上才可以使用代理。

③ 新建：新建账号。

④ 编辑：编辑账号。

⑤ 删除：删除账号。

⑥ 全选：选中全部账号。

⑦ 自动扫描：自动扫描指定范围账号。

⑧ 导出：导出账号列表。

⑨ 导入：导入账号列表。

⑩ 网站过滤：设置网站过滤规则。

⑪ 时间安排：设置时间安排规则。

⑫ 流量统计：统计用户浏览网页所使用的流量。

⑬ 域用户验证：选中后，可以设置域用户代理。

（2）建立账号。在图 9-39 所示的“账号管理”窗口中，将“允许范围”选项设置为“允许部分”，同时“新建”等按钮变为可用状态，单击“新建”按钮，打开图 9-40 所示的“账号”对话框，在矩形标记 1 内设置客户端用户名及 IP 等信息，在矩形标记 2 内设置该用户通过代理接入广域的权限。

示例：在 CCProxy 内添加账号，其中 IP 地址为 192.168.1.10，用户名为“user1”。打开图 9-41 所示的“账号”对话框，在“用户名/组名”文本框内输入用户名“user1”，选中“IP 地址/IP 段”复选框，并在文本框中输入客户端 IP 地址 192.168.1.10，单击“确定”按钮，即可实现新账号的建立，此用户权限设置为默认。账号建立完成后，可在“账号管理”窗口中看到其信息，如图 9-42 所示。

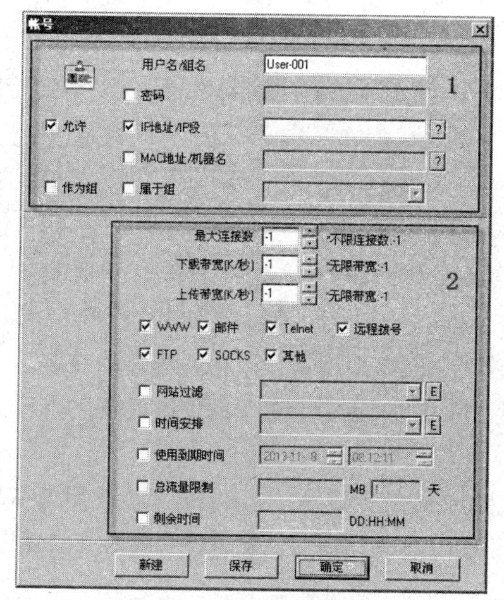

图 9-40 “账号”对话框

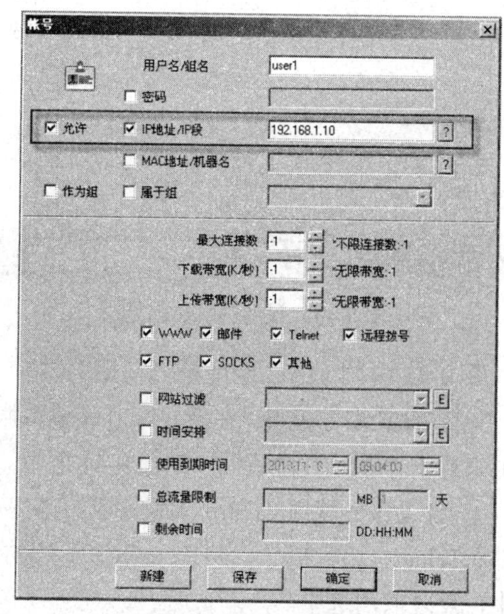

图 9-41　添加账号

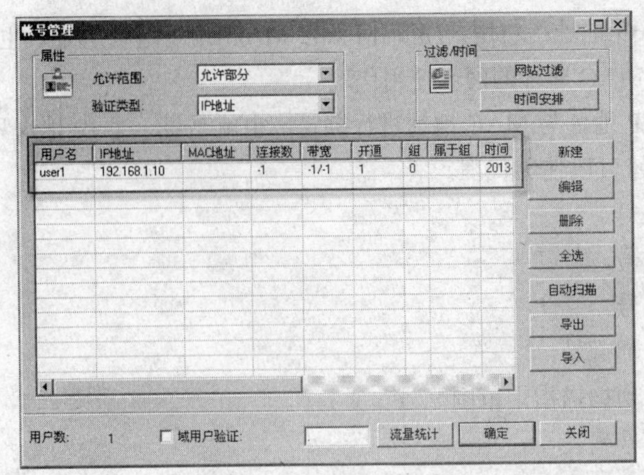

图 9-42 “账号管理”窗口

说明：

① 如果有多个账号需要添加，可以在“IP 地址/IP 段”文本框中输入 IP 段，再单击“确定”按钮，这样可以一次性添加多个账号，如图 9-43 所示，注意中间的符号为半角符号。

图 9-43 添加 IP 地址段

② 作为组和属于组功能。如果是一个用户组，选中“作为组”复选框，这时账号信息的设置框将变为不可用状态；如果是一个账号，可以选择“属于组”复选框，这时界面下方的设置部分将变为不可用状态，可以从组合框中选择一个用户组，这个账号的设置将自动取选定用户组的设置。

③ 若在“账号管理”对话框内，“验证类型”设置了有关 MAC 地址的选项，则在设置账号时需使用 MAC 地址，如图 9-44 所示。选中“MAC 地址/机器名”复选框，单击“？”按钮，打开“获取地址”对话框，如图 9-45 所示，在这里输入客户端的计算机名或 IP 地址，然后单击“获取”按钮，可以获得信息。单击“应用”按钮，即可实现客户端 MAC 地址的填写。

图 9-44 设置 MAC 地址

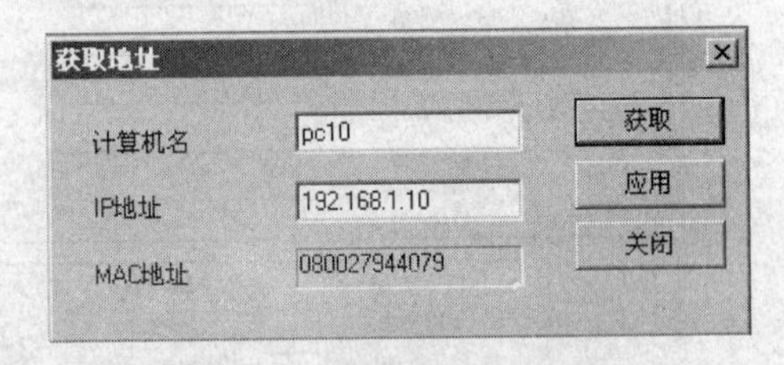

图 9-45 获取 MAC 地址

图 9-45 中的 MAC 地址是当前账号对应客户端的 MAC 地址，可以由系统自动获取。

（3）设置账号权限。在新建账号或编辑账号时，可以同时设置该账号的使用权限，以下设置权限来源于“账号”对话框，如图 9-41 所示。

① 设置账号使用 CCProxy 服务器的哪些代理功能。如图 9-46 所示，该账号可以使用 WWW、邮件、Telnet、远程拨号、FTP、SOCKS 等协议和服务。即使用哪些功能就将功能对应的复选框选中，反之取消选中。

图 9-46　代理功能

②“使用到期时间”功能可以方便有效地控制客户端上网的时间期限。选中“使用到期时间”复选框，输入日期时间，也可以单击数值调节按钮来设置日期时间，如图 9-47 所示。

图 9-47　使用到期时间

③ 设置用户流量限制。选中“总流量限制”复选框，并在文本框中输入流量数值和天数，如图 9-48 表示，该账号一天只能使用 100 MB 的流量。

图 9-48　总流量限制

④ CCProxy 的账号管理提供了对账号的最大连接数和带宽限制的功能。默认情况下账号的最大连接数和带宽是不受限制的（参数值-1 表示不受限制），如果要进行限制，可以根据需要修改参数值，如图 9-49 所示。

限制带宽时，所输入参数值的单位是“字节/秒”。

⑤ 网站过滤。要对账号进行网站过滤，必须首先创建网站过滤规则。

在图 9-42 所示的“账号管理”窗口右上角单击“网站过滤”按钮，打开“网站过滤”对话框，如图 9-50 所示。在这里可以根据需要创建网站过滤规则。

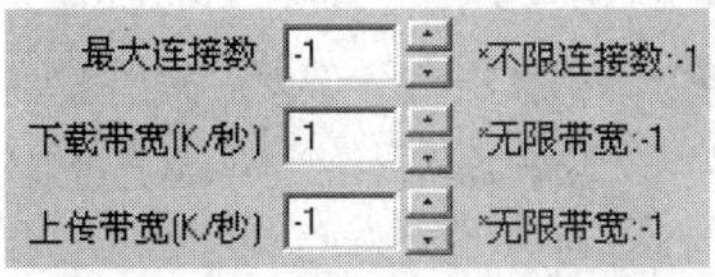

最大连接数 -1 *不限连接数:-1
下载带宽(K/秒) -1 *无限带宽:-1
上传带宽(K/秒) -1 *无限带宽:-1

图 9-49　连接数及带宽限制

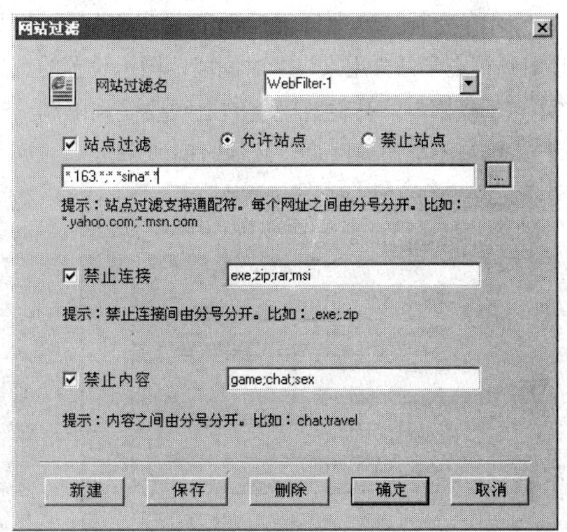

图 9-50　“网站过滤”对话框

CCProxy 提供了 3 种过滤方式，分别为“站点过滤”“禁止连接”“禁止内容”。

- 站点过滤功能。有两种模式：“允许站点”（仅允许列表中的站点，可以理解为白名单）和“禁止站点”（仅禁止列表中的站点，可以理解为黑名单）。

注意：如果选择“允许站点”模式，有可能会使网站的显示出现问题，因为有些网站上的内容可以能是来自于其他网站，而这些内容的来源网站却不在允许范围之内。如 163 网站上的某张图片可以能来源于 Microsoft 网站，如果只在允许站点列表中录入了 163 而不包含 Microsoft 网站，会出现图片无法显示的问题。

如果网站过滤的内容很多，可以事先建立一个文本文件来存储，然后单击后面的“…”按钮添加该文本文件。

- 禁止连接功能。通常被用来限制客户端下载文件。如输入 EXE、ZIP、RAR、MSI 等文件格式，在下载 EXE、ZIP、RAR、MSI 格式文件的时候，会提示无法下载此文件。
- 禁止内容功能。对网页中的内容起作用。如在“禁止内容”文本框中输入 game、chat、sex 等词，当客户端浏览的网页上有 game、chat、sex 等词，网页会被禁止显示。

创建好网站过滤规则之后，在“账号管理”对话框中选择一个账号，再单击“编辑”按钮。在打开的“账号”对话框中选中“网站过滤”复选框，在组合框中选择之前所创建的网站过滤规则即可，如图 9-51 所示。

不同的账号可以应用不同的过滤规则。单击右侧的“E”按钮可以打开创建网站过滤规则的界面，方便用户随时为不同的账号创建过滤规则。

⑥ 上网时间控制。要对账号进行时间控制，必须首先创建时间安排规则。

在“账号管理”对话框的右上角单击“时间安排”按钮，将弹出“时间安排”对话框，如图 9-52 所示。

图 9-51　应用网站过滤规则

- “时间安排名”可以自定义名称。
- CCProxy 提供的时间控制功能是按周进行控制的，可以对每周的周日至周六各天进行不同的控制。单击每天后面的“…”按钮可以打开图 9-53 所示的“时间表”对话框。

该对话框上半部分用来设置时间段，图示设置的意义为：0 点到 8 点，12 点到 13 点，以及 17 点到 24 点不受限制，其他时间段的上网要受到限制（8 点到 12 点以及 13 点到 17 点（通常为上班时间），用户不能访问网页，其他时间段正常）。

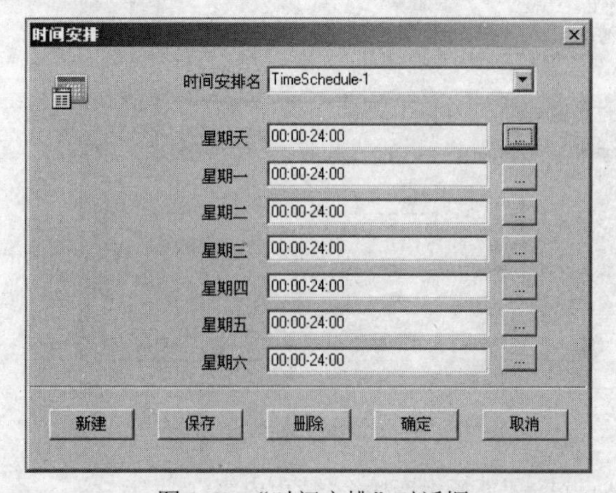

图 9-52　“时间安排”对话框

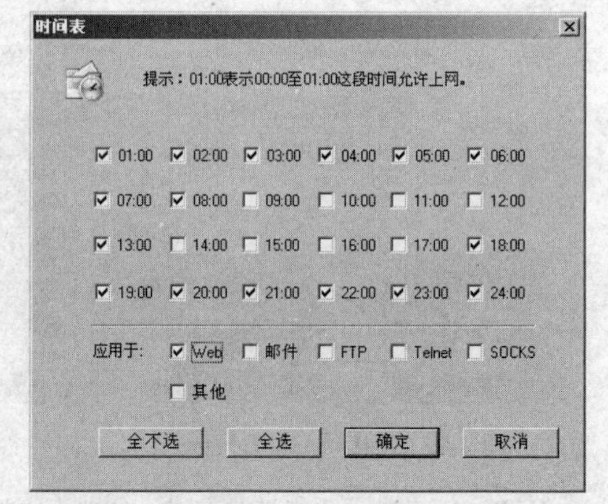

图 9-53　时间表

下半部分用来设置时间限制将应用于哪些网络应用，图示设置的意义为：仅访问网页受到限制，其他网络应用不受限制。设置完成后，单击“确定”按钮，关闭“时间表”对话框，返回“时间安排表”对话框，确定每天的时间安排后，单击“确定”按钮，完成时间安排规则的创建。

注意：CCProxy 时间安排的最小单位是小时。

创建好时间安排规则之后，在“账号管理”对话框中选择一个账号，再单击“编辑”按钮。在弹出的“账号”对话框中选中“时间安排”复选框，在组合框中选择之前所创建的时间安排规则即可，如图 9-54 所示。不同的账号可以应用不同的规则。

图 9-54　应用时间安排规则

6．设置 CCProxy 代理服务器（一块网卡）

假设现有局域网拓扑结构如图 9-29（a）所示，现要将此局域网接入广域网，可以通过软件代理方式实现。

由于只安装一块网卡，所以先设置网卡参数，如图 9-55 所示。此 IP 地址为连接广域网的信息。然后单击“高级”按钮，打开图 9-56 所示的“高级 TCP/IP 设置”对话框，单击“添加”按钮，打开图 9-57 所示的“TCP/IP 地址”对话框，按图填写 IP 地址及子网掩码信息，注意此 IP 地址与局域网属于同一网段。以上两个 IP 地址设置完成后，效果如图 9-58 所示，依次单击“确定”按钮即可。

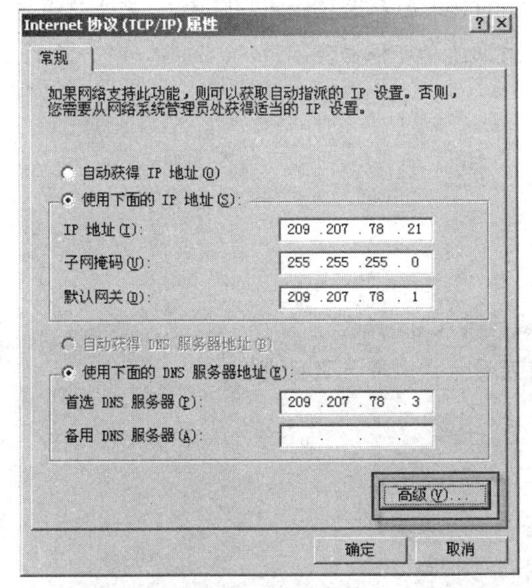

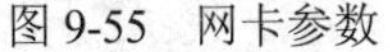

图 9-55　网卡参数

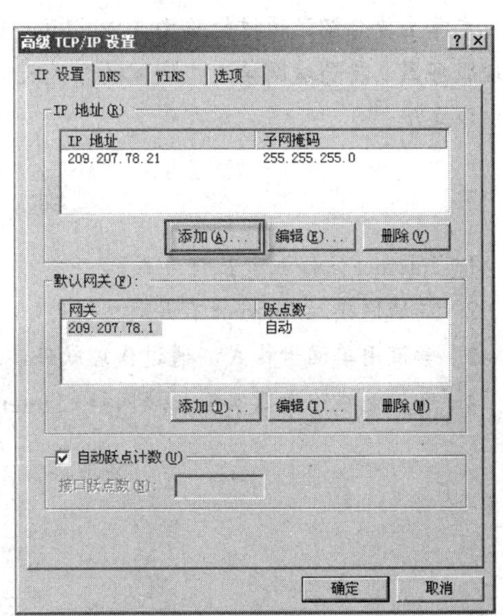

图 9-56　“高级 TCP/IP 设置”对话框

其他步骤如软件安装、客户端设置、账号权限管理，可参考两块网卡模式。

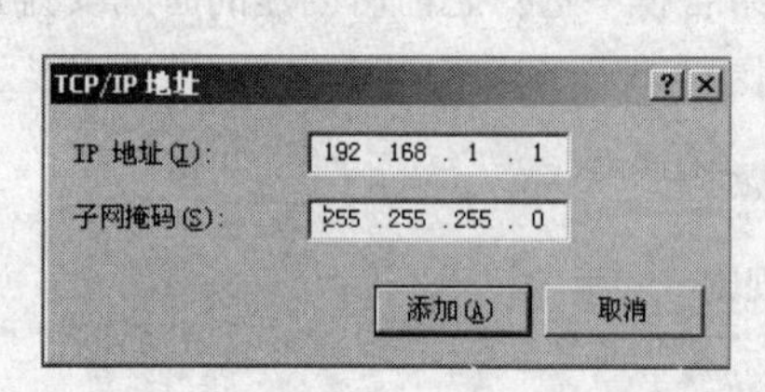

图 9-57 “TCP/IP 地址”对话框

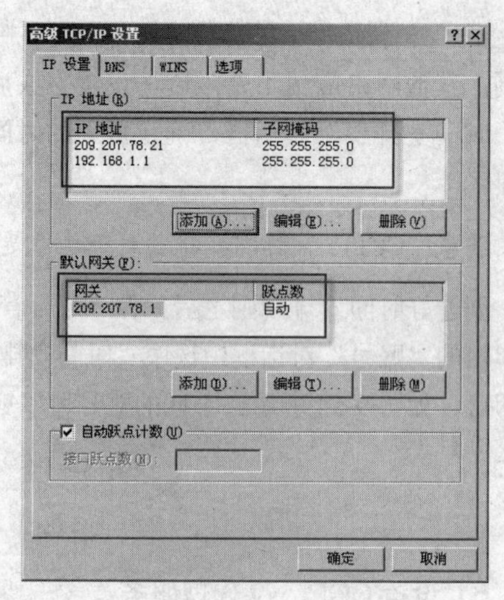

图 9-58 网卡设置完成

本 章 小 结

Internet 是全球性的、最具影响力的互连网络，也是世界范围的信息资源宝库。通过本章的学习，可以了解 Internet 起源与发展、Internet 的接入方式。

从物理连接类型来看，用户计算机与 Internet 的连接方式通常可分为电话线连接、专线连接、无线连接、卫星连接等。

本章主要介绍了通过软路由（Windows Server 2003“路由和远程访问”服务）、无线路由器、代理服务器，将局域网接入广域网的方式及实现方法，读者可根据实际情况，选择一种合适的方式加以实现。

练 习 题

1. Internet 的接入有几种方式？
2. 局域网接入 Internet 有几种方式？
3. 尝试用单网卡模式，通过代理软件实现局域网接入 Internet。
4. 通过无线路由器实现局域网接入 Internet 有几种方式，有什么区别？

模块 6 局域网管理与维护

第 10 章 局域网故障诊断与排除

【教学要求】

掌握：常用网络故障诊断与排除的策略步骤。

理解：故障诊断工具和局域网常见故障排除方法。

了解：网络故障的种类。

计算机网络是一个复杂的综合系统，网络在长期运行过程中总是会出现这样那样的问题。引起网络故障的原因很多，网络故障的现象种类繁多。本章主要介绍网络故障诊断与排除的策略步骤，故障诊断的工具，针对常见小型局域网络经常出现的简单网络硬故障、软故障加以解析，并介绍解决方法。

10.1 故障诊断与排除的策略和步骤

一般说来，网络连接、软件属性配置和协议配置是导致网络故障的三大原因，所以先从这几个方面来看看网络故障的解决思路。

如何判断一个故障是否属于网络连接故障呢？而这些故障又是如何产生的呢？如何排除这些网络连接故障呢？这些问题对于不是很熟悉网络的读者来说是很棘手的。下面将介绍故障诊断与排除的策略和步骤。

1. 重现故障

考虑故障是偶尔发生的还是不断发生的，是在进行什么操作之后发生的还是系统运行到某一状态时自动发生的。如果有可能，想办法使故障重现，以便将其锁定在一个较小的范围内。但要注意，在某些情况下重现故障将使网络瘫痪，丢失计算机上的数据，甚至损坏设备。

2. 分析故障

可按照下述内容和步骤进行故障分析：

（1）检查物理连接。物理连接是网络连接中最直接的潜在缺陷，但它也很容易被发现和修复。检查所有设备是否被正确安装，连线是否松动，设备电源是否已打开。

（2）检查逻辑连接。逻辑连接指软硬件的配置、设置、安装和权限。逻辑上的问题更复杂，比物理问题更难于分离和解决。

（3）参考网络最近的变化。这不是一个独立的步骤，而是在诊断和排除故障的过程中相互关联的事情，要经常考虑。

3．定位故障

定位故障范围就是要确定故障是否只出现在特定的计算机、某一地区的机构或某一时间段，或当某一网络应用程序运行到某时某刻。

4．隔离故障

隔离故障主要有以下几种情况：

如果故障影响整个网段，那么就通过减少可能的故障源来隔离故障。例如，将可能的故障源仅与一个网络中的结点相连，除这两个结点外，断开其他所有网络结点。如果这两个网络结点能正常进行网络通信，可以再增加其他结点。如果这两个结点不能进行通信，就要逐步对物理层的有关部分进行检查。

如果故障能被隔离至一个结点，可以更换网卡，重新安装相应的驱动程序，或是用一条新的双绞线与网络相连。如果网络的连接没有问题，那么检查一下是否只是某一个应用程序有问题，使用相同的驱动器或文件系统运行其他应用程序，与其他结点比较配置情况，试用该应用程序。如果只是一名用户出现使用问题，检查涉及该结点的网络安全系统。检查是否对网络的安全系统进行了改变以致影响该用户。

5．排除故障

一旦确定了故障源，那么识别故障类型是比较容易的。对于硬件故障来说，最方便的措施就是更换，对损坏部分的维修可以以后再进行。对于软件故障来说，解决办法则是重新安装有问题的软件，删除可能有问题的文件并且确保拥有全部所需的文件。如果问题是单一用户的问题，通常最简单的方法是整个删除该用户，然后从头开始或是重复必要的步骤，使该用户重新获得原来有问题的应用。这比无目标地进行检查、逻辑有序地执行这些步骤可以更快速地找到问题。

6．检查故障是否被排除

在网络故障被排除之后，还应该记录故障并存档，并且再次验证故障是否真正被排除。对于网络安全故障，在排除后还要详细分析产生的原因并对系统进行全面的安全检查，确保系统的安全。

10.2　故障诊断工具

网络发生故障后，为定位网络故障环节，有时光凭“看”和“听”是无法解决问题的，需要一定的测试工具。合理地利用工具，有助于快速准确地判断故障原因，定位故障点。根据网络故障的分类，检测故障的工具也可分为软件和硬件工具两种。软件工具主要是操作系统自带的诊断工具，硬件工具主要有网络测线仪、万用表、网络测试仪、时域反射仪、协议分析仪和网络万用仪等。这里介绍一些软件工具。

10.2.1　IP 测试工具

Ping 是 Windows 2000 Server 中集成的一个专用于 TCP/IP 网络的测试工具。Ping 是测试网络连接状况以及信息包发送和接收状况非常有用的工具，是网络测试最常用的命令。Ping 命令用于查看网络上的主机是否在工作，它是通过向主机发送 ICMPECHO_REQUEST 包进行测试而达到目的的。

Ping 命令把 ICMPECHO_REQUEST 包发送给指定的计算机，如果 Ping 成功了，则 TCP/IP 把 ICMP ECHO REQUEST 包发送回来，以校验与本地或远程计算机的连接，其返回的结果表示是否能到达主机、向主机发送一个返回数据包需要多长时间。对于每个发送的数据包 Ping 命令最多等待 1 s。

使用 Ping 可以确定 TCP/IP 配置是否正确，以及本地计算机与远程计算机是否正在通信。此外，还可以使用 Ping 工具来测试计算机名和 IP 地址。本地 hosts 文件或 DNS 数据库中存在要查询的计算机名时，如果仅能够成功校验 IP 地址却不能成功校验计算机名，则说明名称解析存在问题。一般在使用 TCP/IP 的网络中，当计算机之间无法访问或网络工作不稳定时，都可以试用 Ping 命令来确定问题的所在。

1. Ping 命令的格式

Ping 命令格式为：

```
ping [参数1] [参数2] […] 目的地址
```

其中目的地址是指被测试计算机的 IP 地址或计算机名称。

2. Ping 命令的常用参数

Ping 命令常用参数的含义如下：

-a：指定对目的 IP 地址进行反向名称解析。如果解析成功，Ping 将显示相应的主机名。

-n Count：指定发送回响请求消息的次数，默认值是 4。

-l Size：指定发送的回响请求消息中“数据”字段的长度（以字节为单位），默认值为 32，Size 的最大值是 65 527。

-f：指定发送的“回响请求”中 IP 头的“不分段”标记被设置为 1（仅适用于 IPv4）。“回响请求”消息不能在到目标的途中被路由器分段。该参数可用于解决路径最大传输单位（PMTU）的疑难。

-i TTL：指定回响请求消息的 IP 数据头中的 TTL 段值。其默认值是主机的默认 TTL（Time To Live，生存时间。TTL 是 IP 数据包中的一个值，它告诉网络路由器包在网络中的时间是否太长而应被丢弃）值。TTL 的最大值为 225。注意该参数不能与-f 一起使用。

-v TOS：指定发送的“回响请求”消息中的 p 标头中的“服务类型（TOS）”字段值（只适用于 IPv4）。TOS 的值是 0～255 之间的十进制数，默认值是 0。

-r Count：指定 p 标头中的“记录路由”选项用于记录由“回响请求”消息和相应的“回响回复”消息使用的路径（只适用于 IPv4）。路径中的每个跃点都使用“记录路由”选项中的一项。如果可能，可以指定一个等于或大于来源和目的地之间跃点数的 Count。Count 的最小值为 1，最大值为 9。

-s Count：指定 IP 数据头中的“Internet 时间戳”选项用于记录每个点的回响请求消息和相应的回响应答消息的到达时间。Count 的最小值是 1，最大值是 4。对于连接本地目标地址是必需的。

-j HostList：指定“回响请求”消息对于 HostList 中指定的中间目标集在 IP 标头中使用“稀疏来源路由”选项（只适用于 IPv4）。使用稀疏来源路由时，相邻的中间目标可以由一个或多个路由器分隔开。HostList 中的地址或名称的最大数为 9，HostList 是一系列由空格分开的 IP 地址（带点的十进制符号）。

-k HostList：指定“回响请求”消息对于 HostList 中指定的中间目标集在 IP 标头中使用“严

格来源路由”选项（只适用于 IPv4）。使用严格来源路由时，下一个中间目的地必须是直接可达的（必须是路由器接口上的邻居）。HostList 中的地址或名称的最大数为 9，HostList 是一系列由空格分开的 IP 地址（带点的十进制符号）。

-w Timeout：指定等待回响应答消息响应的时间（以毫秒计），该回响应答消息响应接收到的指定回响请求消息。如果在超时时间内未接收到回响应答消息，将会显示“请求超时”的错误消息。

-r：指定应跟踪往返路径（只适用于 IPv6）。

-s SrcAddr：指定要使用的源地址（只适用于 IPv6）。

-4：指定将 IPv4 用于 Ping。不需要用该参数识别带有 IPv4 地址的目标主机，要按名称识别主机。

-6：指定将 IPv6 用于 Ping。不需要用该参数识别带有 IPv6 地址的目标主机，要按名称识别主机。仅需要按名称识别主机。

Ping 命令可以通过在命令提示符下运行“ping /?”命令来查看格式及参数，如图 10-1 所示。

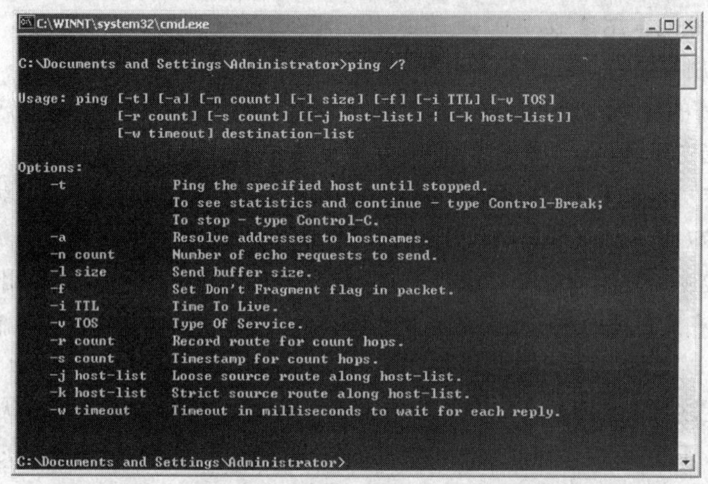

图 10-1　Ping 命令的格式与参数

在 Ping 命令测试中，如果网络未连接成功，除了出现“Request Time out”错误提示信息外，还有可能出现“Unknown hostname”（未知用户名）、“Network unreachable”（网络没有连通）、“No answer”（没有响应）和“Destination specified is invalid”（指定目标地址无效）等错误提示信息。

“Unknown hostname”表示主机名无法识别。通常情况下，这条信息出现在使用了“Ping 主机名[命令参数]”之后，如果当前测试的远程主机名字不能被命令服务器转换成相应的 IP 地址（名称服务器有故障，主机名输入有误，当系统与该远程主机之间的通信线路故障等），就会给出这条提示信息。

“Network unreachable”表示网络不能到达。如果返回这条错误信息，表明本地系统没有到达远程系统的路由。此时，可以检查局域网路由器的配置，如果没有路由器（软件或硬件），可进行添加。

“No answer”表示当前所 Ping 的远程系统没有响应。返回这条错误信息可能是由于远程系统接收不到本地发给局域网中心路由的任何分组报文，如中心路由工作异常、网络配置不正确、本地系统工作异常、通信线路工作异常等。

“Destination specified is invalid”表示指定的目的地址无效，返回这条错误信息可能是由于当前所 Ping 的目的地址已经被取消，或者输入目的地址时出现错误等。

3．常用 Ping 命令诊断

在使用 Ping 命令进行故障诊断时，可以通过 Ping 下列地址来判断故障的位置。

Ping 127.0.0.1：在此命令执行时，计算机将模拟远程操作的方式来测试本机，如果不通，则极有可能是 TCP/IP 安装不正常，应删除 TCP/IP，重新启动计算机，再重新安装 TCP/IP：或者网络适配器安装有问题，应删除后重新添加。

Ping 本机 IP 地址：如果不通，则说明相应端口的协议绑定有问题，查看网络设置，可能是网络协议绑定不正确。

Ping 其他主机 IP 地址：如果前两种方式都能 Ping 通，而不能 Ping 通其他主机的 IP 地址，那么说明其他主机的网络设置有问题，或者网络连接有问题，可以检查其他主机的网络设置，检查物理连接是否有问题。

4．Ping 命令的应用

在局域网的维护中，经常使用 Ping 命令来测试一下网络是否通畅。使用 Ping 命令检查局域网上计算机的工作状态的前提条件是局域网中计算机必须已经安装了 TCP/IP，并且每台计算机已经配置了固定的 IP 地址。

如果要检查网络中另一台计算机上 TCP/IP 的工作情况，可以在网络中其他计算机上 Ping 该计算机的 IP 地址。如果这台计算机的 IP 地址是 192.168.1.3，应用 Ping 命令的操作步骤如下：

（1）输入 Ping 命令。在命令提示符下，输入“ping 测试的目标计算机的 IP 地址或主机名”，即运行“ping 192.168.1.3”命令，如图 10-2 所示。

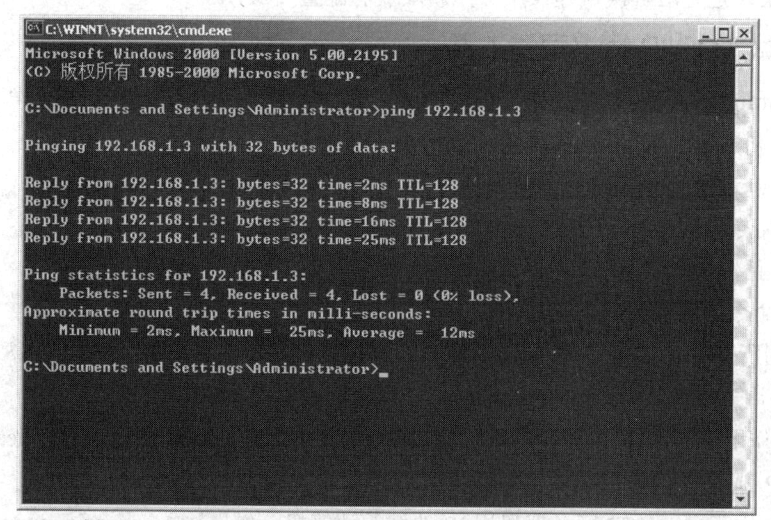

图 10-2 Ping 测试的目标计算机连通信息

（2）查看结果。按【Enter】键，如果客户机 TCP/IP 工作正常，则会显示类似“Reply from 192.168.1.3：bytes=32 time=2 ms TTL=128”信息，如图 10-2 中返回信息提示所示。

（3）如果网络未连接成功，则显示“Request Time out”（请求超时）信息，如图 10-3 所示。

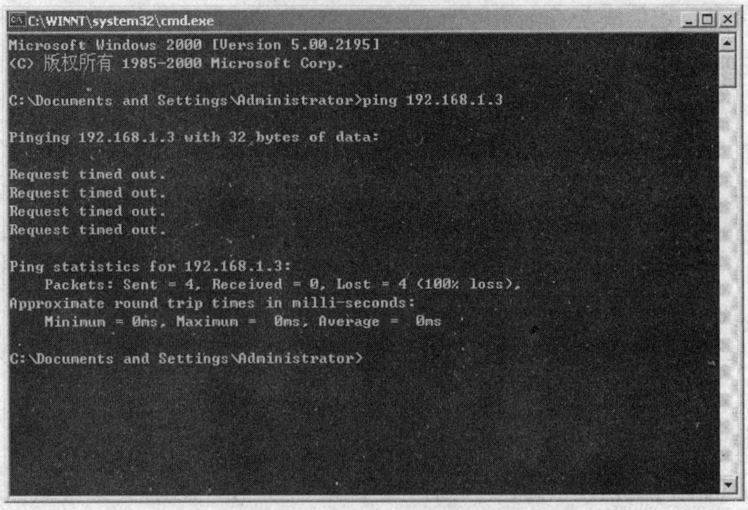

```
C:\WINNT\system32\cmd.exe
Microsoft Windows 2000 [Version 5.00.2195]
(C) 版权所有 1985-2000 Microsoft Corp.

C:\Documents and Settings\Administrator>ping 192.168.1.3

Pinging 192.168.1.3 with 32 bytes of data:

Request timed out.
Request timed out.
Request timed out.
Request timed out.

Ping statistics for 192.168.1.3:
    Packets: Sent = 4, Received = 0, Lost = 4 (100% loss),
Approximate round trip times in milli-seconds:
    Minimum = 0ms, Maximum =  0ms, Average =  0ms

C:\Documents and Settings\Administrator>
```

图 10-3　Ping 测试的目标计算机失败信息

出现以上错误提示信息时，就要仔细分析一下网络故障出现的原因和可能有问题的网上结点。可以从以下几个方面来着手检查：

网卡是否安装正确，IP 地址是否被其他用户占用。

（1）检查本机和被测试的计算机的网卡及交换机（集线器）提示灯是否亮，是否已经连入整个网络。

（2）是否已经安装了 TCP/IP，TCP/IP 的配置是否正常。

（3）检查网卡的 I/O 地址、IRQ 值和 DMA 值，是否与其他设备发生冲突。

（4）如果还是无法解决，建议用户重新安装和配置 TCP/IP。

10.2.2　测试 TCP/IP 协议配置工具

利用 Ipconfig 工具可以查看和修改网络中的 TCP/IP 协议的有关配置，例如 IP 地址、网关、子网掩码等。利用这两个工具可以很容易地了解 IP 地址的实际配置情况。

1．Ipconfig 命令的格式

Ipconfig 命令格式为：

```
ipconfig [/参数1] [/参数2] [/…]
```

Ipconfig 命令常用参数的含义如下：

All：返回所有与 TCP/IP 有关的所有细节，包括主机名、主机的 IP 地址、DNS 服务器、结点类型、是否启用 IP 路由、网卡的物理地址、子网掩码及默认网关等信息。

release：作用于向 DHCP 服务器租用 IP 地址的计算机。如果输入 ipconfig/release，那么所有接口的租用 IP 地址归还给 DHCP 服务器。

renew：作用于向 DHCP 服务器租用 IP 地址的计算机。如果输入 ipconfig/renew，那么本地计算机便重新与 DHCP 服务器联系并申请租用一个 IP 地址。

2．Ipconfig 命令的应用

在命令提示符下输入 ipconfig/all，执行结果如图 10-4 所示。

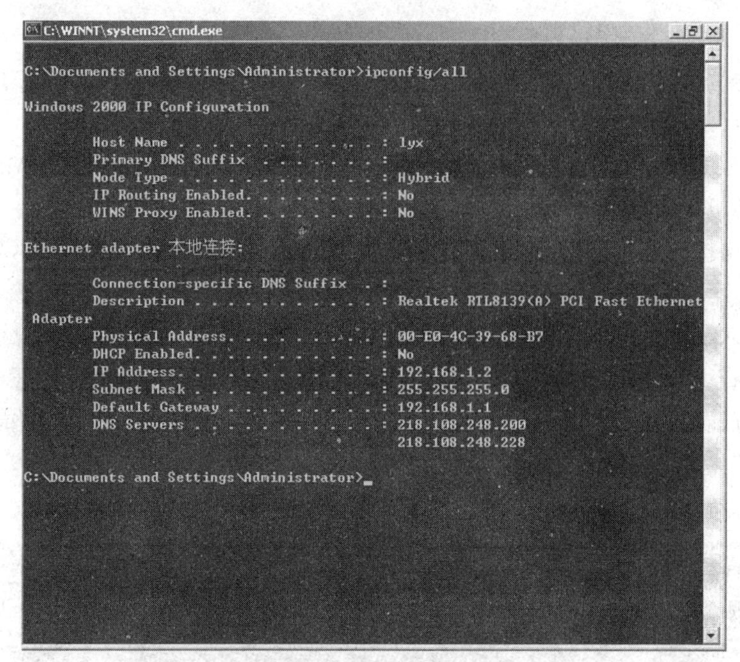

图 10-4　ipconfig/all 执行结果

10.2.3　网络协议统计工具

1．Netstat 命令

（1）Netstat 命令的格式。Netstat 命令可以了解网络的整体使用情况，显示当前正在活动的网络连接的详细信息，例如显示网络连接、路由表和网络接口信息，可以统计目前总共有哪些网络连接正在运行。

利用命令参数，Netstat 命令可以显示所有协议的使用状态，这些协议包括 TCP、UDP、IP 等。另外，还可以选择特定的协议并查看其具体信息，还能显示所有主机的端口号以及当前主机的详细路由信息。

命令格式：

```
netstat [-参数1] [-参数2] [-…]
```

常用参数的含义如下：

-a：用来显示本地机上的外部连接，也可以显示当前机器远程所连接的系统、本地和远程系统连接时使用和开放的端口，以及本地和远程系统连接的状态。这个参数通常用于获得本地系统开放的端口，可以用它检查系统上有没有被安装木马。如果在机器上运行 Netstat 后发现有 Port 12345(TCP) Netbus、Port31337(UDP) Back Orifice 之类的信息，则机器很有可能感染了木马。

-n：这个参数基本上是-a 参数的数字形式，它是用数字的形式显示以上信息，这个参数通常在检查自己的 IP 时使用，有人使用该参数是因为更喜欢用数字的形式来显示主机名。

-p protocol：用来显示特定的协议配置信息，格式为：netstat -p ***，***可以是 UDP、IP、ICMP 或 TCP，如要显示机器上的 TCP 配置情况，可以用：netstat -p tcp。

-s：显示机器默认情况下每个协议的配置统计，默认情况下包括 TCP、IP、UDP、ICMP 等协议。

-r：用来显示路由分配表。

interval：每隔“interval”秒重复显示所选协议的配置情况，直到按【Ctrl+C】组合键中断。

（2）Netstat 的应用。Netstat 工具应用很广，主要用途有：

① 显示本地或与之相连的远程机器的连接状态，包括 TCP、IP、UDP、ICMP 等协议的使用情况，了解本地机开放的端口情况。

② 检查网络接口是否已正确安装，如果在用 Netstat 这个命令后仍不能显示某些网络接口的信息，则说明这个网络接口没有正确连接，需要重新查找原因。

③ 通过加入-r 参数查询与本机相连的路由器地址分配情况。

④ 可以检查一些常见的木马等黑客程序，因为任何黑客程序都需要通过打开一个端口来达到与其服务器进行通信的目的。不过这首先要求这台计算机连入互联网，否则这些端口是不可能打开的，而且这些黑客程序也不会起到入侵的目的。

在命令提示符下输入 netstat -a，执行结果如图 10-5 所示。

图 10-5　Netstat 命令执行结果

2．Nbstat

Nbstat 命令用于查看当前基于 NetBIOS 的 TCP/IP 连接状态，通过该工具可以获得远程或本地机器的组名和机器名。虽然用户使用 Ipconfig/Winipcfg 工具可以准确地得到主机的网卡地址，但对于一个已建成的比较大型的局域网，要去每台机器上进行这样的操作就显得过于烦琐了。网管人员通过在自己上网的机器上使用 DOS 命令 Nbtstat，可以获取另一台上网主机的网卡地址。

（1）命令格式：

```
nbstat [-参数 1] [-参数 2] [-…]
```

常用参数的含义如下：

-a Remotename：说明使用远程计算机的名称列出其名称表，此参数可以通过远程计算机的

NetBIOS 名来查看其当前状态。

-A IP address：说明使用远程计算机的 IP 地址并列出名称表，与-a 不同的是，-A 只能使用 IP，其实-a 包括-A 的功能。

-c：列出远程计算机的 NetBIOS 名称的缓存和每个名称的 IP 地址。此参数用来列出在 NetBIOS 中缓存的连接过的计算机 IP。

-n：列出本地机的 NetBIOS 名称，此参数与上面所介绍的工具软件 Netstat 的-a 参数功能类似，只是此参数是检查本地的。如果把 netstat -a 后面的 IP 换为自己的，就和 nbstat -n 的效果一样了。

-r：列出 Windows 网络名称解析的名称解析统计。在配置使用 WINS 的 Windows Server 2003 计算机上，此选项返回要通过广播或 WINS 来解析和注册的名称数。

-R：清除 NetBIOS 名称缓存中的所有名称后，重新装入 Lmhosts 文件。此参数就是清除 nbtstat -c 所能看见的缓存里的 IP。

-S：在客户端和服务器会话表中只显示远程计算机的 IP 地址。

-s：显示客户端和服务器会话，并将远程计算机 IP 地址转换成 NetBIOS 名称。此参数和-S 类似，只是-s 会把对方的 NetBIOS 名称解析出来。

-RR：释放在 WINS 服务器上注册的 NetBIOS 名称，然后刷新它们的注册。

interval：每隔 interval 秒重新显示所选的统计，直到按【Ctrl+C】组合键键停止重新显示统计。如果省略该参数，Nbtstat 将打印当前的配置信息。此参数和 Netstat 的一样，Nbtstat 中的 interval 参数是配合-s 和-S 一起使用的。

（2）Netstat 的应用：

Nbtstat 工具用途很明确，主要用于远程获取机器的组名或机器名以及网卡信息。

在命令提示符下输入“nbtstat -a 远程机器的 IP 地址”，可以获取远程机器的相关信息，执行结果如图 10-6 所示。

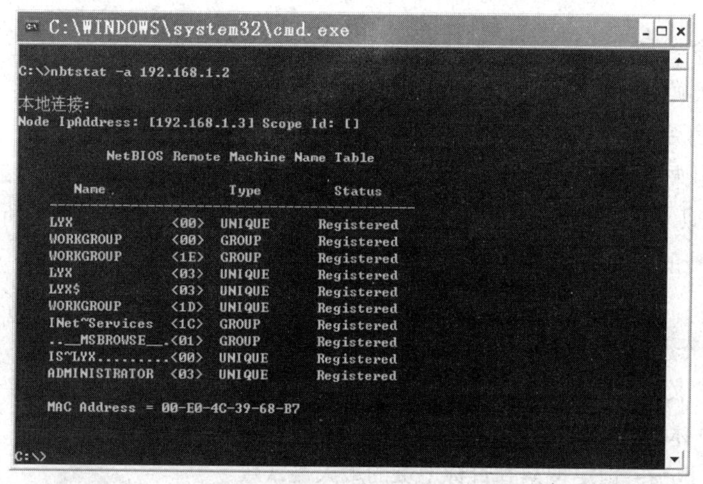

图 10-6　Nbtstat 命令执行结果

10.2.4　路由分析诊断工具

路由分析诊断工具有许多种，可以用路由器的诊断命令、Cisco 网络管理工具（CiscoWorks）和规程分析仪等方法。下面主要介绍路由器的诊断命令。

1．Show 命令

Show是一个很有用的监控命令和解决系统出现问题的工具。下面是几个常用到的Show命令。

（1）Show interface：显示接口统计信息。

一些常用的Show interface 命令：

```
Show interface ethernet
Show interface tokenring
Show interface serial
```

（2）Show controllers：显示接口卡控制器统计信息。

一些常用的Show controllers 命令：

```
Show controllers cxbus
Show controllers e1
```

（3）Show running-config：显示当前路由器正在运行的配置。

（4）Show startup-config：显示存在 NVRAM 配置。

（5）Show flash：显示 Flash memory 内容。

（6）Show buffers：显示路由器中 buffer pools 统计信息。

（7）Show memory：显示路由器使用内存情况的统计信息，包括空闲池统计信息。

（8）Show processes：显示路由器活动进程信息。

（9）Show version：显示系统硬件信息、软件版本、配置文件和启动的系统映像。

2．Debug 命令

在超级用户模式下，Debug 命令能够提供端口传输信息、结点产生的错误消息、诊断协议包和其他有用的分析诊断数据。

注意：使用 Debug 命令会占用系统资源，引起一些不可预测现象。终止使用 Debug 命令请用 No Debug All 命令。

3．Ping 命令

Ping 命令用于确定网络是否连通。已在 10.2.1 小节详细介绍过，这里不再说明。

4．Tracert 命令

Tracert 命令用来显示数据包到达目标主机所经过的路径，并显示到达每个结点的时间。此命令功能同 Ping 类似，但它所获得的信息要比 Ping 命令详细得多，它把数据包所走的全部路径、结点的 IP 以及花费的时间都显示出来。该命令比较适用于大型网络。

命令格式：

```
Tracert [-参数1] [-参数2] [-…] IP地址或主机名
```

常用参数的含义如下：

-d：不解析目标主机的名字。

-h Maximum_hops：指定搜索到目标地址的最大跳跃数。

-j Host_list：按照主机列表中的地址释放源路由。

-w Timeout：指定超时时间间隔，程序默认的时间单位是毫秒。

例如，想要了解自己的计算机与目标主机 www.sina.com 之间详细的传输路径信息，可以用 MS-DOS 方式输入 Tracert www.sina.com。

如果在 Tracert 命令后面加上一些参数，还可以检测到其他更详细的信息，例如使用参数-d，可以指定程序在跟踪主机的路径信息时，同时也解析目标主机的域名。

10.3　局域网常见故障诊断与排除

在局域网的组建和使用过程中，有时会因硬件设备发生故障而造成网络无法正常运行，也会由于 Windows 网络管理方面的设置使网络产生故障，更多的时候由于安全方面的原因引发网络危机。从网络常见故障来看，主要原因包括这几个方面：网络设备故障、网络设置故障、网络服务故障、网络安全故障、其他网络故障。

本节从实际出发，将网络中常见的故障从 5 个方面汇编并精选了一些代表性实例，通过对具体的网络故障现象分析说明故障原因，并给出排除故障的具体方法。

10.3.1　网络设备故障

局域网中发生故障的硬件设备主要有：双绞线、网卡、Modem、集线器、交换机、服务器等。从发生故障的对象来看，主要包括传输介质故障、网卡故障、Modem 故障、交换机故障。

1．传输介质故障

局域网中使用的传输介质主要有双绞线和细缆，双绞线一般用于星状网络的布线，而细缆多用于总线型网络的布线。

（1）网卡灯亮却不能上网。

① 故障现象：某局域网内的一台计算机无法连接局域网，经检查确认网卡指示灯亮且网卡驱动程序安装正确。另外，网卡与任何系统设备均没有冲突，并且正确安装了网络协议（能 Ping 通本机 IP 地址）。

② 故障分析与处理：从故障现象来看，网卡驱动程序和网络协议安装不存在问题，且网卡的指示灯表现正常，因此可以判断故障原因可能出在网线上。

因为网卡指示灯亮并不能表明网络连接没有问题，例如 100Base-TX 网络使用 1 和 2、3 和 6 线进行数据传输，即使其中一条线断开后网卡指示灯仍然亮着，但是网络却不能正常通信。

用于跳线的双绞线，由于经常插拔而导致水晶头中的线对脱落，从而引发接触不良。有时需要多次插拔跳线才能实现网络连接，且在网络使用过程中经常出现网络中断的情况。建议使用网线测试仪检查故障计算机的网线。

如果网线不好，建议重新压制水晶头。剥线时双绞线的裸露部分大约为 14 mm，这个长度正好能将各导线插入到各自的线槽。如果该段留得过长，则会由于水晶头不能压住外层绝缘皮而导致双绞线脱落，并且会因为线对不再互绞而增加信号串扰。

如果网线正常，则尝试能否 Ping 通其他计算机。如果不能 Ping 通，可更换集线设备端口再试验，仍然不通时可更换网卡。

（2）双机直连无法共享上网。

① 故障现象：某局域网内有两台计算机，其中一台计算机安装双网卡，准备实现双机直连并共享 Internet 连接。但当使用普通网线连接两台计算机后，用于双机直连的网络连接总是提示“网络线缆没有插好”。而与 ADSL Modem 相连的网络连接显示正常，更换网卡和网线后故障依旧。

② 故障分析与处理：从故障现象来看，可以断定双机直连所使用的网线有问题。用于双机直连的网线应当使用交叉线，而不能使用直通线。普通的网线一般都按照 T568B 标准做成直通线，因此不能实现双机直连。解决该问题的方法很简单，只需将用于双机直连的网线换成交叉线即可。交叉线的线序应遵循此规则：一端为白橙、橙、白绿、蓝、白蓝、绿、白棕、棕，另一端为白绿、绿、白橙、蓝、白蓝、橙、白棕、棕。

2. 网卡故障

（1）网卡 MAC 地址异常。

① 故障现象：某小型局域网采用交换机进行连接，其中有一台运行 Windows XP 操作系统的计算机不能正常连接网络，但各项网络参数设置均正确。在用 ipconfig/All 命令检查网络配置信息时，显示网卡的 MAC 地址是 FF-FF-FF-FF-FF-FF。

② 故障分析与处理：从 Ipconfig/All 的返回结果来看，应当是该计算机的网卡出现故障，因为网卡的 MAC 地址不应该是“FF-FF-FF-FF-FF-FF”这样的字符串。网卡 MAC 地址由 12 位十六进制数来表示，其中前 6 位十六进制数字由 IEEE（美国电气及电子工程师学会）管理，用来识别生产者或者厂商，构成 OUI（Organizational Unique Identifier，组织唯一识别符）。后 6 位十六进制数字包括网卡序列号或者特定硬件厂商的设定值。显示 FF-FF-FF-FF-FF-FF 则说明该网卡存在故障，由此导致使用该网卡的计算机不能正常连接局域网，建议为故障计算机更换一块新网卡后再进行测试。

（2）安装网卡后启动速度变慢。

① 故障现象：局域网采用 DHCP 动态分配 IP 地址，客户端计算机采用自动获取 IP 地址的方式。服务器计算机安装网卡连入局域网后，此客户端计算机系统启动速度比原来慢了很多。

② 故障分析与处理：安装网卡后计算机的启动速度变慢是正常现象，因为系统启动时除了需要检测网络连接外，还会自动检测网络中的 DHCP 服务器，增加了系统的启动时间。如果要加快系统的启动速度，则应该为计算机指定静态 IP 地址，以减少系统的检测时间，而不要使用自动获取 IP 地址的方式。

3. Modem 故障

无法登录 ADSL Modem 管理界面。

① 故障现象：某局域网通过 ADSL Modem（内置路由功能）拨号上网。由于最近经常掉线，想查看 ADSL Modem 管理界面中的日志。但在登录管理界面时却很难登录成功，只能在关闭 ADSL Modem 电源后重新开启才能顺利登录。不过一段时间后依然无法登录。

② 故障分析与处理：经常掉线故障的原因可能是并发访问量太大导致 ADSL Modem 超负荷运转。建议禁止用户使用 BT 下载等易产生较大数据流量的上网操作。另外，还要检查局域网中所有计算机中是否有已知或未知的蠕虫病毒，这类病毒极有可能使网络访问的速度变得极为缓慢，从而导致用户在访问 ADSL Modem 的管理页面时出现不正常的超长延时访问现象。

4. 交换机故障

（1）交换机端口不正常。

① 故障现象：局域网内部使用一台 24 口可网管的交换机，将计算机连接到该交换机的一个端口后，不能访问局域网。更换交换机端口又能恢复网络连接，这个故障端口偶尔也能与其他计算机建立正常的连接。

② 故障分析与处理：这个故障的可能是交换机端口损坏导致的。

如果计算机与交换机某端口连接的时间超过了 10 s 仍无响应，那么就已经超过了交换机端口的正常反应时间。这时如果采用重新启动交换机的方法就能解决这种端口无响应问题，说明是交换机端口临时出现了无响应的情况。如果此问题如果经常出现，而且限定在某个固定的端口，则此可能已经损坏，建议闲置该端口或更换交换机。

（2）更换交换机后无法上网。

① 故障现象：某学校局域网通过路由器接入 Internet，其中一台计算机在使用 10 Mbit/s 集线器连接时能够正常连接局域网和 Internet，更换 10/100 Mbit/s 自适应交换机后，虽然系统托盘上显示网络连接正常，却无法连接到 Internet。无论是让路由器分配 IP 地址还是指定静态 IP 地址都不能连接。

② 故障分析与处理：此类故障一般可以从以下几个方面进行检查：

为故障计算机指定一个静态的 IP 地址，该 IP 地址必须与局域网其他计算机位于同一个网段，并采用相同的子网掩码、默认网关和 DNS。当然不能与其他计算机的 IP 地址发生冲突。

使用 Ping 命令 Ping 网络内的其他计算机，确认网络连接是否正常。如果能够 Ping 通说明网络连接没有问题，否则故障发生在本地计算机与交换机的连接上。应当使用网线测试仪检查相应网线的连通性。

Ping 路由器内部 IP 地址，如果能 Ping 通说明路由器存在 IP 地址分配故障，极有可能是由 IP 地址池内的 IP 地址数量过少造成的。如果不能 Ping 通则说明物理链路发生故障，应当检查相应的物理连接。

根据故障具体现象描述，在 10 Mbit/s 网络中可以正常接入，但连接至 100 Mbit/s 交换机时无法通信，因此可以怀疑连接该计算机的跳线有问题，或者没有按照 T568A 或 T568B 的标准压制网线。建议使用网线测试仪测试连接该计算机与交换机跳线的连通性。

（3）物理链路不通导致计算机不能连接局域网。

① 故障现象：某小型局域网综合布线完成后实现了计算机之间的互连，扩充计算机数量后，做了一条网线将计算机连接至信息插座，结果发现无法连接局域网，可以 Ping 通自己但不能 Ping 通其他计算机和默认网关，在“网上邻居”中也只能看到自己。

② 故障分析与处理：根据故障描述可能是物理链路不通。

综合布线只是实现链路的铺设，要想实现计算机与网络设备的连接，除了需要用网线连接计算机与信息插座外，还必须用跳线连接配线架与网络设备。配线架上的每个端口都对应一个信息插座，只有将该端口连接至集线设备才能将计算机连接至网络。集线设备与配线架的连接以及计算机与信息插座的连接所使用的跳线全部都是直通线。需要注意的是，10Base-T 和 100Base-TX 网络只使用双绞线 4 对线中的 2 对，即 1、2 线对和 3、6 线对，而 1000Base-T 网络使用双绞线的全部 4 对线。因此在连接网络时，一定要使用网线测试仪测试整条链路，保证 8 条线必须全部连通。

（4）路由器故障导致掉线。

① 故障现象。两台计算机使用 TP-LINK R410 宽带路由器共享上网，连接完成后发现无论哪台计算机先开机上网，当另一台开机时必定会出现掉线现象，此时重新连接可以恢复正常。

② 故障分析与处理。从故障现象可以判断是路由器存在物理或设置问题，建议按照以下步骤

排除故障：重新启动路由器看故障是否能被排除；检查计算机与路由器的连接是否采用直通线，虽然 TP-LINKR410 路由器支持自动翻转，不过使用非正常的跳线往往会导致一些故障发生。将其更改为使用代理服务器方式上网，重复两台计算机的开关机操作检测 ADSL Modem 的连接是否正常，如果有异常则表明 ADSL Modem 存在问题。

10.3.2 网络设置故障

在 Windows Server 2003 中网络管理的内容繁多，涉及网络设备、网络协议等多方面的技术知识，在网络运行过程中有时由于网络设置或调整不当，会导致网络故障。在处理这类故障时，要求网络管理人员能快速判断故障的性质和范围，及时排除有关网络连接、网络协议、网络参数设置、网络权限管理等方面的问题。

从发生故障的原因来看主要有：网络连接设置故障、网络协议设置故障、网络参数设置故障、网络权限故障等。

1. 网络连接设置故障

案例：局域网内不能 Ping 通。

① 故障现象：某局域网内的一台运行 Windows Server 系统的计算机和一台运行 Windows XP 系统的计算机，Ping 127.0.0.1 和本机 IP 地址都可以 Ping 通，但在相互间进行 Ping 操作时却提示超时。

② 故障分析与处理。在局域网中，不能 Ping 通计算机的原因很多，主要可以从以下两个方面进行排查。

- 对方计算机禁止 Ping 动作。如果计算机禁止了 ICMP（Internet 控制协议）回显或者安装了防火墙软件，会造成 Ping 操作超时。建议禁用对方计算机的网络防火墙，然后使用 Ping 命令进行测试。
- 物理连接有问题。计算机之间在物理上不可互访，可能是网卡没有安装好、集线设备有故障、网线有问题。在这种情况下使用 Ping 命令时会提示超时。尝试 Ping 局域网中的其他计算机，查看与其他计算机是否能够正常通信，以确定故障是发生在本地计算机上还是发生在远程计算机上。

2. 网络参数设置故障

案例：设置固定 IP 地址的计算机不能上网。

① 故障现象：某局域网中一台分配了固定 IP 地址的计算机不能正常上网，但在同一局域网内的其他计算机都能正常上网。这台计算机 Ping 局域网中的其他计算机也都正常，但不能 Ping 通网关。更换网卡后故障仍然存在。将这台计算机连接到另一个局域网中，可以正常上网。

② 故障分析与处理：造成这种故障的原因是没有正确设置好计算机的网关或子网掩码。无法 Ping 通网关，很可能是网关设置错误。不同 VLAN 间的计算机通信时，必须借助默认网关路由到其他网络。所以当默认网关设置错误时，将无法路由到其他网络，导致网络通信失败。子网掩码是用于区分网络号和 IP 地址号的，设置错误，也会导致网络通信失败。解决方法是认真检查默认网关和子网掩码的设置。

3. 网络协议设置故障

案例：无法用计算机名访问共享资源。

① 故障现象：某局域网中通过在“运行”文本框输入“\\共享计算机名”的形式访问其他计算机的共享资源。在为所有的计算机重新安装系统后，发现某一台计算机不能通过这种方式访问其他计算机。当在“运行”文本框中输入“\\共享计算机名”之类的 UNC 路径时，提示找不到该计算机，而这台共享计算机可以被其他计算机访问。

② 故障分析与处理：从故障的现象看，首先可以排除网络物理连接存在问题。

由于是在重装系统后出现了问题，可以重点检查网卡驱动程序或网络协议是否安装正确，IP 地址是否设置正确。如果 IP 地址设置没有问题且已经安装网卡驱动程序，建议在“设备管理器”中删除网卡驱动程序后重新安装。

4．网络权限故障

案例：篡改 IP 地址导致网络中多台计算机无法上网。

① 故障现象：某学校机房拥有 60 台计算机，所有客户端计算机均运行 Windows XP 系统。但是有人经常随意修改 IP 地址，从而导致很多客户端计算机无法正常上网。

② 故障分析与处理：故障是由于 IP 地址的篡改引起的，只要在局域网中禁止随意更改 IP 地址就可以解决问题。

解决方案有两种，一种是基于客户机端的，一种是基于服务器端的。在客户机端，只要将每台计算机的 IP 地址和网卡的 MAC 地址进行绑定即可，例如将固定分配的 IP 地址与机器的网卡 MAC 地址利用 ARP 命令绑定。可以在“命令提示符”窗口中执行命令“arp–s　IP 地址　MAC 地址”。将这条命令加入开机的自动批处理命令中，在开机时自动执行一次就可以了。如果想要解除绑定，可执行命令“arp -d　IP 地址　MAC 地址”。

如果是在 Windows 域环境中，可以使用组策略限制用户修改 IP 地址，并部署 DHCP 服务动态分配 IP 地址。这样所有客户机都将使用分配到的合法 IP 地址上网，不能随意更改 IP 地址，确保网络的正常使用。

10.3.3　网络服务故障

Windows Server 提供了丰富的网络服务，方便了网络管理。通过安装 Windows 网络服务组件和第三方工具软件，可以进一步把 Windows 服务器配置成 Web 服务器、FTP 服务器、DHCP 服务器、DNS 服务器、流媒体服务器等。在使用和配置过程中，由于很多原因有时会造成网络服务的故障。

发生故障的网络服务主要有：文件服务故障、网络打印服务故障、IIS 服务故障、WWW 故障、FTP 服务故障、DNS 故障、DHCP 服务故障。

1．文件服务故障

案例：系统提示“找不到网络路径”。

① 故障现象：局域网中的计算机 A 在通过“\\IP 地址\共享名”的方式访问计算机 B 的共享资源时，系统提示“找不到网络路径”。但是计算机 B 却能访问计算机 A 中的共享资源，而且同一个局域网中的其他计算机也能正常访问计算机 A 中的共享资源。

② 故障分析与处理：所有的计算机都能访问到计算机 A 中的共享资源，说明网络协议和网络连接都是正确的。导致其他计算机无法访问计算机 B 中的共享资源的原因，可能是计算机 B 中没有安装网络文件和打印机共享协议，或者计算机 B 安装了网络防火墙，也有可能是

139、445 等端口被屏蔽了。排除上述可能性后，还可重新安装 TCP/IP，并正确设置 IP 地址来解决。

2. IIS 服务故障

案例：IIS 服务启动失败。

① 故障现象：局域网中的一台 Windows Server 2003 服务器，更新安装了 IIS 6.0 组件。在一次手动启动 Web 服务的时候出现错误提示“地址被占用，启动失败!”，从而无法启动 IIS。

② 故障分析与处理：一般导致 IIS 启动失败的原因主要包括以下几种：

- IIS 完整性遭到破坏，一些运行 IIS 必需的程序文件损坏或者被破坏。
- 计算机内存校验错误导致故障发生。

根据上述故障现象分析，可以通过重新安装 IIS 组件或重新启动 IIS 来解决问题。IIS 组件的完整性遭到破坏是造成 IIS 无法启动的常见原因，此类故障解决起来比较简单，只需重新安装 IIS 即可解决。

要重新启动 IIS 服务，可以通过在命令行窗口里输入 IISReset 命令。

3. DNS 故障

案例：无法使用域名访问 Internet。

① 故障现象：小型局域网通过 ADSL 宽带路由器接入 Internet，每台计算机分配有静态的 IP 地址。由于需要，将其中一台运行 Windows Server 的计算机配置成了 DNS 服务器，并启用了 WWW、FTP 服务。现在的问题是，如果将客户机的 DNS 地址指向内网的 DNS 服务器，则客户机无法接入 Internet。而如果将 DNS 指向公网提供的 DNS 地址，则又不能使用设置的域名访问内网提供的服务。

② 故障分析与处理：从故障现象可以看出是 DNS 解析出现了问题。该问题可以通过为内网的 DNS 服务器设置转发器来解决。具体步骤如下：

- 打开 DNS 控制台窗口。
- 在左窗格中选中服务器名称，然后在右窗格中右击“转发器”选项，选择“属性”命令，打开“Server Name 属性”对话框的“转发器”选项卡。
- 在“所选域的转发器的 IP 地址列表”文本框中输入公网的 DNS 服务器地址；单击“添加”按钮，再单击“确定”按钮。

10.3.4 网络安全故障

1. 局域网安全设置故障

案例：防止局域网资源的非法访问。

① 故障现象：局域网中的计算机并没有执行文件读/写操作，但硬盘灯却突然闪烁不停，系统反应变慢。

② 故障分析与处理：排除其他后台备份程序、杀毒软件操作的可能性后，可能是有人利用网络远程访问了该计算机。可以主要从两个方面来解决。

- 使用计算机管理工具监视本机的“共享”“会话”“打开文件”，找到秘密入侵者。
- 修改组策略指定特殊的用户才能访问共享资源，限制秘密入侵者可能取得资源，只允许许可的用户来访问特定的共享资源。

2．病毒引发的安全故障

案例：局域网病毒感染后，网络速度极慢，病毒很难杀尽。

① 故障现象：局域网中的计算机 A 感染病毒迅速传播给多台计算机，进行杀毒后，很多机器很快重新感染病毒。

② 故障分析与处理：由于网络的特殊环境，上网的计算机比较容易感染病毒。在计算机病毒传播形式和途径多样化的趋势下，大型网络进行病毒的防治是十分困难的。解决这个问题主要从以下几个方面来考虑：

- 增强安全意识，主动进行安全防范。
- 上网时，注意安全。尤其对不信任的邮件不要轻易打开、接收。
- 选择优秀的网络杀毒软件，定期升级扫描病毒，发现病毒要杀尽。
- 平时关闭网络中的共享服务，改用相对安全的 FTP 服务，对网络安全做好相应的设置。

10.3.5　其他网络故障

在网络组建完成后，在使用中仍然可能会遭遇各种疑难问题。本小节将剖析前面未提及的网络故障，主要涉及连接中一些经典的活动目录和组策略故障、无线网络故障实例，以帮助大家解决实际问题。

1．活动目录和组策略故障

（1）案例：无法使用账号登录。

① 故障现象：在基于域管理模式局域网中，在建设机房时通过镜像的方法为计算机安装系统。局域网使用一段时间之后，将其中一台计算机用镜像文件恢复系统。恢复完毕后发现在该计算机上用合法的域用户账户不能登录域。

② 故障分析与处理：每台域成员计算机在域控制器（DC）的数据库中记录着一个对应的条目，域控制器就是通过该条目跟踪域中的所有计算机，该条目包含了工作站的计算机名称，而使用镜像文件恢复的系统会使客户端计算机名称跟 DC 中的名称不一致，因此该工作站就无法在域中通过验证，当然也就无法登录到域中。

解决问题的方法是先使用本地账号登录到本地系统，然后执行退出域的操作并重新启动计算机。重启后再次执行加入域的操作即可解决问题。所谓退出域就是将该计算机改为隶属于“工作组”。

（2）案例：域账户数量上限的突破。

① 故障现象：在基于域管理模式局域网中，DC（域控制器）运行当前系统。当将新添加的工作站计算机加入域时出现“已超出域上允许创建的计算机账户的最大值，请复位或增加限定值”的提示信息。

② 故障分析与处理：根据故障现象可以判断出域控制器的许可证数量太少，可以在域控制器中添加客户访问许可证来解决问题，具体操作步骤如下：

a．在域控制器上打开“控制面板”窗口，双击“授权”图标，打开“选择授权模式”对话框。保持“每服务器同时连接数”单选按钮的选中状态，并单击“添加许可证”按钮。

b．打开“新增客户访问许可证”对话框，在“数量”文本框中根据域账户的使用情况重新输入一个合适的数字。

c．确认得到了微软的合法授权后，单击“确定”“同意”按钮完成设置更改。

2．无线网络故障

（1）案例：无线 AP 损坏。

① 故障现象：局域网中的计算机机房因线路问题，在快速的几次断电、续电过程后（几秒内），管理员将机房的电源开关彻底关闭。待电源正常后，发现台式机可以正常上网，而使用无线方式上网的笔记本式计算机，却没有信号。

② 故障分析与处理：从故障现象看可能会是硬件的问题。要确定无法连接网络问题的原因，首先检测一下网络环境中的计算机是否能正常连接无线接入点。简单的检测方法是在有线网络中的一台计算机中打开 DOS 命令行模式，然后使用 Ping 命令检测无线接入点的 IP（如 Ping 192.168.1.1）地址。如果无线接入点响应了这个 Ping 命令，则证明有线网络中的计算机可以正常连接到无线接入点。如果无线接入点没有响应，有可能是计算机与无线接入点间的无线连接出现了问题，或者是无线接入点本身出现了故障。

要确定具体的原因，可以先从无线客户端 Ping 无线接入点的 IP 地址。如果成功则说明刚才那台计算机的网络连接部分可能出现了问题，如网线损坏。如果无线客户端无法 Ping 到无线接入点，则证明无线接入点本身工作异常。此时可以将其重新启动，等待大约 5 min 后再通过有线网络中的计算机和无线客户端，利用 Ping 命令来查看它是否能连通。

如果从这两方面 Ping 无线接入点依然没有响应，则证明无线接入点已经损坏或者配置错误。此时可以将这个可能损坏了的无线接入点通过一根可用的网线连接到一个正常工作的网络中，检查它的 TCP/IP 配置。

最后，再次在有线网络客户端 Ping 这个无线接入点，如果依然失败，则表示这个无线接入点已经损坏了，这时就应该更换新的无线接入点了。

（2）案例：无线网络传输速度慢。

① 故障现象：某局域网内采用了一台 IEEE 802.11b 标准的无线 AP，针对 50 人左右的无线客户端搭建一个无线网络。在实际使用中，发现该网络传输速度很慢。

② 故障分析与处理：通常一台 AP 的最佳用户数在 30 左右，虽然理论上标称可以支持到 70 多个用户，但是随着接入无线客户端的增多，网络的传输速率下降很快。

为了达到较好的传输性能，根据本例实际的应用规模，建议另外配置一台 AP，并将两个 AP 连接在一起。

为了确保使用的安全，提高通信的能力，可以将两个 AP 设置为互不相邻的通道，并为无线 AP 手工设置 MAC 地址过滤，分别接入一部分指定的用户。启用 MAC 地址过滤后，无线路由器就会对数据包进行分析，如果此数据包是从所禁止的 MAC 地址列表中发送而来的，那么无线路由器就会丢弃此数据包，不进行任何处理。在无线网络内，还可以把 MAC 地址和 IP 地址进行绑定，并对其 MAC 地址分配一定的权限。这样做将大大增强通信的安全，不足之处就是降低了一定程度的灵活性。

本章小结

本章主要介绍了网络故障诊断与排除的策略和步骤，详细说明了网络故障诊断命令工具。通过对网络故障的实例分析和故障诊断，对网络故障的常见问题进行了说明。

练　习　题

1. 网络故障诊断与排除的策略和步骤有哪些？
2. Ping 命令常用参数的含义是什么？
3. 常用网络测试诊断工具有哪些？
4. 局域网常见故障有哪几类？
5. 结合实际谈谈你对网络故障排除的经验和方案规划。

第 11 章　局域网安全与管理

【教学要求】

掌握：局域网管理工具的使用方法，本地安全策略的设置方法。

理解：网络监视器、任务管理器、事件查看器及本地安全策略的功能。

了解：防火墙所用的技术、入侵检测系统作用、严查代码种类。

局域网的发展，使人们更好、更方便地领略到了高科技所带来的实惠，大大节省了宝贵的硬件资源和有限的软件资源，节省了重复性建设所需的大量资金，提高了效率，领略到了单机所不能比拟的优越性，同时也为管理员更方便地管理计算机资源提供了保障，减轻了管理员的劳动。但在网络应用中，还不可避免地存在一些问题，尤其是网络安全，更是不容忽视，否则将会给网络造成不必要的损失，甚至导致网络瘫痪，给依赖网络进行日常工作和管理的企事业单位造成巨大的损失。

11.1　局域网管理工具

在对局域网进行管理的过程中，要借助一些管理工具，以便能够更有效地监视网络并发现网络中的故障，从而采取相应的措施排除这些故障，使网络更加稳定。下面来分析几个常用的域网管理工具。

11.1.1　网络监视器

网络监视器是一个运行于 Windows 2000 Server 和 Windows Server 2003 上的网络问题诊断工具，它监视局域网并提供网络统计信息的图形化显示。

1. 网络监视器介绍

网络监视器作为一个网络管理工具，主要是通过对网络数据的分析来实现网络监视功能。网络监视器可以实现直接从网络中捕获数据包（帧），显示、筛选、保存或者打印已捕获的数据包。

对于网络用户来说，通过网络监视器可以了解网络活动，包括网络组件的行为和通信量。对于网络管理员来说，通过网络监视器可以监视网络活动，检测和解决在本地计算机上可能遇到的网络问题。例如，当服务器不能与计算其他计算机通信时，网络管理员可以使用网络监视器来检测是否有硬件或软件方面的问题，也可以将网络活动的记录作为文件保存，然后发送给专业网络分析员或支持机构。对于网络应用程序开发人员来说，在程序开发过程中可以通过网络监视器对网络应用程序进行监视和调试。

另外，使用网络监视器可以标识网络通信模式和网络问题。例如，定位客户端到服务器的连接问题，发现工作请求数目不成比例的计算机以及标识网络上未经授权的用户。

网络监视器用于侦测网络中各计算机之间的通信情况，并生成报告或者保存结果为文件，供有关人员分析网络情况等。

2．网络监视器的使用方法

（1）安装网络监视器。Windows Server 2003 在默认安装的情况下，并没将网络监视器安装到操作系统中，必须进行手动安装。

① 打开“控制面板”，双击“添加或删除程序”图标，打开：“添加/删除程序”窗口，单击“添加/删除 Windows 组件”按钮，出现“Windows 组件向导”对话框，如图 11-1 所示。

② 选中“管理和监视工具”选项，然后单击“详细信息”按钮，进入“管理和监视工具”对话框，选择“网络监视工具”选项，如图 11-2 所示。

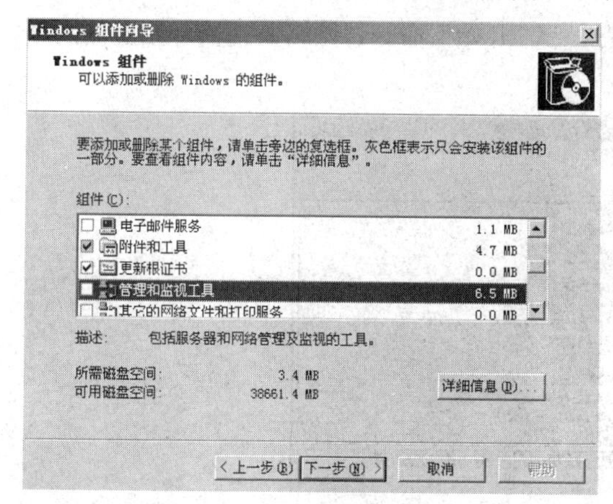

图 11-1 “Windows 组件向导”对话框

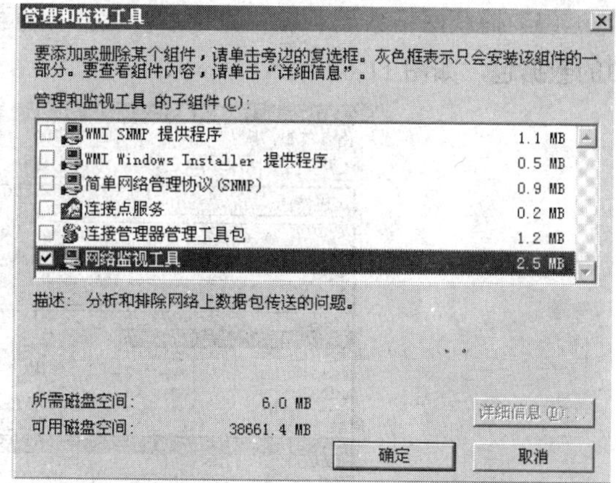

图 11-2 “管理和监视工具”对话框

③ 单击“下一步”按钮，系统将自动安装网络监视工具。

（2）设置网络监视器。其设置步骤如下：

① 组件添加完毕后，选择“开始”|“程序”|“控制面板”|“管理工具”|“网络监视器”命令，弹出提示信息，提示指定要捕获数据的网络，如图 11-3 所示。

图 11-3 提示信息

② 单击“确定”按钮，如果服务器有一块网卡，连接了一个网段，则直接进入网络监视器，如图 11-4 所示。

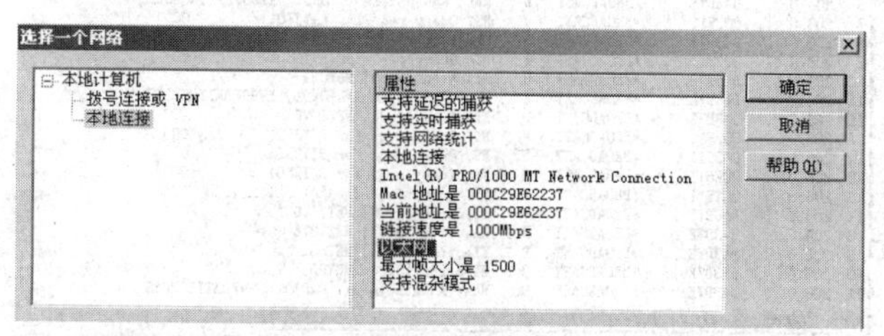

图 11-4 选择监视网络的对象

③ 单击“确定”按钮，进入网络监视器。在启用网络监视器之前，如果网络流量非常大，有必要设置一下监视器的临时存盘文件路径，并修改缓冲区大小或者数据包的大小。

④ 确认后单击“确定”按钮返回网络监视器主控窗口，选择“捕获”|“缓冲区设置”命令，适当更必缓冲区大小（默认为 1 MB），也可以设置数据包大小，如图 11-5 所示。

⑤ 单击“确定”按钮确认修改，返回网络监视器。

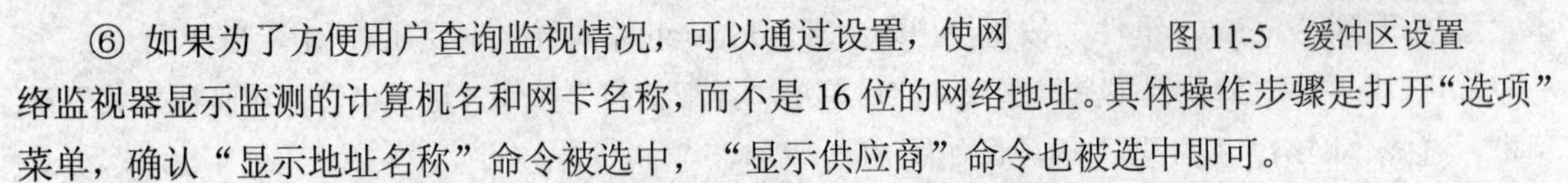

图 11-5　缓冲区设置

⑥ 如果为了方便用户查询监视情况，可以通过设置，使网络监视器显示监测的计算机名和网卡名称，而不是 16 位的网络地址。具体操作步骤是打开“选项”菜单，确认“显示地址名称”命令被选中，“显示供应商”命令也被选中即可。

（3）捕获网络数据。设置完毕后，选择“捕获”|“开始”命令，网络监视器开始监测网络中的数据包，如图 11-6 所示。

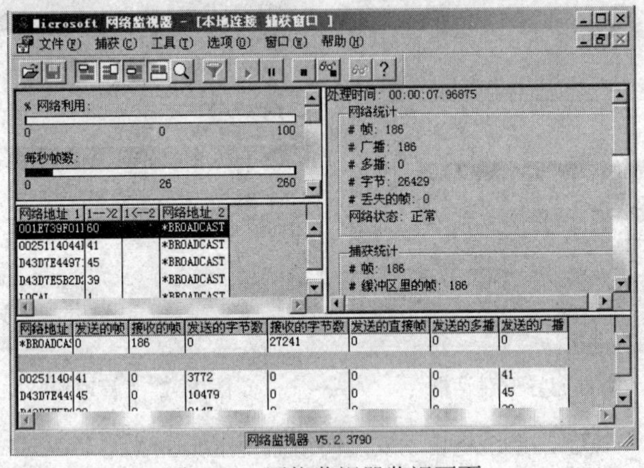

图 11-6　网络监视器监视画面

（4）分析捕获到的数据。在查看和分析捕获到的数据之前，需要停止网络监视器，选择“捕获”|“停止”命令，然后选择“查看捕获到的数据”（也可以停止前选择“停止并查看”命令），进入数据分析器，如图 11-7 所示。双击要查看的帧（数据包），可以看到关于此帧的详细分析，如图 11-8 所示。

图 11-7　数据分析器

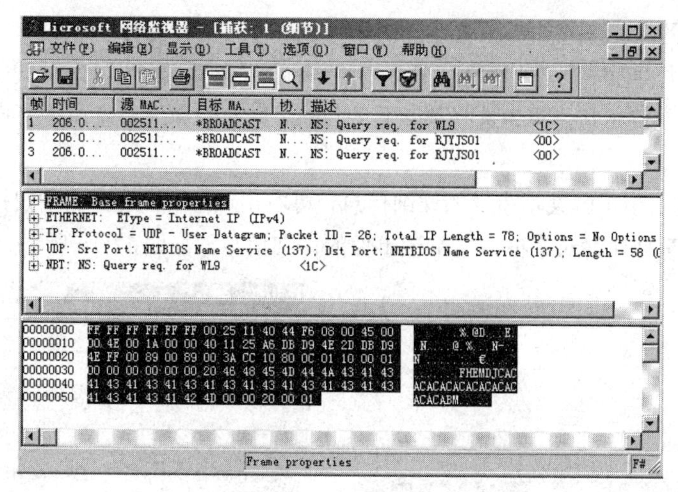

图 11-8　分析数据包

11.1.2　事件查看器

事件查看器是 Windows Server 2003 操作系统中的一个管理工具，通过它可以对网络中的活动和事件进行监视。其中的“事件日志”收集了有关计算机软硬件和系统问题的各种信息，同时它还可以监视网络中的安全事件。事件日志记录了以下 3 个方面的事件：

（1）应用程序日志：应用程序日志包含由应用程序或系统组件记录的事件。例如，数据库程序可应用日志中记录文件错误。

（2）系统日志：系统日志包括 Windows Server 2003 的系统组件记录的事件。例如，启动过程加载的驱动程序或其他系统组件失败。

（3）安全日志：安全日志可以记录安全事件，如有效的和无效的登录尝试以及与创建、打开或删除文件等资源使用相关联的事件。管理器可以指定在安全日志中记录什么事件。例如，如果已启动登录审核，登录系统的尝试将记录在安全日志中。

密切注意事件日志有助于预测和识别系统问题的根源。例如，如果日志警告显示磁盘驱动程序在几次重试后，只能读取或写入到某个扇区中，则该扇区最终可能出现故障。日志也可用于确定软件问题，如果程序崩溃，程序事件日志可以记录该事件的活动记录。

事件日志记录以下 5 类事件：

（1）错误：重要的问题，如数据丢失或功能有丧失。例如，在启动过程中某个服务加载失败，这个错误会被记录警告。

（2）警告：并不是非常重要，但有可能说明将来潜在问题的事件。例如，当磁盘空间不足时，将会记录警告。

（3）信息：描述了应用程序、驱动程序或服务的成功操作的事件。例如，当网络驱动程序加载成功时，将会记录一个信息事件。

（4）成功审核：成功的审核安全访问尝试。例如，用户试图登录系统成功会被作为成功审核事件记录下来。

（5）失败审核：失败的审核安全登录尝试。例如，如果用户试图访问网络驱动器失败了，则该尝试将会作为失败审核事件记录下来。

查看事件日志的操作步骤如下：

选择“开始”|“程序”|“管理工具”|“事件查看器”命令，打开“事件查看器”窗口，如图 11-9 所示。在左侧树状目录中选择要查看的日志，则右侧详细信息窗格中将列出该类的所有事件。

（1）如果想进一步了解某个事件的详细信息，可右击该事件，在弹出的快捷菜单中选择“属性”命令，弹出该事件属性对话框，显示该事件的详细信息，如图 11-10 所示。

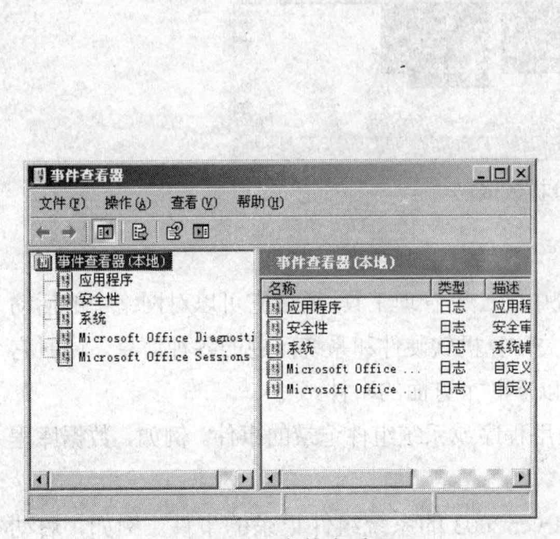

图 11-9　事件查看器

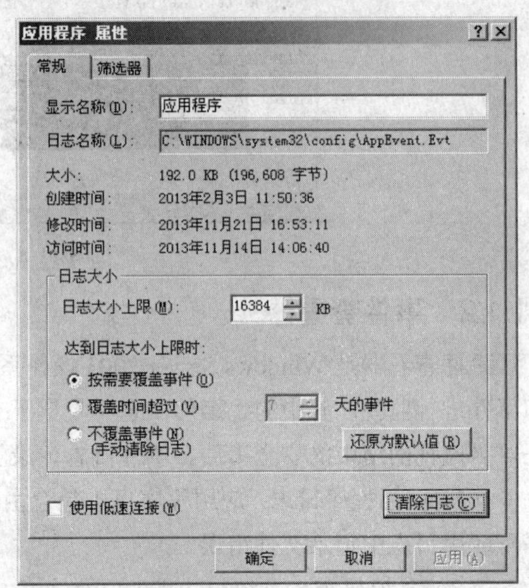

图 11-10　“应用程序”对话框

（2）若需要查看系统事件，可以在左侧的树状目录中选择“系统”选项，则右侧出现与系统相关的事件记录，如图 11-11 所示。

（3）如果要搜索特定的事件，可选择“查看”|“查找”命令，打开查找对话框，如图 11-12 所示。

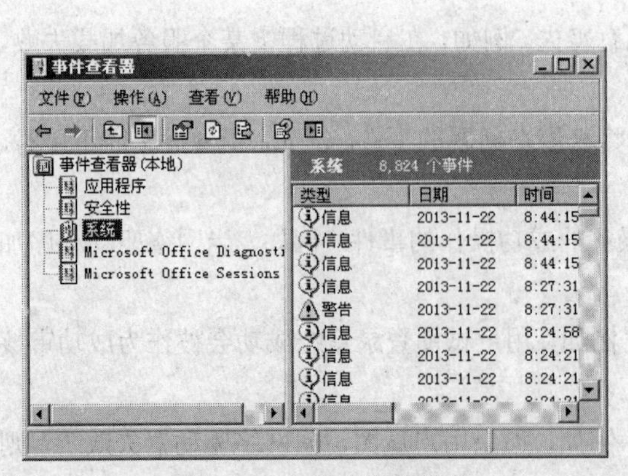

图 11-11　系统事件信息

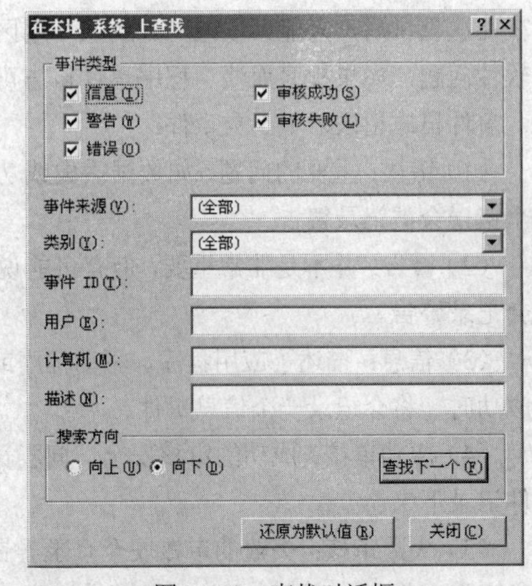

图 11-12　查找对话框

11.1.3　任务管理器

对于服务器而言，随时查看服务器系统资源的可利用率，如 CPU 使用情况、内存使用情况等，对于服务器的稳定性非常重要。

Windows 任务管理器提供了有关计算机性能的信息，并显示了计算机上所运行的程序和进程的详细信息；如果连接到网络，还可以查看网络状态并迅速了解网络是如何工作的。

利用 Windows 任务管理器，可以结束程序或进程、启动程序、查看计算机性能动态显示。按【Ctrl+Alt+Del】组合键，单击“任务管理器”按钮，即可弹出“Windows 任务管理器”窗口，如图 11-13 所示。

Windows 任务管理器的用户界面提供了“文件”“选项”“查看”“帮助”4 个菜单，其下还有“应用程序”“进程”“性能”“联网”“用户”等选项卡，窗口底部则是状态栏，从这里可以查看到当前系统的进程数、CPU 使用比率和内存的使用情况，默认设置下系统每隔 2 s 对数据进行一次自动更新，也可以选择“查看”|“更新速度”命令重新设置。

任务管理器最主要的 3 个选项卡是“应用程序”“进程”和“性能”，分别用于 Windows 系统查看正在运行的应用程序、所有任务的进程和整个服务器的性能。

在“应用程序”选项卡中，可以查看应用程序运行情况，如提示“正在运行”，则表示该程序运行正常；如提示“停止响应”，则有可能该程序已经终止运行。如在“任务”列表中选中该应用程序，然后单击“切换至”按钮，等 1 min 左右还没有反应，则可以单击“结束任务”按钮终止停止响应的应用程序，以免整个服务器的系统资源被耗尽而导致系统崩溃。

在一般情况下，使用“结束任务”功能可以将停止响应的应用程序关闭，但有时候也不尽然，而且黑客或者特洛伊木马在应用程序的任务列表中并不显示，这时需要用到 Windows 的进程查看程序，如图 11-14 所示。

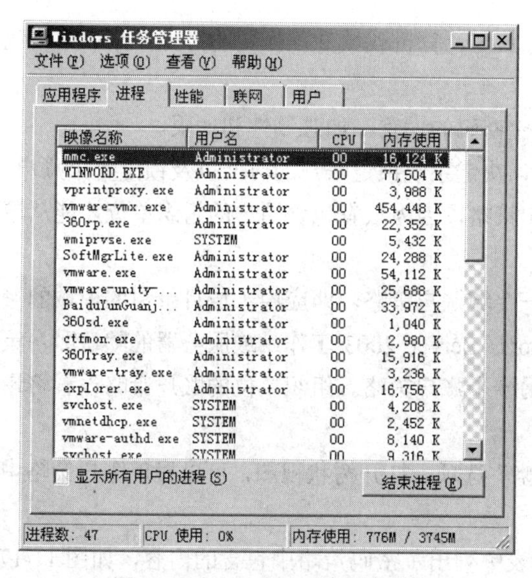

图 11-13　Windows 任务管理器

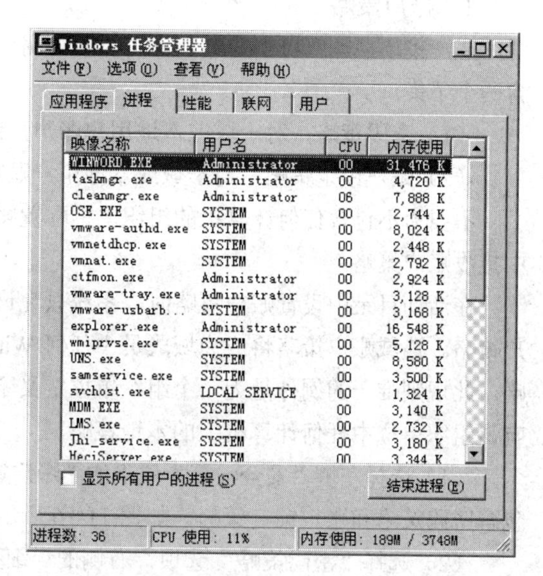

图 11-14　Windows 的进程查看程序

对于有问题的进程，可以选中该进程，并单击底部的“结束进程”按钮结束，当然，这需要相当的经验。

11.1.4 本地安全策略

安全设置和安全策略是配置在一台或多台计算机上的规则，用于保护护计算机或网络上的资源。安全设置可以控制以下几个方面：

（1）用户访问网络或计算机的身份认证方式。

（2）授权给用户可以使用的资源。

（3）是否将用户或者组的操作都记录在事件日志中。

（4）组成员。

选择“开始”|“程序”|“管理工具”|“本地安全策略”命令，打开“本地安全设置”窗口，如图 11-15 所示。其中包含了一些安全设置组，一般常用的就是“账户策略”和“本地策略”选项组。

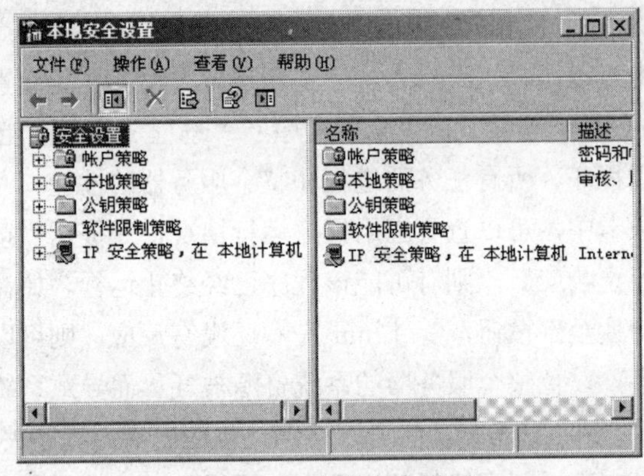

图 11-15 本地安全设置

1．账户策略

账户策略在计算机上定义，还可以影响用户账户与计算机或域交互作用的方式。账户策略包含两个子集。

（1）密码策略：对于域或本地用户账户，决定密码的设置，如强制性和期限。

（2）账户锁定策略：对于域或本地用户账户，决定系统锁定账户的时间以及锁定哪个账户。

不要为不包含任何计算机的组织单位配置账户策略，因为只有包含用户的组织单位才能从域中接收账户策略。

在活动目录中设置账户策略时，系统只允许一个域账户策略，即应用于域目录树的根域的账户策略。该域账户策略将成为域成员中任何 Windows Server 2003 工作站或服务器的默认账户策略。此规则唯一的例外是为一个组织单位定义了另一个账户策略。组织单位的账户策略设置将影响该组织单位中任何计算机上的本地策略。

（1）选择左侧“安全设置”项下的“账户策略”选项，打开树状视图，可以发现账户策略中包含密码策略和账户锁定策略，如图 11-16 所示。

（2）选择“密码策略”选项，右侧的详细列表中列出了密码策略中包含的内容，如图 11-17 所示。

（3）双击“密码必须符合复杂性要求”项目，在策略属性对话框中选择“已启用”单选按钮，如图 11-18 所示。单击“确定”按钮即可修改策略属性。

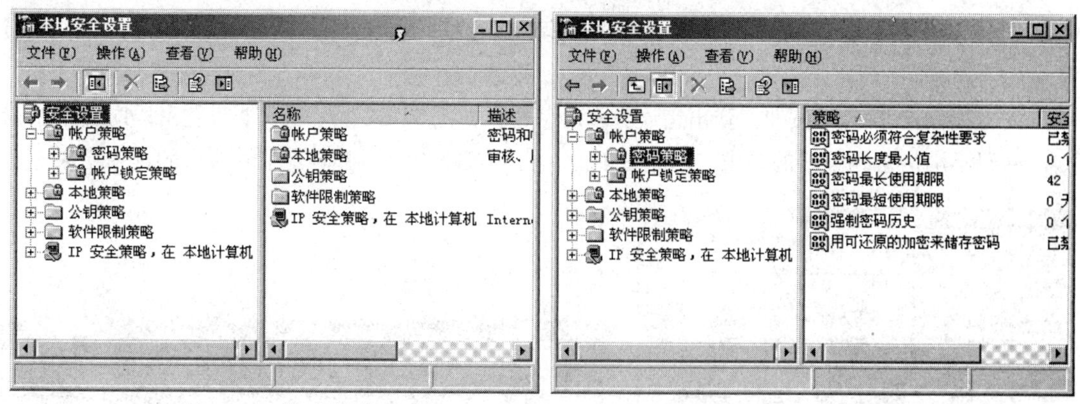

图 11-16　账户策略　　　　图 11-17　密码策略

（4）选择“开始”|“程序”|“管理工具”|“计算机管理”命令，打开“计算机管理”窗口，如图 11-19 所示。

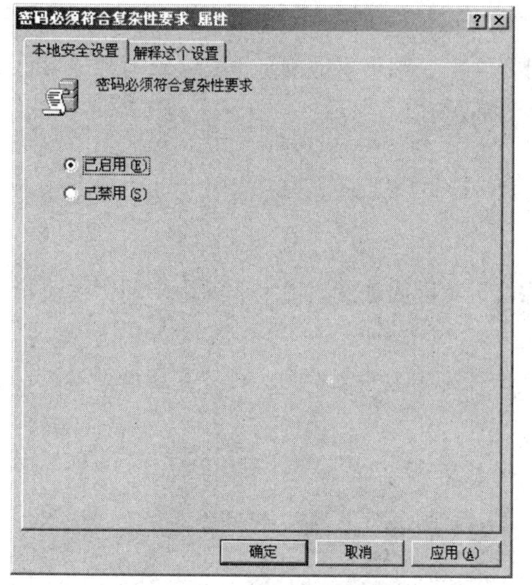

图 11-18　本地策略设置

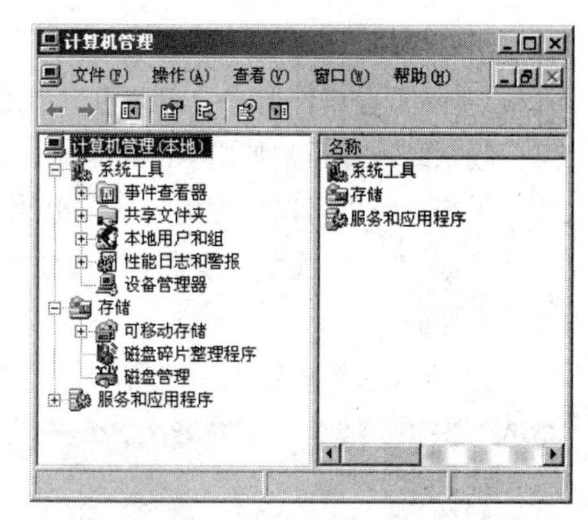

图 11-19　计算机管理

（5）选择“系统工具”|“本地用户和组”|“用户”选项，在右侧的用户信息中选择一个用户，右击，选择“设置密码”命令，则弹出警告对话框，如图 11-20 所示，说明修改密码应慎重。

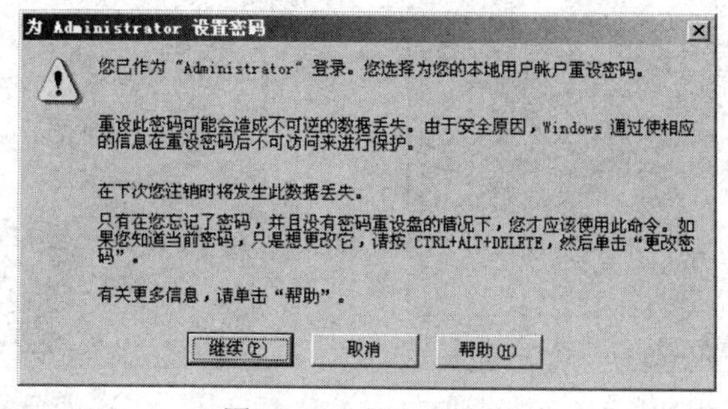

图 11-20　警告对话框

（6）单击“继续”按钮，弹出设置用户密码的对话框。设置新密码为“123456”，如图 11-21 所示 。

（7）单击“确定”按钮，弹出错误提示对话框，如图 11-22 所示。说明设置密码时出现了错误，密码不满足密码策略的要求。这就是前面在密码策略中启用密码复杂性要求的作用结果。

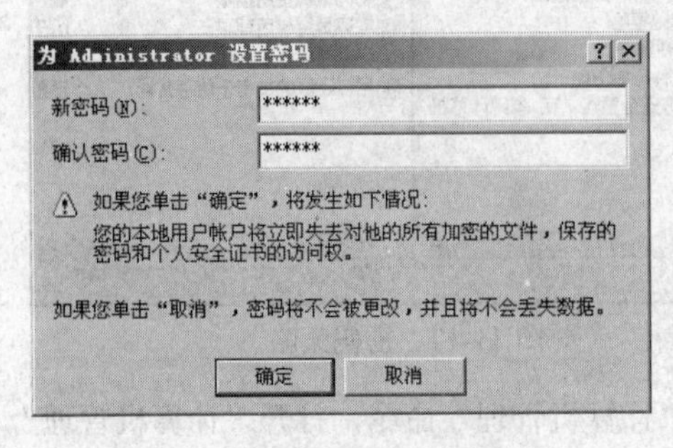

图 11-21　设置新密码对话框

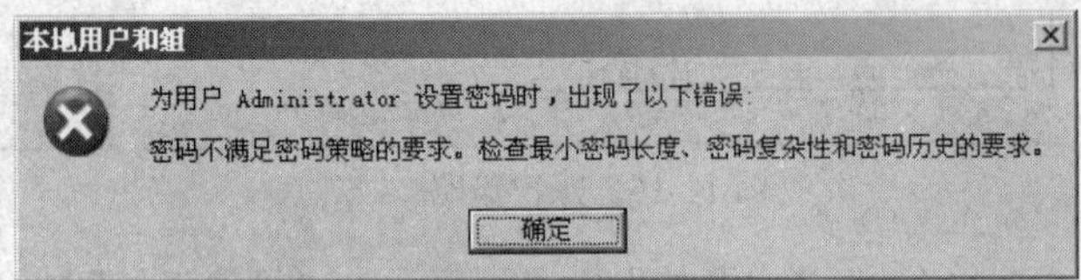

图 11-22　密码不满足密码策略要求

2. 安全策略

安全策略是影响计算机安全性的安全设置的组合。可以利用本地安全策略编辑本地计算机上的账户策略和本地策略，通过它可以控制以下几个方面：

（1）访问计算机的用户。

（2）授权用户使用计算机上的什么资源。

（3）是否在事件日志中记录用户或组的操作。

一般系统管理员都使用 Administrator 作为名称，也正因为如此，很多非法用户利用这个特点来攻击系统。所以可以考虑为管理员更改一个名称。

（1）在“安全选项”策略中，选择“重命名系统管理员账户”选项，打开其属性对话框，如图 11-23 所示。

（2）在文本框中输入一个新的账户名称，如图 11-24 所示。

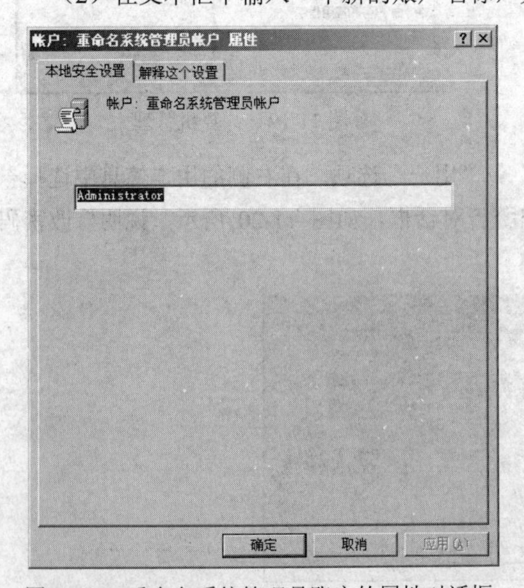

图 11-23　重命名系统管理员账户的属性对话框

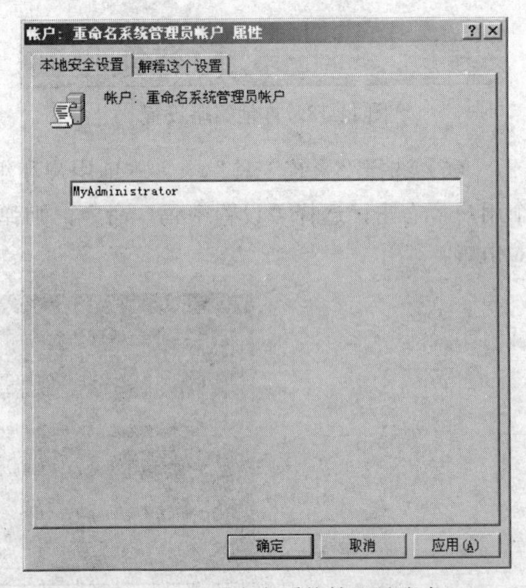

图 11-24　重命名系统管理员账户

（3）单击“确定”按钮，则当前系统管理员的账户名称被修改了。

（4）重新启动系统，尝试用户账户 Administrator 登录系统，发现无法进入；用账户 My Administrator 登录，可以顺利进入系统。

11.2　网络安全

网络安全防护是一个复杂的系统工程，需要使用各种软件工具、硬件设备和应用系统来实现对网络的综合防护，如防火墙、入侵检测系统、网络防病毒系统等。下面简要介绍局域网中常用的集中安全防护系统。

11.2.1　防火墙

目前，各组织机构都通过便利的公共网络与客户、合作伙伴进行信息交换，但是，一些敏感的数据有可能泄露给第三方，特别是连上 Internet 的网络将面临黑客的攻击和入侵。为了应对网络威胁，连网的机构或公司将自己的网络与公共的不可信任的网络进行隔离，其方法是根据网络的安全信任程度和需要保护的对象，人为地划分若干安全区域，这些安全区域有：

（1）公共外部网络，如 Internet。

（2）内部网（Intranet），如某个公司或组织的专用网络，网络访问限制在组织内部。

（3）Extranet，是内部网的扩展延伸，常用作组织与合作伙伴之间进行通信。

（4）军事缓冲区域，简称 DMZ，该区域是介于内部网络和外部网络之间的网络段，常放置公共服务设备，向外提供信息服务。

在安全区域划分的基础上，通过一种网络安全设备，控制安全区域间的通信，就能实现隔离有害通信的作用，进而可以阻断网络攻击。这种安全设备的功能类似于防火使用的墙，因而人们就把这种安全设备俗称为“防火墙”，它一般安装在不同的安全区域边界处，用于网络通信安全控制，由专用硬件或软件系统组成。 网络防火墙如图 11-25 所示。

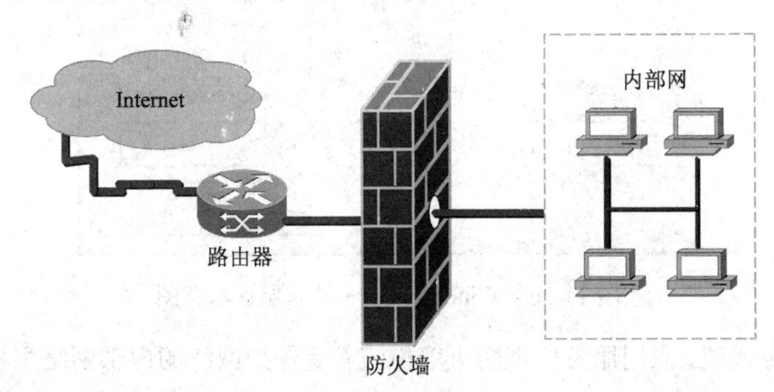

图 11-25　防火墙

1．防火墙所用的技术

（1）包过滤。包过滤是在网络层实现的防火墙技术。包过滤根据包的源 IP 地址、目的 IP 地址、源端口、目的端口及包传递方向等包头信息判断是否允许包通过。此外，还有一种可以分析包中数据区内容的智能型包过滤器。基于包过滤技术的防火墙，简称包过滤型防火墙，英文表示就是 Packet Filter。

目前，包过滤是防火墙的基本功能之一。多数现代的 IP 路由软件或设备都支持包过滤功能，并默认转发所有的包。包过滤的控制依据是规则集，典型的过滤规则表示格式由规则号、匹配条件、匹配操作 3 部分组成，包过滤规则格式随所使用的软件或防火墙设备的不同而略有差异，但一般的包过滤防火墙都用源 IP 地址、目的 IP 地址、源端口号、目的端口号、协议类型（UDP，TCP，ICMP）、通信方向及规则运算符来描述过滤规则条件。而匹配操作有拒绝、转发、审计等 3 种。

包过滤型防火墙对用户透明，合法用户在进出网络时，感觉不到它的存在，使用起来很方便。在实际网络安全管理中，包过滤技术经常用来进行网络访问控制。

简而言之，包过滤成为当前解决网络安全问题的重要技术之一，不仅可以用在网络边界上，而且也可应用在单台主机上。例如，现在的个人防火墙以及 Windows 2003 和 Windows XP 操作系统都提供了对 TCP、UDP 等协议的过滤支持，用户可以根据自己的安全需求，通过过滤规则的配置来限制外部对本机的访问。图 11-26 是利用 Windows 2003 系统自带的包过滤功能对 139 端口进行过滤，这样可以阻止基于 RPC 的漏洞攻击。

包过滤防火墙技术的优点是低负载、高通过率、对用户透明，但是包过滤技术的弱点是不能在用户级别进行过滤，如不能识别不同的用户和防止 IP 地址的盗用。如果攻击者把自己主机的 IP 地址设置成一个合法主机的 IP 地址，就可以轻易通过包过滤器。

图 11-26 是利用 Windows 2003 系统自带的包过滤功能对 139 端口进行过滤，这样可以阻止基于 RPC 的漏洞攻击。

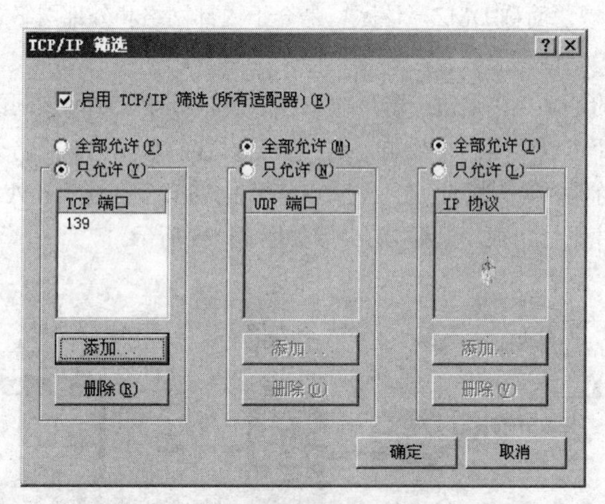

图 11-26　Windows 2003 过滤配置示意图

（2）应用服务代理。应用服务代理防火墙扮演着受保护网络的内部网络主机和外部网络主机的网络通信连接“中间人”的角色，代理防火墙代替受保护网络的主机向外部网络发送服务请求，并将外部服务请求响应的结果返回给受保护网络的主机。

采用代理服务技术的防火墙简称代理服务器，它能够提供应用级的网络安全访问控制。代理服务器按照所代理的服务可以分为 FTP 代理、Telnet 代理、HTTP 代理、Socket 代理、邮件代理等。代理服务器通常由一组按应用分类的代理服务程序和身份验证服务程序构成。每个代理服务程序应用到一个指定的网络端口，代理客户程序通过该端口获得相应的代理服务。例如，IE 浏览器支持多种代理配置，包括 HTTP、FTP、Socks 等，如图 11-27 所示。

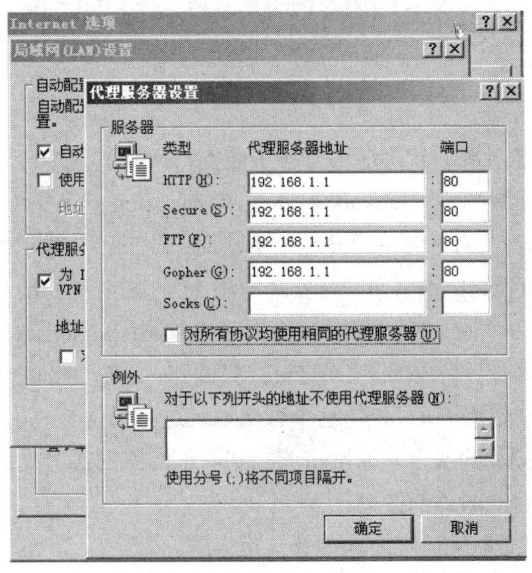

图 11-27　IE 浏览器配置示意图

代理服务技术也是常用的防火墙技术，安全管理员为了对内部网络用户进行应用级上的访问控制，常安装代理服务器，如图 11-28 所示。

受保护内部用户对外部网络访问时，首先需要取得代理服务器的认可，才能向外提出请求，而外网的用户只能看到代理服务器，从而隐藏了受保护网的内部结构及用户的计算机信息。因而，代理服务器可以提高网络系统的安全性。应用服务代理技术的优点如下：

① 不允许外部主机直接访问内部主机；

② 支持多种用户认证方案；

③ 可以分析数据包内部的应用命令；

④ 可以提供详细的审计记录。

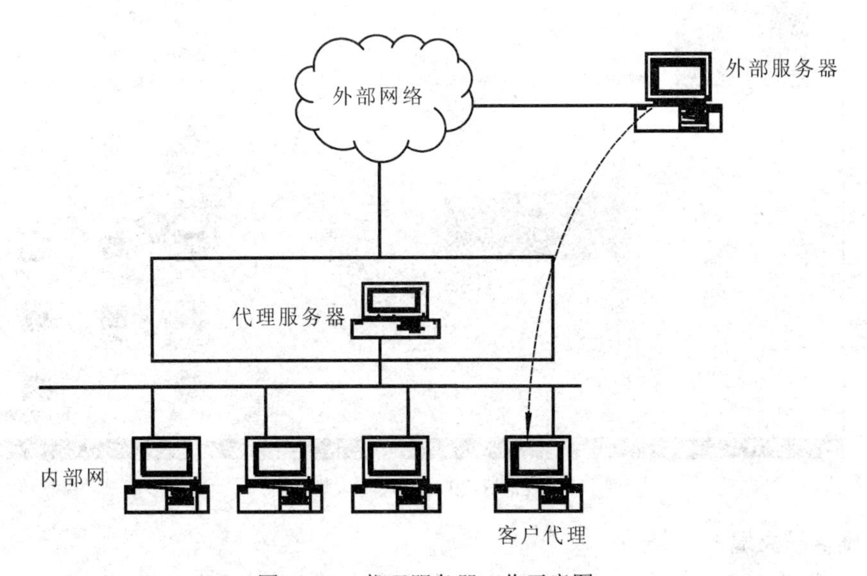

图 11-28　代理服务器工作示意图

它的缺点如下：

① 速度比包过滤慢；

② 对用户不透明；

③ 与特定应用协议相关联，代理服务器并不能支持所有的网络协议。

（3）网络地址转换。NAT 是 Network Address Translation 的英文缩写，中文的意思是“网络地址转换”。NAT 技术主要是为了解决公开地址不足而出现的，它可以缓解少量因特网 IP 地址和大量主机之间的矛盾。但 NAT 技术用在网络安全应用方面，则能透明地对所有内部地址进行转换，使外部网络无法了解内部网络的内部结构，从而提高内部网络的安全性。基于 NAT 技术的防火墙上装有一个合法的 IP 地址集，当内部某一用户访问外网时，防火墙动态地从地址集中选一个未分配的地址分配给该用户，该用户即可使用这个合法地址进行通信。

第一步，确定使用 NAT 的接口，通常将连接到内部网络的接口设定为 NAT 内部接口，将连接到外网的接口设定为 NAT 的外部接口。

第二步，设定内部全局地址的转换地址及转换方式。

第三步，根据需要将外部全局地址转换为外部本地地址。

目前，专用的防火墙产品都支持地址转换技术，比较常见的有：IP-Filter 和 iptable。IP-Filter 的功能强大，它可完成 ipfwadm、ipchains、ipfw 等防火墙的功能，而且安装配置相对比较简单。

2．软件防火墙

软件防火墙又分为个人防火墙和系统网络防火墙。前者主要服务于客户端计算机，Windows 操作系统本身就有自带的防火墙，其他如金山毒霸、卡巴斯基、瑞星、天网、360 安全卫士等都是目前较流行的防火墙软件，图 11-29 所示为“360 安全卫士”个人防火墙。

图 11-29 个人防火墙

3．硬件防火墙

硬件防火墙如图 11-30 所示。相对于软件防火墙来说，硬件防火墙更具有客观性、可见性，就是可以看得见摸得着的硬件产品。硬件防火墙有多种，其中路由器可以起到防火墙的作用，代理服务器同样也具有防火墙的功能。

图 11-30　硬件防火墙

4．芯片级防火墙

芯片级防火墙。其基于专门的硬件平台，没有操作系统。专有的 ASIC 芯片促使它们比其他种类的防火墙速度更快，处理能力更强，性能更高。生产这类防火墙较有名的厂商有 NetScreen 和 FortiNet 等。

11.2.2　入侵检测系统

入侵检测系统（Intrusion Detection System，IDS）是一种对网络传输进行即时监视，在发现可疑传输时发出警报或者采取主动反应措施的网络安全设备。它与其他网络安全设备的不同之处在于，IDS 是一种积极主动的安全防护技术。 IDS 最早出现在 1980 年 4 月。20 世纪 80 年代中期，IDS 逐渐发展成为入侵检测专家系统（IDES）。 1990 年 IDS 分化为基于网络的 IDS 和基于主机的 IDS，后又出现分布式 IDS。目前 IDS 发展迅速，已有人宣称 IDS 可以完全取代防火墙。

做一个形象的比喻，假如防火墙是一幢大楼的门卫，那么 IDS 就是这幢大楼里的监视系统。一旦小偷爬窗进入大楼，或内部人员有越界行为，只有实时监视系统才能发现情况并发出警告。IDS 入侵检测系统以信息来源的不同和检测方法的差异分为几类。根据信息来源可分为基于主机 IDS 和基于网络的 IDS，根据检测方法又可分为异常入侵检测和滥用入侵检测。不同于防火墙，IDS 入侵检测系统是一个监听设备，没有跨接在任何链路上，无须网络流量流经它便可以工作。因此，对 IDS 的部署，唯一的要求是 IDS 应当挂接在所有“所关注流量”都必须流经的链路上。在这里，“所关注流量”指的是来自高危网络区域的访问流量和需要进行统计、监视的网络报文。入侵检测系统的应用如图 11-31 所示。

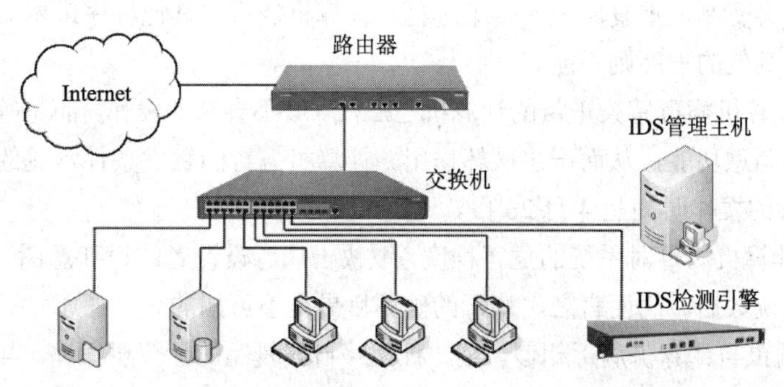

图 11-31　入侵检测系统的应用

在如今的网络拓扑中，已经很难找到以前的 Hub 式的共享介质冲突域的网络，绝大部分网络区域已经全面升级到交换式的网络结构。因此，IDS 在交换式网络中的位置一般选择在：

（1）尽可能靠近攻击源；

（2）尽可能靠近受保护资源。

这些位置通常是：

（1）服务器区域的交换机上；

（2）Internet 接入路由器之后的第一台交换机上；

（3）重点保护网段的局域网交换机上。

由于入侵检测系统的市场在近几年中飞速发展，许多公司投入到这一领域上来。Venustech（启明星辰）、Internet Security System（ISS）、思科、赛门铁克等公司都推出了自己的产品。

11.2.3 恶意代码防范技术

恶意代码的英文是 Malicious Code，它是一种违背目标系统安全策略的程序代码，可造成目标系统信息泄露和资源滥用，破坏系统的完整性及可用性。它能够经过存储介质或网络进行传播，未经授权认证访问或破坏计算机系统。通常许多人认为“病毒”代表了所有感染计算机并造成破坏的程序。事实上，恶意代码更为通用，病毒只是一种类型的恶意代码而已。恶意代码的种类主要包括计算机病毒（Computer Virus）、蠕虫（Worms）、特洛伊木马（Trojan Horse）、逻辑炸弹（Logic Bombs）、细菌（Bacteria）、恶意脚本（Malicious Scripts）、恶意 ActiveX 控件和间谍软件（Spyware）等。

1. 恶意代码种类

（1）计算机病毒。计算机病毒的名称借用了生物学上的病毒概念，它是一组具有自我复制、传播能力的程序代码。它常依附在计算机的文件中，如可执行文件或 Word 文档中。高级的计算机病毒具有变种和进化能力，可以对付反病毒程序。计算机病毒编制者将病毒插入到正常程序或文档中，以达到破坏计算机功能、毁坏数据、影响计算机使用的目的。据统计，目前的计算机病毒数量已达到几千万种，但所有计算机病毒都具有四个基本特点：

① 隐蔽性。计算机病毒附加在正常软件或文档中，例如可执行程序、电子邮件、Word 文档等，一旦用户未察觉，病毒就触发执行，潜入到受害用户的计算机中。

② 传染性。计算机病毒的传染性是指计算机病毒具有自我复制能力，并能把复制的病毒附加到无病毒的程序中，或者去替换磁盘引导区的记录，使得附加了病毒的程序或者磁盘变成新的病毒源，又能进行病毒复制，重复原先的传染过程。计算机病毒与其他程序最本质的区别在于计算机病毒能传播，而其他的程序则不能。

③ 潜伏性。计算机病毒感染正常的计算机之后，一般不会立即发作，而是等到触发条件满足时，才执行病毒的恶意功能，从而产生破坏作用。计算机病毒的触发条件常见的是特定日期。例如 CIH 计算机病毒的发作时间是 4 月 26 日。

④ 破坏性。计算机病毒对系统的危害程度，取决于病毒设计者的设计意图。有的仅仅是恶作剧，有的要破坏系统数据。简而言之，病毒的破坏后果是不可知的。

（2）蠕虫。蠕虫与计算机病毒相似，是一种能够自我复制的计算机程序。与计算机病毒不同的是，计算机蠕虫不需要附在别的程序内，不用使用者介入操作也能自我复制或执行。计算机蠕虫未必会直接破坏被感染的系统，却几乎都对网络有害。计算机蠕虫可能会执行垃圾代码以发动分散式阻断服务攻击，令计算机的执行效率大大降低，从而影响计算机的正常使用。计算机蠕虫可能会损毁或修改目标计算机的档案，也可能只是浪费带宽。(恶意的）计算机蠕虫可根据其目的分成两类：一类是面对大规模计算机使用网络发动拒绝服务的计算机蠕虫；另一类是针对个人用户的以执行大量垃圾代码的计算机蠕虫。计算机蠕虫一般不具有跨平台性，但是在其他平台下，可能会出现其平台特有的非跨平台性的平台版本。第一个被广泛注意的计算机蠕虫名为“莫里斯蠕虫”，由罗伯特·泰潘·莫里斯编写，于 1988 年 11 月 2 日发布第一个版本。这个计算机蠕虫直接或间接地造成了近 1 亿美元的损失。这个计算机蠕虫出现之后，引起了各界对计算机蠕虫的广泛关注。

（3）特洛伊木马。“特洛伊木马”这一名称来源于一个希腊神话。攻城的希腊联军佯装撤退后留下了一只木马，特洛伊人将其当作战利品带回城内。当特洛伊人为胜利而庆祝时，从木马中出来了一队希腊士兵，它们悄悄打开城门，放城外的军队进城，最终攻克了特洛伊城。计算机中所说的木马与病毒一样也是一种有害的程序，其特征与特洛伊木马一样具有伪装性，会在用户不经意间对计算机系统产生破坏或窃取数据，特别是用户的各种账户及密码等重要且需要保密的信息，甚至控制用户的计算机系统。

特洛伊木马在计算机领域中指的是一种后门程序，是黑客用来盗取其他用户的个人信息，甚至是远程控制对方计算机而加壳制作的，然后通过各种手段传播或者骗取目标用户执行该程序，以达到盗取密码等各种数据资料等目的。与病毒相似，木马程序有很强的隐秘性，随操作系统启动而启动。

一个完整的特洛伊木马套装程序包含两部分：服务端（服务器部分）和客户端（控制器部分）。植入对方计算机的是服务端，而黑客是利用客户端进入运行了服务端的计算机。运行了木马程序的服务端，会产生一个名称容易迷惑用户的进程，暗中打开端口，向指定地点发送数据（如网络游戏的密码，实时通信软件密码和用户上网密码等)，黑客甚至可以利用这些打开的端口进入计算机系统。

特洛伊木马程序不能自动操作，一个特洛伊木马程序包含或者安装一个存心不良的程序，它可能看起来是有用或者有趣的（或者至少无害)，但是实际上有害。特洛伊木马不会自动运行，它是暗含在某些用户感兴趣的文档中，用户下载时附带的。当用户运行文档程序时，特洛伊木马才会运行，信息或文档才会被破坏和丢失。特洛伊木马和后门不一样，后门指隐藏在程序中的秘密功能，通常是程序设计者为了能在日后随意进入系统而设置的。

2. 计算机感染病毒或蠕虫的现象

（1）计算机屏幕显示异常；

（2）计算机运行速度变慢；

（3）计算机引导过程变慢或不能引导启动；

（4）磁盘存储容量异常减少、磁盘读写异常、出现异常的声音；

（5）执行程序文件无法执行；

（6）文件长度、属性和日期发生变化；

（7）计算机系统出现异常死机或死机频繁；

（8）系统不能识别硬盘；

（9）中断向量表发生异常变化；

（10）内存可用空间异常变化或减少；

（11）系统配置文件改变、系统参数改变。

3. 病毒入侵计算机的方式

病毒入侵计算机的方式很多，下面介绍几种常见的方式，见表 11-1。

表 11-1　病毒入侵方式

入侵方式	现　象	实　例
操作系统漏洞	感染冲击波病毒后，计算机就会弹出一个对话框，提示“你的计算机将在 1 min 内关闭”，然后便开始 1 min 倒计时，计时完毕后计算机就会自动关闭	冲击波、震荡波
电子邮件	以提示中奖、免费下载等诱人消息提示方式诱骗用户打开邮件附件或带有病毒的网站；发送大量垃圾邮件，造成企业邮件服务器瘫痪，网速减慢	QQ 尾巴
网站下载	一些提供音乐、视频、色情、反动宣传资料下载等点击率较高的网站常常被病毒传播者利用	CIH
即时通信工具	在感染病毒后用 QQ、MSN 等工具给对方发送信息时，系统会自动给对方发送一条有病毒潜伏的网页地址或一个文件，而发送者本人却看不到这条信息。对方点击此链接地址，或打开运行此文件时，就会被感染	
感染文件	系统运行缓慢，一些大的自解压文件无法打开	
移动存储设备	插入 U 盘或移动硬盘后系统速度变慢或计算机工作不正常	

本 章 小 结

在对局域网进行管理的过程中，要借助一些管理工具，以便更有效地监视网络并发现网络中的故障，从而采取相应的措施排除这些故障，使网络更加稳定。本章主要分析了网络监视器、事件查看器、任务管理器等常用的局域网管理工具。

网络安全防护是一个复杂的系统工程，需要使用各种软件工具、硬件设备和应用系统来实现对网络的综合防护，如防火墙、入侵检测系统、网络防病毒系统等。

练 习 题

1. 什么是防火墙？它的作用是什么？
2. 常见的恶意代码有哪些？它们有哪些特点？
3. 说出计算机感染蠕虫或病毒的现象及病毒入侵计算机的方式。